单片机三剑客：
ESP32 单片机与 Python 语言编程

蔡杏山 ● 编著

机械工业出版社

本书采用大量实例和程序逐行解说的方式介绍ESP32单片机与Python语言编程，主要内容有ESP32单片机与编程软件入门，Python语言入门，LED、数码管和RGB全彩灯电路及编程实例，按键输入与蜂鸣器、继电器电路及编程实例，直流电动机、步进电动机与舵机驱动电路及编程实例，中断、定时器与PWM功能的使用及编程实例，ADC与声/光/热/火/雨/烟传感器的使用及编程实例，常用传感器模块的使用及编程实例，超声波传感器与红外线遥控的使用及编程实例，串行通信（UART）与实时时钟（RTC）的使用及编程实例，单总线通信与温湿度传感器的使用及编程实例，I^2C通信控制OLED屏与PS2摇杆的使用及编程实例，SPI通信与SD卡/RFID卡的读写编程实例，单片机连接WiFi网络与计算机进行通信，用浏览器网页控制和监视单片机，基于MQTT协议的物联网（IoT）通信。

本书具有起点低、由浅入深、语言通俗易懂的特点，并且内容结构安排符合学习认知规律。本书适合作为初学者学习ESP32单片机及编程的自学图书，也适合作为职业院校电类专业的单片机教材。

图书在版编目（CIP）数据

单片机三剑客：ESP32单片机与Python语言编程/蔡杏山编著. —北京：机械工业出版社，2024.5（2025.7重印）
ISBN 978-7-111-75473-2

Ⅰ. ①单…　Ⅱ. ①蔡…　Ⅲ. ①单片微型计算机–程序设计　Ⅳ. ①TP368.1

中国国家版本馆CIP数据核字（2024）第063218号

机械工业出版社（北京市百万庄大街22号　邮政编码100037）
策划编辑：任　鑫　　　责任编辑：任　鑫　朱　林
责任校对：张婉茹　李　杉　封面设计：马若濛
责任印制：单爱军
中煤（北京）印务有限公司印刷
2025年7月第1版第2次印刷
184mm×260mm·19印张·445千字
标准书号：ISBN 978-7-111-75473-2
定价：88.00元

电话服务　　　　　　　　网络服务
客服电话：010-88361066　机　工　官　网：www.cmpbook.com
　　　　　010-88379833　机　工　官　博：weibo.com/cmp1952
　　　　　010-68326294　金　书　网：www.golden-book.com
封底无防伪标均为盗版　　机工教育服务网：www.cmpedu.com

前　言

单片机的应用非常广泛，已深入到工业、农业、商业、教育、国防及日常生活等各个领域。单片机在家电方面的应用主要有彩色电视机内部的控制系统；数码相机、数码摄像机中的控制系统；中高档电冰箱、空调器、电风扇、洗衣机、加湿机和消毒柜中的控制系统；中高档微波炉、电磁灶和电饭煲中的控制系统等。单片机在通信方面的应用主要有移动电话、传真机、调制解调器和程控交换机中的控制系统；智能电缆监控系统、智能线路运行控制系统和智能电缆故障检测仪等。单片机在商业方面的应用主要有自动售货机、无人值守系统、防盗报警系统、灯光音响设备、IC 卡等。单片机在工业方面的应用主要有数控机床、数控加工中心、无人操作、机械手操作、工业过程控制、生产自动化、远程监控、设备管理、智能控制和智能仪表等。单片机在航空、航天和军事方面的应用主要有航天测控系统、航天制导系统、卫星遥控遥测系统、载人航天系统、导弹制导系统和电子对抗系统等。单片机在汽车方面的应用主要有汽车娱乐系统、汽车防盗报警系统、汽车信息系统、汽车智能驾驶系统、汽车全球卫星定位导航系统、汽车智能化检验系统、汽车自动诊断系统和交通信息接收系统等。

"单片机三剑客"采用"单片机实际电路＋大量典型的实例程序＋详细易懂的程序逐条说明"方式介绍 3 种单片机的软硬件技术，读者在阅读程序时，除了可查看与程序对应的单片机电路外，遇到某条程序语句不明白时可查看该程序语句的详细说明，从而理解程序运行的来龙去脉。读懂并理解程序后，读者可尝试采用类似方法自己编写一些程序，慢慢就可以自己编写一些复杂的程序，从而成为单片机软件编程高手。

"单片机三剑客"包括 51 单片机与 C 语言编程、STM32 单片机与 C 语言编程、ESP32 单片机与 Python 语言编程，具体内容如下：

《单片机三剑客：51 单片机与 C 语言编程》介绍了单片机入门，基本数字电路、数制与 C51 语言基础，51 单片机的硬件系统，Keil C51 编程软件的使用，单片机驱动 LED 的电路及编程实例，单片机驱动 LED 数码管的电路及编程实例，中断功能的使用及编程实例，定时器 / 计数器使用及编程实例，按键输入电路及编程实例、双色 LED 点阵的使用及编程实例，液晶显示屏的使用及编程实例，步进电动机的使用及编程实例，串行通信及编程实例，模拟 I^2C 总线通信及编程实例，A/D 与 D/A 转换电路及编程实例，STC89C5× 系列单片机介绍。

《单片机三剑客：STM32 单片机与 C 语言编程》介绍了 STM32 单片机入门，单片机 C 语言基础，STM32 单片机的硬件介绍，Keil 软件的使用与寄存器方式编程闪烁点亮 LED，固件库与库函数方式编程闪烁点亮 LED，按键控制 LED 和蜂鸣器的电路与编程实例，中断功能的使用与编程实例，定时器的使用与编程实例，串口通信与编程实例，模 / 数转换器（ADC）的使用与编程实例，数 / 模转换器（DAC）的使用与编程实例，光敏、温度传感器的检测电路及编程实例，红外线遥控与实时时钟（RTC）的使用与编程实例，RS485 通信与 CAN 通信的原理与编程实例，FSMC 与液晶显示屏的使用与编程实例。

《单片机三剑客：ESP32 单片机与 Python 语言编程》介绍了 ESP32 单片机与编程软件入门、Python 语言入门、LED、数码管和 RGB 全彩灯电路及编程实例，按键输入与蜂鸣器、继电器电路及编程实例，直流电动机、步进电动机与舵机驱动电路及编程实例、中断、定时器与 PWM 功能的使用及编程实例，ADC 与声／光／热／火／雨／烟传感器的使用及编程实例，常用传感器模块的使用及编程实例，超声波传感器与红外线遥控的使用及编程实例，串行通信（UART）与实时时钟（RTC）的使用及编程实例，单总线通信与温湿度传感器的使用及编程实例，I^{2}C 通信控制 OLED 屏与 PS2 摇杆的使用及编程实例，SPI 通信与 SD 卡/RFID 卡的读写编程实例，单片机连接 WiFi 网络与计算机进行通信，用浏览器网页控制和监视单片机，基于 MQTT 协议的物联网（IoT）通信。

为了方便学习单片机编程，读者可添加微信（etv100）或发电子邮件（etv100@163.com）免费索取编程软件和书中的程序源代码，也可在此了解与书有关的技术资源和其他图书。

本书在编写过程中得到了很多老师的支持，在此一并表示感谢。由于水平有限，书中的错误和疏漏之处在所难免，望广大读者和同仁予以批评指正。

编　者

目　　录

前言

第 1 章　ESP32 单片机与编程软件入门 1
1.1　概述 1
1.1.1　ESP32 芯片、模组与开发板 1
1.1.2　芯片型号含义 1
1.1.3　主要特性 2
1.1.4　应用领域 2
1.2　ESP32 单片机开发板介绍 3
1.2.1　开发板的组成 3
1.2.2　开发板的电路及说明 3
1.2.3　ESP32 模组的引脚功能 5
1.3　单片机编程软件的获取、安装与使用 6
1.3.1　Thonny 软件的获取与安装 7
1.3.2　程序文件的创建与保存 9
1.3.3　软件的设置 10
1.4　单片机闪烁点亮 LED 的开发实例 11
1.4.1　单片机闪烁点亮 LED 的电路 11
1.4.2　编写闪烁点亮 LED 的程序 11
1.4.3　USB-TTL 下载器与驱动程序的安装 12
1.4.4　用 USB-TTL 下载器连接计算机与单片机 14
1.4.5　选择通信端口与查看单片机中的程序 15
1.4.6　程序的在线运行与下载 16
1.5　单片机固件包的获取与烧录 17
1.5.1　从网站下载固件包到计算机 18
1.5.2　烧录固件包到单片机 18

第 2 章　Python 语言入门 21
2.1　Python 语言基础 22
2.1.1　注释与代码缩进 22

2.1.2 关键字与标识符 23
   2.1.3 变量和数据类型 23
   2.1.4 运算符 26
2.2 序列、列表、元组、字典和集合 29
   2.2.1 序列 29
   2.2.2 列表（list） 31
   2.2.3 元组（tuple） 36
   2.2.4 字典（dict） 38
   2.2.5 集合（set） 40
2.3 控制语句 43
   2.3.1 if else 语句（选择控制） 43
   2.3.2 while 语句（循环控制） 46
   2.3.3 for 语句（循环控制） 47
   2.3.4 break 语句与 continue 语句 49
2.4 函数 50
   2.4.1 定义函数（创建函数） 50
   2.4.2 函数的调用 51
   2.4.3 函数的嵌套 51
   2.4.4 lambda 表达式（匿名函数） 51
   2.4.5 全局变量与局部变量 52
   2.4.6 函数的参数 53
   2.4.7 print 函数介绍 54
2.5 类与对象 55
   2.5.1 类的定义格式 56
   2.5.2 创建仅含类属性的类与类的实例化 56
   2.5.3 创建含类属性和类方法的类与类的实例化 56
   2.5.4 创建类时使用 __init__ 函数传送属性值 57
   2.5.5 类变量与实例变量的访问 57
   2.5.6 类属性与方法的禁止访问 58
   2.5.7 父类与子类的使用 59
2.6 模块与包 60
   2.6.1 模块的两种导入方式 60
   2.6.2 创建模块并导入使用 60
   2.6.3 查看模块的信息 61
   2.6.4 math 数学函数模块介绍 62
   2.6.5 包的创建与使用 63

第3章 LED、数码管和RGB全彩灯电路及编程实例 66

3.1 LED电路及编程实例 66
3.1.1 LED（发光二极管）介绍 66
3.1.2 单片机连接8个LED的电路 68
3.1.3 点亮一个LED的程序及说明 68
3.1.4 Pin（引脚）类及内部函数说明 69
3.1.5 闪烁点亮一个LED的程序及说明 71
3.1.6 time（时间）模块内部函数说明 71
3.1.7 LED流水灯程序及说明 75

3.2 LED数码管电路及编程实例 75
3.2.1 一位LED数码管 75
3.2.2 多位LED数码管 78
3.2.3 单片机使用TM1637芯片驱动4位LED数码管的电路 79
3.2.4 TM1637模块的类与函数说明 81
3.2.5 4位LED数码管实现秒计时的程序及说明 82

3.3 全彩LED灯的电路及编程实例 83
3.3.1 WS2812B型全彩LED灯介绍 83
3.3.2 单片机连接5个WS2812B型全彩LED灯的电路 84
3.3.3 三基色混色法与颜色的R、G、B数值 84
3.3.4 NeoPixel类及方法说明 86
3.3.5 RGB全彩LED灯的程序及说明 87

第4章 按键输入与蜂鸣器、继电器电路及编程实例 89

4.1 按键输入电路及编程实例 89
4.1.1 按键开关的抖动及解决方法 89
4.1.2 4个按键控制4个LED亮灭的单片机电路 90
4.1.3 4个按键控制4个LED亮灭的程序及说明 91

4.2 蜂鸣器电路及编程实例 92
4.2.1 蜂鸣器介绍 92
4.2.2 单片机驱动蜂鸣器的电路 94
4.2.3 有源蜂鸣器和无源蜂鸣器发声控制的程序及说明 94

4.3 继电器电路及编程实例 96
4.3.1 继电器介绍 96
4.3.2 单片机继电器的电路 98
4.3.3 单片机控制继电器电路的程序及说明 98

第 5 章 直流电动机、步进电动机与舵机驱动电路及编程实例 ... 100

5.1 直流电动机的驱动电路及编程实例 ... 100
- 5.1.1 直流电动机介绍 ... 100
- 5.1.2 单片机使用 ULN2003 芯片驱动直流电动机的电路 ... 102
- 5.1.3 按键控制直流电动机起停和定时运行的程序及说明 ... 103

5.2 步进电动机的驱动电路及编程实例 ... 103
- 5.2.1 步进电动机基本结构与工作原理 ... 103
- 5.2.2 一种五线四相步进电动机介绍 ... 107
- 5.2.3 按键控制单片机驱动步进电动机的电路 ... 108
- 5.2.4 按键控制步进电动机转向和加减速的程序及说明 ... 108

5.3 舵机的电路及编程实例 ... 110
- 5.3.1 舵机的外形、结构与工作原理 ... 110
- 5.3.2 SG90 型舵机介绍 ... 112
- 5.3.3 Servo 类与函数 ... 112
- 5.3.4 按键控制单片机驱动舵机旋转指定角度的电路 ... 112
- 5.3.5 舵机自动和手动控制旋转指定角度的程序及说明 ... 113

第 6 章 中断、定时器与 PWM 功能的使用及编程实例 ... 115

6.1 中断的使用及编程实例 ... 115
- 6.1.1 中断与中断处理函数 ... 115
- 6.1.2 按键中断输入控制 LED 的电路 ... 116
- 6.1.3 按键中断输入控制 LED 的程序及说明 ... 116

6.2 定时器的使用及编程实例 ... 117
- 6.2.1 定时器的类与函数 ... 117
- 6.2.2 定时器中断方式控制 LED 的电路 ... 118
- 6.2.3 定时器中断方式控制 LED 的程序及说明 ... 118

6.3 PWM（脉宽调制）输出功能的使用及编程实例 ... 120
- 6.3.1 PWM 基本原理 ... 120
- 6.3.2 PWM 的类与函数 ... 121
- 6.3.3 PWM 输出控制两个 LED 的电路 ... 122
- 6.3.4 PWM 控制一个 LED 呼吸灯和一个 LED 快慢闪烁灯的程序及说明 ... 123

第 7 章 ADC 与声/光/热/火/雨/烟传感器的使用及编程实例 ... 125

7.1 ADC（模数转换器）的使用及编程实例 ... 125
- 7.1.1 ADC 的类与函数 ... 125
- 7.1.2 单片机检测输入电压并用 4 位数码管显示电压值的电路 ... 126

  7.1.3 单片机检测输入电压并用数码管显示电压值的程序及说明 126
 7.2 声音传感器模块的使用与编程实例 129
  7.2.1 声音传感器模块介绍 129
  7.2.2 单片机连接声音传感器模块、LED 和 4 位数码管的电路 131
  7.2.3 声音传感器模块检测声音、数码管显示音量值及控制 LED 的程序及说明 131
 7.3 光敏传感器模块的使用与编程实例 133
  7.3.1 光敏传感器模块介绍 133
  7.3.2 单片机连接光敏传感器模块、数码管和 LED 的电路 134
  7.3.3 光敏传感器模块检测光亮度、数码管显示亮度值及控制 LED 的程序及说明 135
 7.4 热敏传感器模块的使用与编程实例 136
  7.4.1 热敏传感器模块介绍 136
  7.4.2 单片机连接热敏传感器模块、数码管和蜂鸣器的电路 137
  7.4.3 热敏传感器检测冷热度、数码管显示冷热度值及控制蜂鸣器的程序及说明 ... 138
 7.5 火焰传感器模块的使用与编程实例 139
  7.5.1 火焰传感器模块介绍 139
  7.5.2 单片机连接火焰传感器模块、数码管和蜂鸣器的电路 140
  7.5.3 检测火焰强度、数码管显示强度值及控制蜂鸣器的程序及说明 141
 7.6 雨滴传感器模块的使用与编程实例 143
  7.6.1 雨滴传感器模块介绍 143
  7.6.2 单片机连接雨滴传感器模块、数码管和蜂鸣器的电路 144
  7.6.3 雨滴传感器模块检测雨量、数码管显示雨量值及控制蜂鸣器的程序及说明 145
 7.7 烟雾传感器模块的使用与编程实例 146
  7.7.1 烟雾传感器模块介绍 146
  7.7.2 单片机连接烟雾传感器模块、数码管和蜂鸣器的电路 148
  7.7.3 烟雾传感器模块检测烟雾浓度、数码管显示烟雾浓度值及控制蜂鸣器的程序及说明 149

第 8 章 常用传感器模块的使用及编程实例 151
 8.1 倾斜传感器模块的使用与编程实例 151
  8.1.1 倾斜传感器模块介绍 151
  8.1.2 单片机连接倾斜传感器模块和 LED 的电路 152
  8.1.3 倾斜传感器模块检测倾斜控制 LED 的程序及说明 153
 8.2 振动传感器模块的使用与编程实例 153
  8.2.1 振动传感器模块介绍 153
  8.2.2 单片机连接振动传感器模块和 LED 的电路 154

8.2.3 振动传感器模块检测振动控制 LED 的程序及说明 155
8.3 干簧管传感器模块的使用与编程实例 156
8.3.1 干簧管与干簧管传感器模块 156
8.3.2 单片机连接干簧管传感器模块和 LED 的电路 157
8.3.3 干簧管传感器模块检测磁场控制 LED 的程序及说明 158
8.4 U 型（对射型）光电传感器模块的使用与编程实例 158
8.4.1 U 型光电传感器模块介绍 158
8.4.2 单片机连接 U 型光电传感器模块和 LED 的电路 159
8.4.3 U 型光电传感器模块检测不透明物控制 LED 的程序及说明 159
8.5 反射型光电传感器模块的使用与编程实例 161
8.5.1 反射型光电传感器模块介绍 161
8.5.2 单片机连接反射型光电传感器模块和 LED 的电路 161
8.5.3 反射型光电传感器模块检测物体控制 LED 的程序及说明 163
8.6 触摸开关模块的使用与编程实例 163
8.6.1 触摸开关模块介绍 163
8.6.2 单片机连接触摸开关模块和 LED 的电路 165
8.6.3 触摸开关中断输入控制 LED 的程序及说明 165
8.7 霍尔传感器模块的使用与编程实例 166
8.7.1 霍尔效应与霍尔传感器 166
8.7.2 霍尔传感器模块介绍 168
8.7.3 单片机连接霍尔传感器模块、4 位数码管和 LED 的电路 169
8.7.4 霍尔传感器检测电动机转速、数码管显示转速值和控制 LED 的程序及说明 169
8.8 人体热释电传感器模块的使用与编程实例 171
8.8.1 人体热释电传感器与菲涅尔透镜 171
8.8.2 HC-SR501 型人体热释电传感器模块介绍 173
8.8.3 单片机连接人体热释电传感器模块和蜂鸣器的电路 175
8.8.4 热释电传感器检测人体移动控制蜂鸣器的程序及说明 176
8.9 旋转编码器模块的使用与编程实例 176
8.9.1 旋转编码器模块介绍 176
8.9.2 单片机连接旋转编码器模块、数码管和 LED 的电路 178
8.9.3 旋转编码器检测转角 / 转向 / 转速、数码管显示转角值和 LED 指示转向的程序及说明 179

第 9 章 超声波传感器与红外线遥控的使用及编程实例 181
9.1 超声波传感器的使用及编程实例 181
9.1.1 HC-SR04 超声波传感器介绍 181

目 录

9.1.2 HCSR04 的类与函数 ... 182
9.1.3 HC-SR04 超声波传感器测量距离控制 LED 和蜂鸣器的单片机电路 ... 183
9.1.4 超声波传感器测量显示距离值并控制 LED 和蜂鸣器的程序及说明 ... 184

9.2 红外线遥控的使用及编程实例 ... 185
9.2.1 红外线与可见光 ... 185
9.2.2 红外线发射器与红外线发光二极管 ... 186
9.2.3 红外线光电二极管与红外线接收器 ... 188
9.2.4 红外遥控的编码方式 ... 189
9.2.5 红外线遥控控制 LED 和继电器的单片机电路 ... 191
9.2.6 红外线遥控控制 LED 并显示按键控制码的程序及说明 ... 192

第 10 章 串行通信（UART）与实时时钟（RTC）的使用及编程实例 ... 194

10.1 串行通信知识与通信函数 ... 194
10.1.1 串行通信基础知识 ... 194
10.1.2 串行通信的类与函数 ... 197

10.2 单片机与计算机串行通信的电路与编程实例 ... 199
10.2.1 单片机与计算机串口通信的电路 ... 199
10.2.2 单片机与计算机串口通信收发数据的程序及说明 ... 200
10.2.3 用串口调试助手测试与单片机收发数据的程序 ... 200
10.2.4 用串口接收的数据控制单片机 LED 的程序及说明 ... 202

10.3 内部实时时钟（RTC）的使用及编程实例 ... 204
10.3.1 RTC 的类与函数 ... 204
10.3.2 内部 RTC 控制 LED 的电路 ... 205
10.3.3 内部 RTC 控制指定日期时间点亮和熄灭 LED 的程序及说明 ... 205

10.4 外部实时时钟 DS1302 的使用及编程实例 ... 206
10.4.1 DS1302 实时时钟芯片介绍 ... 206
10.4.2 DS1302 的类与函数 ... 207
10.4.3 DS1302 实时时钟芯片控制 LED 的电路 ... 208
10.4.4 使用 DS1302 控制指定日期时间点亮和熄灭 LED 的程序及说明 ... 209

第 11 章 单总线通信与温湿度传感器的使用及编程实例 ... 211

11.1 单总线通信与 DS18B20 温度传感器的使用及编程实例 ... 211
11.1.1 单总线通信的类与函数 ... 211
11.1.2 DS18B20 温度传感器介绍 ... 212
11.1.3 DS18B20 的类与函数 ... 213
11.1.4 DS18B20 检测温度控制 LED 和电动机的电路 ... 213

11.1.5 DS18B20 检测温度控制 LED 和电动机的程序及说明 ········· 214
11.2 DHT11 温湿度传感器的使用及编程实例 ········· 215
11.2.1 DHT11 温湿度传感器介绍 ········· 215
11.2.2 DHT11 的类与函数 ········· 216
11.2.3 DHT11 检测温湿度并控制 LED、电动机和继电器的电路 ········· 217
11.2.4 DHT11 检测温湿度并控制 LED、电动机和继电器的程序及说明 ········· 218

第 12 章 I²C 通信控制 OLED 屏与 PS2 摇杆的使用及编程实例 ········· 220

12.1 I²C 总线与操作函数 ········· 220
12.1.1 I²C 总线介绍 ········· 220
12.1.2 I²C 的类与函数 ········· 222
12.2 OLED 显示屏与 SSD1306 显示驱动芯片 ········· 225
12.2.1 OLED 的结构与工作原理 ········· 225
12.2.2 SSD1306 驱动 OLED 显示屏 ········· 225
12.2.3 SSD1306 的类与函数 ········· 226
12.3 I²C 总线通信控制 OLED 屏显示图形与字符 ········· 227
12.3.1 单片机以 I²C 总线方式连接 OLED 显示屏的电路 ········· 227
12.3.2 I²C 总线控制 OLED 屏显示图形、字符、LED 状态和秒计时的程序及说明 ········· 228
12.4 PS2 摇杆的使用与编程实例 ········· 229
12.4.1 PS2 摇杆模块介绍 ········· 229
12.4.2 单片机连接 PS2 摇杆模块和 4 个 LED 的电路 ········· 230
12.4.3 PS2 摇杆模块控制 4 个 LED 的程序及说明 ········· 231

第 13 章 SPI 通信与 SD 卡 /RFID 卡的读写编程实例 ········· 234

13.1 SPI 总线通信与 SD 卡 ········· 234
13.1.1 SPI 总线介绍 ········· 234
13.1.2 SPI 的类与函数 ········· 235
13.1.3 SD 卡介绍 ········· 236
13.1.4 SD 的类与函数 ········· 238
13.2 SPI 总线通信读写 SD 卡的电路及编程实例 ········· 238
13.2.1 单片机使用 SPI 总线连接 SD 卡的电路 ········· 238
13.2.2 SD 卡的格式化、创建文件夹和文件 ········· 238
13.2.3 通过 SPI 总线读写 SD 卡并显示读取内容的程序及说明 ········· 241
13.3 RFID 卡读写模块的使用及编程实例 ········· 242
13.3.1 RFID 卡读写模块（读写器）介绍 ········· 242

13.3.2　单片机连接 RFID 卡读写模块和 LED 的电路 ···················· 245
13.3.3　通过 SPI 控制读写模块读写 RFID 卡和控制 LED 的程序及说明 ············ 245

第 14 章　单片机连接 WiFi 网络与计算机进行通信 ···················· 248

14.1　单片机 WiFi 方式连接无线网络 ···························· 248
14.1.1　WiFi 组网方式 ································· 248
14.1.2　IP 地址 ···································· 249
14.1.3　WLAN 的类与函数 ······························ 251
14.1.4　单片机以 WiFi 方式连接无线网络的电路 ···················· 253
14.1.5　单片机以 WiFi 方式连接无线网络的程序及说明 ················· 253

14.2　单片机使用 OLED 屏显示连接的 WiFi 网络名称和 IP 信息 ············· 255
14.2.1　单片机连接 OLED 屏显示 WiFi 网络信息的电路 ················· 255
14.2.2　单片机连接 WiFi 网络并用 OLED 显示网络信息的程序及说明 ·········· 255

14.3　单片机以 WiFi 方式与计算机进行通信 ······················ 257
14.3.1　单片机、路由器与其他设备组建通信网络 ···················· 257
14.3.2　socket 类与函数 ······························· 258
14.3.3　单片机以 WiFi 方式与计算机通信的电路 ···················· 259
14.3.4　单片机以 WiFi 方式与计算机进行通信的程序及说明 ··············· 260
14.3.5　单片机与计算机进行通信的程序调试 ······················ 263
14.3.6　接收数据后自动保存到指定文件 ························ 264
14.3.7　单片机以 WiFi 方式接收数据控制 LED ···················· 264

第 15 章　用浏览器网页控制和监视单片机 ·························· 267

15.1　用浏览器网页控制单片机 LED ··························· 267
15.1.1　用浏览器控制单片机 LED 的电路和网页 ···················· 267
15.1.2　用浏览器网页控制单片机 LED 的程序及说明 ·················· 268
15.1.3　程序的运行调试 ································ 268
15.1.4　HTML 语言简介 ······························· 272
15.1.5　用浏览器网页控制单片机两个 LED 的程序及说明 ················ 273

15.2　用浏览器网页控制单片机 LED 并监视 DHT11 传感器的温湿度值 ·········· 275
15.2.1　用网页控制单片机 LED 并监视 DHT11 温湿度值的电路及页面 ·········· 275
15.2.2　用网页控制单片机 LED 并监视 DHT11 温湿度值的程序及说明 ·········· 275
15.2.3　程序的运行调试 ································ 275

第 16 章　基于 MQTT 协议的物联网（IoT）通信 ······················ 280

16.1　MQTT 通信原理与 MQTTClient 类及函数 ···················· 280

16.1.1　MQTT 协议通信原理 280
16.1.2　MQTTClient 类与函数 281
16.2　单片机用作 MQTT 物联网通信客户端的电路与编程实例 282
16.2.1　单片机用作 MQTT 发布方和订阅方的电路 282
16.2.2　单片机用作 MQTT 客户端的程序及说明 283
16.2.3　用通信猫调试 MQTT 客户端（发布方和订阅方）的程序 286

第 1 章　ESP32 单片机与编程软件入门

1.1 概述

ESP32 微控制器（MCU，又称单片机）是上海乐鑫信息科技公司推出的一款具有无线 WiFi 和蓝牙功能的物联网（IoT）芯片，采用台积电（TSMC）低功耗 40nm 工艺生产，除了具有大多数 32 位单片机的功能外，片上还集成了天线开关、射频平衡 - 不平衡变换器、功率放大器、低噪声放大器、滤波器、电源管理模块等，仅需要增加 20 多个外围元器件，就可以适配大量的物联网场景。

1.1.1 ESP32 芯片、模组与开发板

ESP32 芯片是一块有几十个引脚的集成电路，ESP32 模组是将 ESP32 芯片、Flash 闪存、天线和其他精密元器件集成在一起，这些部分常用一个方形金属屏蔽罩遮盖起来，ESP32 开发板则是在 ESP32 模组的基础上增加了电源电路和与编程计算机通信等电路，并且将 ESP32 芯片的主要引脚从印制电路板引出，方便连接其他电路模块或设备。图 1-1 所示从左到右分别为 ESP32 的芯片、模组和开发板。

图 1-1　ESP32 芯片、模组与开发板

1.1.2 芯片型号含义

目前 ESP32 系列芯片的型号主要有 ESP32-D0WD-V3、ESP32-D0WDR2-V3、ESP32-U4WDH、

ESP32-S0WD、ESP32-D0WD、ESP32-D0WDQ6 和 ESP32-D0WDQ6-V3。ESP32 系列芯片的型号含义如图 1-2 所示。

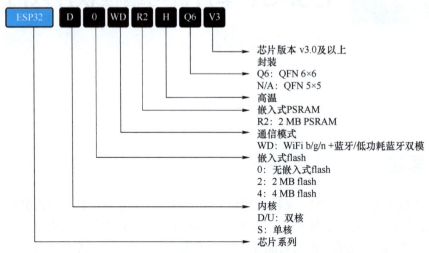

图 1-2　ESP32 系列芯片的型号含义

1.1.3　主要特性

ESP32 芯片或模组的主要特性如下：

1）处理器数量：Tensilica LX6 双核处理器，一核处理高速连接，一核独立应用开发。

2）处理器主频：CPU 正常工作速度可调，最低 80MHz，最高可达 240MHz。

3）SRAM：520KB，最大支持 8MB 片外 SPI SRAM。

4）Flash 闪存：最大支持 16MB 片外 SPI Flash。

5）WiFi 协议：支持 802.11 b/g/n/d/e/i/k/r 等协议，速度高达 150Mbit/s。

6）蓝牙协议：支持蓝牙 v4.2 完整标准，包含传统蓝牙（BR/EDR）和低功耗蓝牙（BLE）。

7）丰富的外设接口：GPIO、ADC、DAC、SPI、I²C、I²S、UART、电容式触摸传感器、霍尔传感器、SD 卡接口和以太网等。

8）工作电压为 3.3V（2.7~3.6V），单引脚最大输出电流为 40mA，IO 最大输出总电流为 1200mA，睡眠电流小于 5μA。

ESP32 系列芯片的工作温度范围在 –40~+125℃，并且内部集成的自校准电路可以实现动态电压调整，以消除外部电路缺陷，适应外部条件的变化，从而在产品量产时不需要使用昂贵的专用 WiFi 测量仪器。

1.1.4　应用领域

ESP32 单片机的应用非常广泛，以下是部分应用举例：

1）家庭自动化：智能照明，智能插座，智能门锁。

2）消费电子产品：智能手表，智能手环，电视盒，机顶盒设备，WiFi/蓝牙音箱，具有数据上传功能的玩具和接近感应玩具。

3）智慧楼宇：照明控制，能耗监测。

4）工业自动化：工业无线控制，工业机器人，人机界面，无线网格网络（Mesh）组网。

5）智慧农业：智能温室大棚，智能灌溉，农业机器人。

6）音频设备：网络音乐播放器，音频流媒体设备，网络广播。

7）健康/医疗/看护：健康监测，婴儿监控器。

8）WiFi玩具：遥控玩具，距离感应玩具，早教机。

9）可穿戴电子产品：智能手表，智能手环。

10）零售餐饮：POS系统，服务机器人。

此外，还可用于通用低功耗IoT传感器Hub、通用低功耗IoT数据记录器、摄像头视频流传输、语音识别和图像识别。

1.2 ESP32 单片机开发板介绍

1.2.1 开发板的组成

图1-3是一款常见的简易ESP32开发板，主要由ESP32模组、USB转TTL电路、5V转3.3V电路、复位按键、BOOT按键、USB口和2个19脚排针组成。ESP32模组的型号为ESP32-WROOM-32，该模组内部封装了ESP32-D0WDQ6芯片、Flash闪存和时钟晶体振荡器等电路，模组对外接出38个引脚，由于内部已封装了时钟晶体振荡器，故模组只需由外部提供电源和复位信号即可工作。

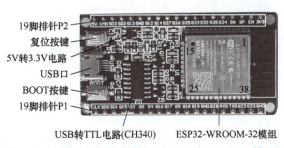

图1-3　ESP32开发板（采用ESP32-WROOM-32模组）

1.2.2 开发板的电路及说明

ESP32开发板的电路原理图如图1-4所示，电路中标注字符相同的地方在电气上是直接相连的。U1为ESP32-WROOM-32模组，模组有38个引脚，分别与P1、P2排针的相同字符的引脚连接。

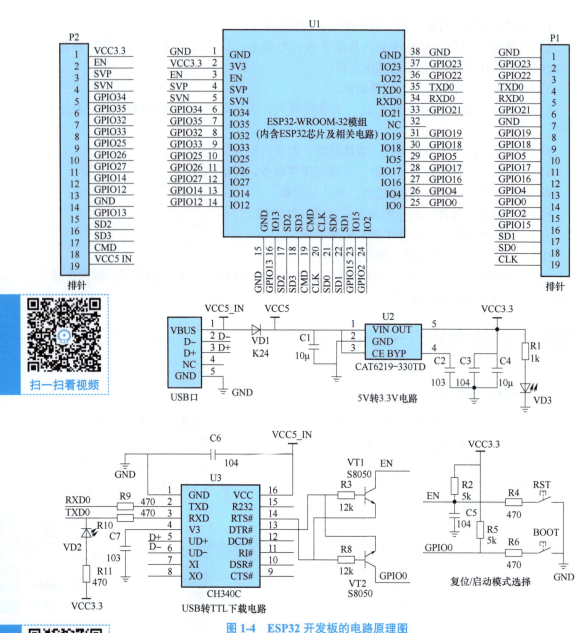

图 1-4 ESP32 开发板的电路原理图

开发板的 USB 口用于提供 5V 电源和下载程序。USB 口的 VBUS、GND 引脚输入 5V 电压，先得到一个 VCC5_IN 电压（5V），再经二极管 VD1 后得到 VCC5 电压，该电压送到 U2 的 1 号引脚，经转换后从 5 号引脚输出 3.3V 电压，作为电源提供给 ESP32 模组的 2 号引脚。USB 口的 D+、D- 引脚用于传送数据，在下载程序时，由计算机送来的数据通过 USB 口的 D+、D- 引脚送到 CH340（U3）的 5、6 号引脚，CH340 内部电路将 USB 类型的数据信号转换成 TTL 类型的数据信号，从 TXD（发送）引脚（2 号引脚）输出，送入 ESP32 模组的 RXD0（接收）引脚（34 号引脚），将程序写入 ESP32 模组内部的 Flash 闪存，在 ESP32 模组往 USB 口发送数据时，ESP32 模组的 TXD0（发送）引脚（35 号引脚）输出 TTL 类型的数据，送到 CH340 芯片的 RXD（接收）引脚（3 号引脚），在内部转换成 USB 类型的数据信号，再从 5、6 号引脚输出，送往 USB 口的 D+、D– 引脚。CH340 芯片在进行 USB-TTL 转换时，会从 DTR（数据终端准备好）、RTS（请求发送）端输出控制信号（1 或 0），控制晶体管 VT1、VT2 的导通状态，进而改变 ESP32 模组的 EN、GPIO0 引脚的电平，以利于通信双方收发数据。

RST 为复位按键，正常处于断开状态，通电时 3.3V 电压经 R2 给 C5 充电，ESP32 模组的 EN 引脚电压逐渐上升，对内部的 ESP32 芯片进行复位，EN 引脚为高电平（3.3V）时复位结束，RST 键闭合时 EN 引脚为低电平，ESP32 芯片处于复位状态，无法工作。BOOT 键用于选择 ESP32 芯片的启动模式，一般情况下不使用，保持断开或取消 BOOT 键。

1.2.3　ESP32 模组的引脚功能

厂商直接提供封装好的 ESP32-WROOM-32 模组，用户可不用了解模组内部电路，直接将封装好的模组当作单片机芯片使用。ESP32-WROOM-32 模组各引脚功能说明见表 1-1。

表 1-1　ESP32-WROOM-32 模组的引脚功能说明

名称	编号	类型	功能
GND	1	P	接地
3V3	2	P	供电
EN	3	I	使能模组，高电平有效
SVP	4	I	GPIO36，ADC1_CH0，RTC_GPIO0
SVN	5	I	GPIO39，ADC1_CH3，RTC_GPIO3
IO34	6	I	GPIO34，ADC1_CH6，RTC_GPIO4
IO35	7	I	GPIO35，ADC1_CH7，RTC_GPIO5
IO32	8	I/O	GPIO32，XTAL_32K_P（32.768kHz 晶振输入），ADC1_CH4，TOUCH9，RTC_GPIO9
IO33	9	I/O	GPIO33，XTAL_32K_N（32.768kHz 晶振输出），ADC1_CH5，TOUCH8，RTC_GPIO8
IO25	10	I/O	GPIO25，DAC_1，ADC2_CH8，RTC_GPIO6，EMAC_RXD0
IO26	11	I/O	GPIO26，DAC_2，ADC2_CH9，RTC_GPIO7，EMAC_RXD1
IO27	12	I/O	GPIO27，ADC2_CH7，TOUCH7，RTC_GPIO17，EMAC_RX_DV
IO14	13	I/O	GPIO14，ADC2_CH6，TOUCH6，RTC_GPIO16，MTMS，HSPICLK，HS2_CLK，SD_CLK，EMAC_TXD2
IO12	14	I/O	GPIO12，ADC2_CH5，TOUCH5，RTC_GPIO15，MTDI，HSPIQ，HS2_DATA2，SD_DATA2，EMAC_TXD3
GND	15	P	接地
IO13	16	I/O	GPIO13，ADC2_CH4，TOUCH4，RTC_GPIO14，MTCK，HSPID，HS2_DATA3，SD_DATA3，EMAC_RX_ER

(续)

名称	编号	类型	功能	
SD2	17	I/O	GPIO9, SD_DATA2, SPIHD, HS1_DATA2, U1RXD	GPIO6~GPIO11 用于连接模组上集成的 SPI Flash 闪存，不建议用作其他功能
SD3	18	I/O	GPIO10, SD_DATA3, SPIWP, HS1_DATA3, U1TXD	
CMD	19	I/O	GPIO11, SD_CMD, SPICS0, HS1_CMD, U1RTS	
CLK	20	I/O	GPIO6, SD_CLK, SPICLK, HS1_CLK, U1CTS	
SD0	21	I/O	GPIO7, SD_DATA0, SPIQ, HS1_DATA0, U2RTS	
SD1	22	I/O	GPIO8, SD_DATA1, SPID, HS1_DATA1, U2CTS	
IO15	23	I/O	GPIO15, ADC2_CH3, TOUCH3, MTDO, HSPICS0, RTC_GPIO13, HS2_CMD, SD_CMD, EMAC_RXD3	
IO2	24	I/O	GPIO2, ADC2_CH2, TOUCH2, RTC_GPIO12, HSPIWP, HS2_DATA0, SD_DATA0	
IO0	25	I/O	GPIO0, ADC2_CH1, TOUCH1, RTC_GPIO11, CLK_OUT1, EMAC_TX_CLK	
IO4	26	I/O	GPIO4, ADC2_CH0, TOUCH0, RTC_GPIO10, HSPIHD, HS2_DATA1, SD_DATA1, EMAC_TX_ER	
IO16	27	I/O	GPIO16, HS1_DATA4, U2RXD, EMAC_CLK_OUT	
IO17	28	I/O	GPIO17, HS1_DATA5, U2TXD, EMAC_CLK_OUT_180	
IO5	29	I/O	GPIO5, VSPICS0, HS1_DATA6, EMAC_RX_CLK	
IO18	30	I/O	GPIO18, VSPICLK, HS1_DATA7	
IO19	31	I/O	GPIO19, VSPIQ, U0CTS, EMAC_TXD0	
NC	32	—	—	
IO21	33	I/O	GPIO21, VSPIHD, EMAC_TX_EN	
RXD0	34	I/O	GPIO3, U0RXD, CLK_OUT2	
TXD0	35	I/O	GPIO1, U0TXD, CLK_OUT3, EMAC_RXD2	
IO22	36	I/O	GPIO22, VSPIWP, U0RTS, EMAC_TXD1	
IO23	37	I/O	GPIO23, VSPID, HS1_STROBE	
GND	38	P	接地	

1.3 单片机编程软件的获取、安装与使用

ESP32 单片机的编程方式主要有 3 种：一是使用乐鑫官方的 ESP-IDF 软件开发系统，采用 C 语言编程，该开发系统配置和编程难度大，且需对单片机内部硬件有较深的了解，不适合初学者使用；二是使用 Arduino IDE 软件，采用 Arduino C 语言编程，该软件编程简单，无须了解单片机内部硬件结构与配置，特别适合有一定 C 语言基础的初学者使用；三是使用 Micro Python 开发软件，采用 Python 语言编程，该软件编程简单，也无须了解单片机内部硬件，适合无 C 语言基础或希望掌握 Python 语言的

初学者使用。

本书使用 Python 语言对 ESP32 单片机进行编程，MicroPython 开发软件很多，其中 Thonny 软件应用广泛、操作简单、免费且容易获得。

1.3.1　Thonny 软件的获取与安装

Thonny 软件可以使用普通的 Python 语言编写在计算机中运行的程序，也可以使用 Micro Python 语言（简化版 Python 语言）为很多类型的嵌入式处理器编写程序。

1. 软件的获取

在计算机中打开浏览器，在地址栏输入"https://thonny.org/"登录 Thonny 网站，如图 1-5 所示，如果计算机为 64 位 Windows 操作系统，可按图示箭头指示下载 Thonny 软件的安装文件（thonny-4.0.1.exe）。

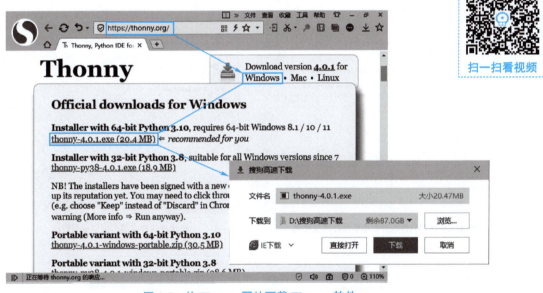

图 1-5　从 Thonny 网站下载 Thonny 软件

2. 软件的安装

在计算机中找到下载的 Thonny 软件安装包，之后的安装过程如图 1-6a~g 所示。

a）双击thonny-4.0.1.exe文件开始安装Thonny软件

图 1-6　Thonny 软件的安装

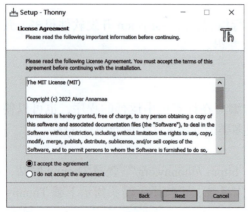

b) 选择接受协议

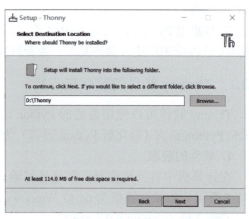

c) 输入或选择软件的安装路径

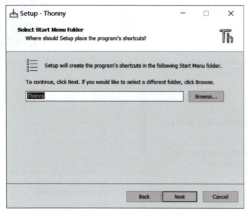

d) 输入或选择软件在开始菜单保存的文件夹

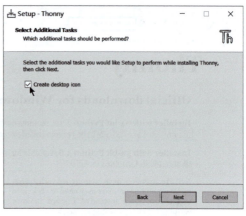

e) 选择软件安装后创建桌面图标

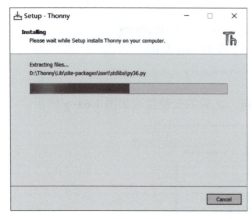

f) 显示安装进度条

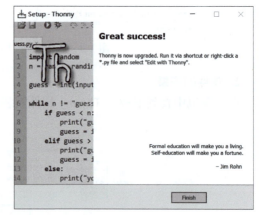

g) 单击"Finish"完成安装

图 1-6　Thonny 软件的安装（续）

3. 软件的启动与软件窗口说明

在开始菜单找到 Thonny 文件夹中的 Thonny 图标，单击该图标即可启动 Thonny 软件，也可以直接双击计算机桌面上的 Thonny 图标启动 Thonny 软件，如图 1-7 所示。Thonny 软件窗口主要由标题栏、菜单栏、工具栏、文件管理区、编程区和 Shell（命令解析器）组成。

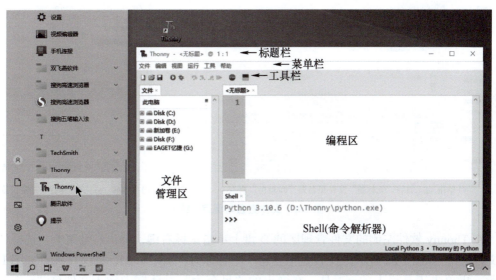

图 1-7　Thonny 软件的启动与软件窗口界面

1.3.2　程序文件的创建与保存

Thonny 软件启动后会自动创建一个名称为"无标题"的文件，并在编程区打开，执行菜单命令"文件"→"新建"，或者直接单击工具栏上的 工具，也可新建一个名称为"无标题"的文件。如果希望将该文件更名并保存在指定位置，可按图 1-8a~d 所示方法操作。

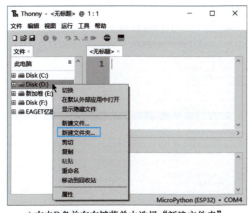

a）右击D盘并在右键菜单中选择"新建文件夹"

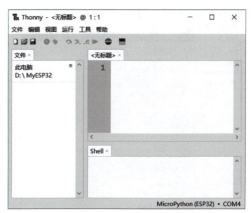

b）在D盘创建名称为"MyESP32"的文件夹

图 1-8　文件更名与保存

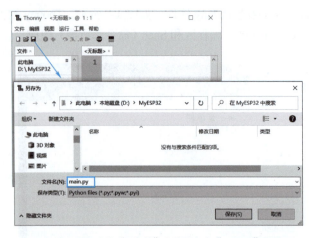
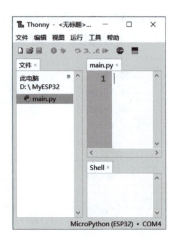

c) 单击 🖫 工具将"无标题"文件更名为"main.py"保存　　d)"main.py"文件保存在指定位置

图 1-8　文件更名与保存（续）

在 Thonny 软件左侧的文件管理区的 D 盘上单击鼠标右键，弹出右键菜单，选择"新建文件夹"，如图 1-8a 所示，在 D 盘中创建一个名称为"MyESP32"的文件夹，如图 1-8b 所示，再单击工具栏上的 🖫 工具，在弹出的"另存为"对话框中输入文件名"main.py"并保存，如图 1-8c 所示，这样名称为"无标题"的文件被更名为"main.py"并保存在 D 盘的 MyESP32 文件夹中，如图 1-8d 所示。

1.3.3　软件的设置

如果使用 Thonny 软件为 ESP32 单片机编程，需要选择 MicroPython（ESP32）解释器来运行程序代码。在 Thonny 软件中执行菜单命令"运行"→"配置解释器"，如图 1-9a 所示，出现"Thonny 选项"窗口，在上方选择"解释器"选项卡，再在下方选择"MicroPython（ESP32）"，如图 1-9b 所示。

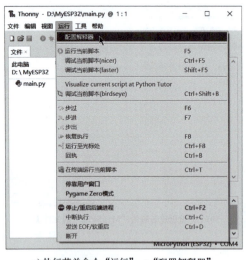

a) 执行菜单命令"运行"→"配置解释器"　　b) 在"解释器"选项卡选择"MicroPython(ESP32)"

图 1-9　软件的一些设置

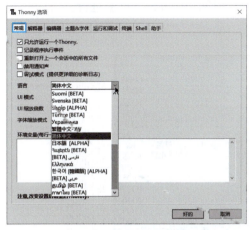
c)在"常规"选项卡设置软件界面语言

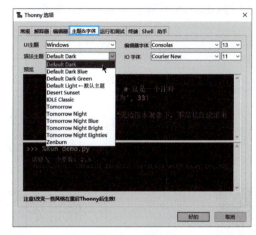
d)设置软件的"主题&字体"

图1-9 软件的一些设置（续）

Thonny软件窗口默认为中文界面，如果要设为其他语言，可在"Thonny选项"窗口上方单击"常规"选项卡，再在下方的语言栏选择相应的语言，如图1-9c所示，再关闭并重新打开Thonny软件，窗口则为选择的语言界面。如果要更改软件窗口的主题和字体，可在"Thonny选项"窗口上方单击"主题&字体"选项卡，再在下方选择相应的主题和字体，如图1-9d所示，Thonny软件的语法主题默认为"Default Light"，如果选择"Default Dark"，则编程区和Shell的背景变为黑色，文字字体和颜色也发生变化。

1.4 单片机闪烁点亮LED的开发实例

1.4.1 单片机闪烁点亮LED的电路

图1-10是ESP32单片机闪烁点亮LED的电路。ESP32单片机和时钟电路封装在ESP32-WROOM-32模组中，故只需在外部为模组提供电源和复位信号即可让内部的ESP32单片机工作。由于下载程序采用外置的USB-TTL下载器，因此该电路未使用USB-TTL转换电路。

当接通3.3V电源时，3.3V电压一方面送到ESP32模组的2号引脚为内部单片机提供电源，3.3V电压另外会通过R2对电容C充电，C两端的电压初始很低，低电平通过模组的EN引脚送给内部的单片机，对单片机进行复位，随着充电的进行，C上的电压上升，上升到3.3V时复位结束，单片机开始正常工作。ESP32模组的GPIO15引脚（23号引脚）通过限流电阻R1连接发光二极管（LED），当GPIO15引脚输出高电平（3V左右）时，LED发光，当GPIO15引脚输出低电平（0V）时，LED熄灭。

1.4.2 编写闪烁点亮LED的程序

在Thonny软件左边的文件管理区中双击要编写程序代码的程序文件"main.py"，编程区打开该文件，再用Python语言编写图1-11所示的程序。该程序的功能是让ESP32单片机的 GPIO15 引脚交替输出高、低电平，其持续时间均为 0.5s，反复进行。

扫一扫看视频

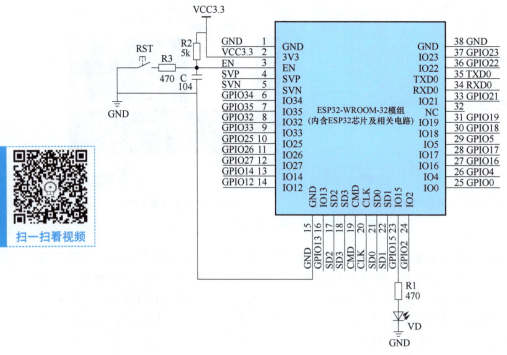

图 1-10　ESP32 单片机闪烁点亮 LED 的电路

在图 1-11 程序中，两个 3 单引号（'''）之间可以多行注释，＃号为单行注释起始符，换行结束本行注释，程序中其他代码功能见程序注释说明。

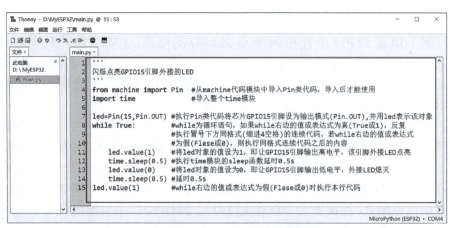

图 1-11　编写的"闪烁点亮 GPIO15 引脚外接的 LED"程序

1.4.3　USB-TTL 下载器与驱动程序的安装

要将计算机中的程序传送给 ESP32 单片机，须将两者连接起来，计算机收发的为

USB 格式的信号数据，ESP32 单片机收发的为 TTL（晶体管 - 晶体管逻辑电平）信号数据，两者之间需使用 USB-TTL 转换器（又称下载器）进行信号转换，才可以双向连接通信。

1. USB-TTL 下载器外形与电路

图 1-12a 是两种常见的 USB-TTL 下载器，图 1-12b 为下载器的参考电路（转换芯片采用CH340），采用不同转换芯片的下载器的电路会有所不同，但基本都有5V（5V电源）、3V3（3.3V 电源）、TXD（发送）、RXD（接收）和 GND（接地）这些引脚。若还有 VCC 引脚，在使用 3.3V 电源输出时，可将 5V、VCC 引脚短接，5V 电源（来自 USB 口）直接由 VCC 引脚进入转换芯片降压成 3.3V 输出，因为 3.3V 来自转换芯片内部电路，3V3 引脚不能输出大电流；如果将 3V3、VCC 引脚短接，3V3 引脚会输出 3.6V 电压（5V 经 2 个二极管降压约为 1.4V），且可输出较大的电流。

USB-TTL 下载器连接的设备是 5V 供电时，短接 3V3、VCC 引脚，用 5V 引脚往设备供电；设备是 3.3V 供电时，短接 5V、VCC 引脚，用 3V3 引脚为设备供电；设备是 3~5V 供电时，无须短接，可从 3V3、VCC 或 5V 任一引脚连接为设备供电。

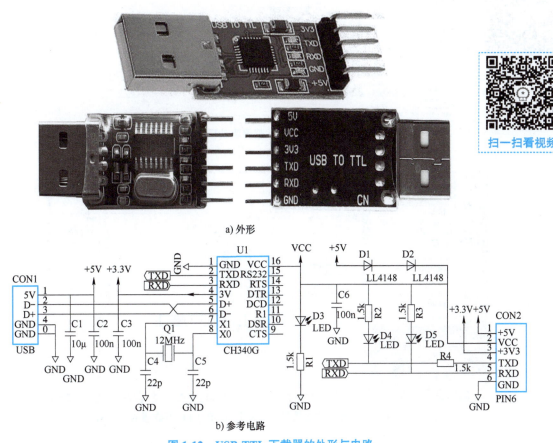

图 1-12 USB-TTL 下载器的外形与电路

2. USB-TTL 下载器驱动程序的安装

计算机连接好 USB-TTL 下载器后，需要在计算机安装其驱动程序，才能识别并使用下载器。USB-TTL 下载器的驱动程序与转换芯片有关，常见的 USB-TTL 有 CH340/CH341、FT232、CP2102 和 PL2303 等。采用 CH340/CH341 芯片的 USB-TTL 下载器使用广泛，其驱动程序安装如图 1-13 所示。打开 USB-TTL 下载器的驱动程序安装文件夹，双击"SETUP.EXE"文件，弹出安装窗口，单击"安装"按钮即开始安装驱动程序，最后弹出安装成功对话框，单击"确定"后完成安装。

驱动程序安装后，将 USB-TTL 下载器插入计算机的某个 USB 接口，再按图 1-14 所示，右击计算机桌面上"此电脑"图标，在弹出的右键菜单中选择"管理"，出现"计算机管理"窗口，在左边选择"设备管理器"，右边的"端口"中出现"USB-SERIAL CH340（COM4）"，说明计算机已识别出 USB-TTL 下载器，分配给下载器的端口为 COM4，下载器插入计算机不同的 USB 接口，计算机分配给下载器的端口会不同，记住该端口号，在 Thonny 软件中进行下载设置时需要选择该端口。

扫一扫看视频

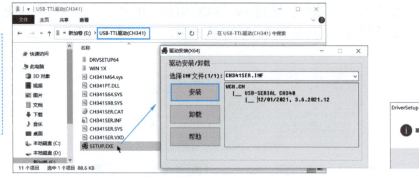

图 1-13　USB-TTL 下载器驱动程序的安装

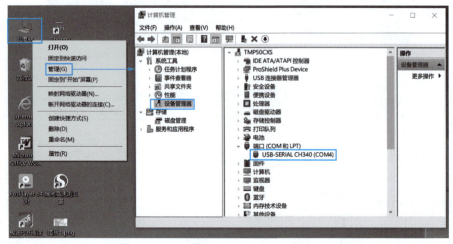

图 1-14　在文件管理器中查看计算机连接 USB-TTL 下载器的端口号

1.4.4　用 USB-TTL 下载器连接计算机与单片机

计算机使用 USB-TTL 下载器连接 ESP32 单片机模组如图 1-15 所示。计算机通过

USB 接口往 USB-TTL 下载器提供 5V 电压，该电压经下载器降压后从 3V3 引脚输出 3.3V 电压，送到 ESP32 单片机模组的电源（VCC3.3）引脚，另外 USB-TTL 下载器的 TXD（发送）、RXD（接收）引脚分别与 ESP32 单片机模组的 RXD0（接收）、TXD0（发送）引脚连接。

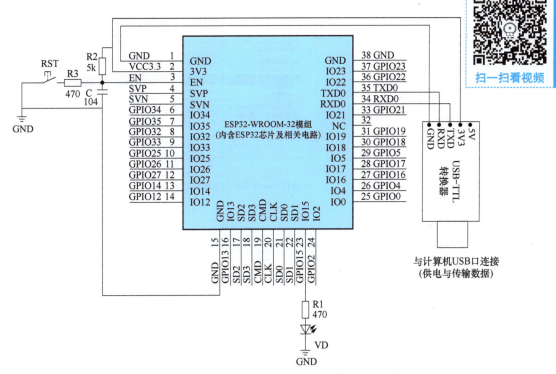

扫一扫看视频

图 1-15　计算机使用 USB-TTL 下载器连接 ESP32 单片机模组

1.4.5　选择通信端口与查看单片机中的程序

　　计算机通过 USB-TTL 下载器连接 ESP32 单片机模组后，在 Thonny 软件中执行菜单命令"运行"→"配置解释器"，弹出"Thonny 选项"窗口，如图 1-16a 所示，选中"解释器"选项卡，在下方的"端口或 WebREPL"项中选择 USB-TTL 下载器与计算机连接的端口"USB-SERIAL CH340（COM4）"，Thonny 软件所在的计算机会通过该端口连接的 USB-TTL 下载器与 ESP32 单片机建立通信连接，再单击"好的"，在 Thonny 软件文件管理区下方出现 MicroPython 设备，下面的 main.py 文件为先前下载到 ESP32 单片机中的程序文件，如果没有出现 MicroPython 设备，可单击工具栏上的 ⏹ （停止/重启后端进程）工具，Thonny 软件会重新通过 USB-TTL 下载器与 ESP32 单片机建立连接，并读取 ESP32 单片机中的文件。

　　在 Thonny 软件文件管理区的 MicroPython 设备中双击"main.py"文件，或右击"main.py"文件选择右键菜单中的"使用 Thonny 打开"，如图 1-16b 所示，在编程区打开已下载到单片机中的"main.py"文件，该文件中程序的功能是让单片机 GIOP15 引脚输出高电平，LED 点亮。

扫一扫看视频

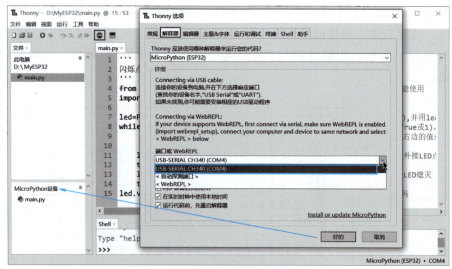

a）选择Thonny软件与单片机的通信端口

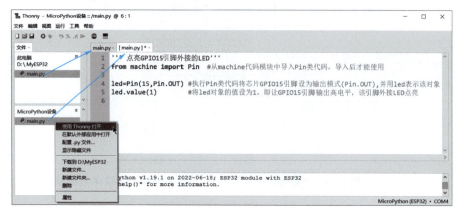

b）查看单片机中的程序

图 1-16　选择通信端口与查看单片机中的程序

1.4.6　程序的在线运行与下载

在 Thonny 软件文件管理区双击要运行的程序文件，在编程区可查看到该文件的程序代码，单击工具栏上的 ◎（运行当前脚本）工具，如图 1-17a 所示，该文件中的程序代码临时写入单片机的内存，程序在单片机内存中运行，GPIO15 引脚外接的 LED 闪烁发光，再单击工具栏上的 ◎（停止／重启后端进程）可停止运行单片机中的程序，如图 1-17b 所示，然后按单片机的复位键或切断单片机电源再接通，会发现 GPIO15 引脚外接的 LED 不再闪烁，这是因为单片机停止／重启、复位或断电后，内存中的程序不能保存。

程序只有写入到单片机的 Flash 闪存中才能断电长期保存。在 Thonny 软件文件管理区选择要写入单片机的程序文件（main.py），单击右键选择右键菜单中的"上传到"，如图 1-18a 所示，选择的文件会写入单片机的 Flash 闪存，在 Thonny 软件文件管理区的 MicroPython 设备中会看到写入的文件，如果单片机 Flash 闪存中的原有文件与写入的文件名称相同，则原有同名文件会被覆盖。文件写入成功后，双击 MicroPython 设备中的 main.py 文件，发现文件中的程序代码与写入文件相同，如图 1-18b 所示。

程序写入到单片机的 Flash 闪存后，会发现单片机在复位、切断电源再通电时，GPIO15 引脚外接的 LED 始终闪烁发光，这是因为 Flash 闪存可断电长期保存数据。

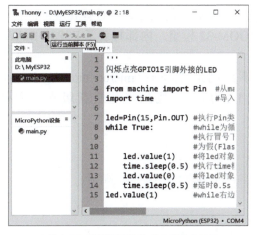

a) 单击 ▶ 工具时程序写入单片机内存运行　　　　b) 单击 ⏹ 工具停止程序运行

图 1-17　程序的在线运行与停止

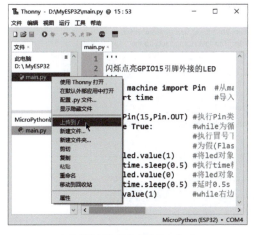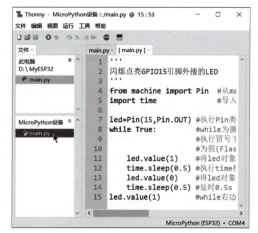

a) 将程序写入单片机的Flash闪存　　　　b) 查看单片机的Flash闪存中的程序

图 1-18　程序的下载与查看

1.5　单片机固件包的获取与烧录

在使用 Python 语言为 ESP32 单片机编写程序时，需要先往单片机中烧录（安装）ESP32 Python 固件包（Firmware），该固件包可将下载到单片机的 Python 程序代码翻译成单片机内部电路可识别的二进制代码。市面上出售的 ESP32 单片机实验板已经烧录了该型号单片机芯片的固件包，可直接将 Python 程序下载到单片机运行，如果使用的 ESP32 单片机芯片未烧录固件包，或者单片机的固件库版本较低（可能无法使用单片机的新功能），可以自己下载并烧录固件包。

1.5.1 从网站下载固件包到计算机

在下载固件包时先要确定 ESP32 单片机模组和芯片的型号，再选择相应的固件包下载，本书介绍的 ESP32 单片机为 ESP32-WROOM-32 模组，内部封装了 ESP32-D0WDQ6 芯片。

在计算机浏览器地址栏输入固件包下载网址"https：//micropython.org/download/ESP32_GENERIC/"，登录下载页面，如图 1-19 所示，找到当前最新版本的固件包（v1.20.0），将固件包下载到计算机中。

图 1-19　ESP32-WROOM-32 模组固件包下载页面

1.5.2 烧录固件包到单片机

为单片机烧录固件包可使用专用的烧录软件，也可以在 Thonny 软件中进行烧录，这里介绍在 Thonny 软件中烧录固件包的操作方法。

打开 Thonny 软件，执行菜单命令"运行"→"配置解释器"，出现图 1-20a 左方所示的"Thonny 选项"窗口，选择"解释器"选项卡，再选择解释器类型和计算机连接 ESP32 单片机的端口，然后单击右下角的"Install or update MicroPython"，弹出图 1-20a 右方所示的固件包安装对话框，在 Port（端口）项选择计算机与单片机的连接端口，在"Firmware"（固件）项单击"Browse"按钮，出现"打开"对话框，找到并选择先前下载的 ESP32 单片机固件包文件，如图 1-20b 所示，单击"打开"按钮，在固件包安装对话框的"Firmware"项出现选择的固件包，如图 1-20c 所示，在该对话框中单击"安装"按钮，固件包文件开始写入 ESP32 单片机芯片的 Flash 闪存，对话框左下角显示烧录进度，如图 1-20d 所示，当出现"Done！"时表示固件包烧录完成，如图 1-20e 所示，单击"关闭"按钮对话框，在 Thonny 软件的左边的 MicroPython 设备（ESP32 单片机芯片）出现了"boot.py"文件，Shell 区显示有关固件包信息（版本号为 v1.20.0），如图 1-20f 所示。

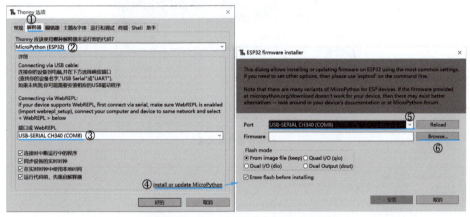

a）选择解释器类型、计算机与单片机的连接端口

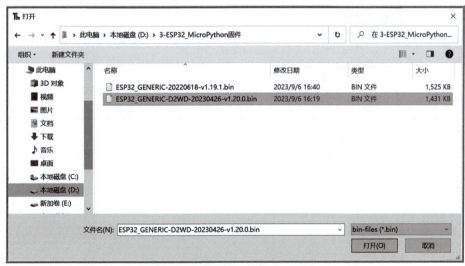

b）选择要烧录的固件包文件

图 1-20 将固件包烧录到单片机

c）单击"安装"开始固件包烧录　　　　　　d）显示固件包烧录进度

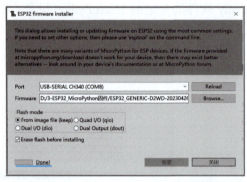

e）固件包烧录完成

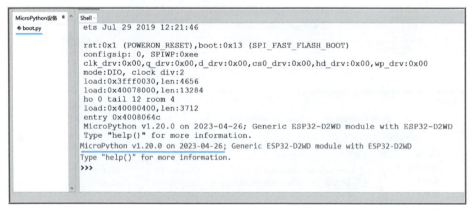

f）在Shell区显示已烧录到单片机的固件包有关信息

图1-20　将固件包烧录到单片机（续）

第 2 章 Python 语言入门

Python 是一种非常易用的脚本语言，其语法简洁、使用简单、功能强大、容易扩展。Python 是完全开源的，有强大的社区支持，可以使用很多的现有库（使用者也可以开发自己的库），所以 Python 受到越来越多的开发者青睐。Python 广泛应用于工程管理、网络编程、科学计算、人工智能、机器人和教育等许多行业。

开源硬件中使用最热门的 MicroPython 是由英国剑桥大学的教授 Damien George（达米安·乔治）发明。Damien George 是一名计算机工程师，他每天都要使用 Python 语言工作，同时也在做一些机器人项目，有一天他突然冒出了一个想法：能否用 Python 语言来控制单片机，实现对机器人的操控呢？于是 Damien 花费了 6 个月的时间开发了 MicroPython。

MicroPython 本身使用 GNU C 进行开发，在 ST 公司的微控制器上实现了 Python 3 的基本功能，拥有完善的解析器、编译器、虚拟机和类库等。在保留了 Python 语言主要特性的基础上，对嵌入式系统的底层做了非常不错的封装，将常用功能都封装在库中，甚至为一些常用的传感器和硬件编写了专门的驱动，在使用时只需要通过调用这些库和函数，就可以快速控制 LED、液晶、舵机、多种传感器、SD 卡、UART 通信、I^2C 通信等，而不用再去研究底层模块的使用方法。使用 MicroPython 不但降低了开发难度，而且减少了重复开发工作，可以加快开发速度，提高了开发效率，以前需要较高水平的嵌入式工程师花费数天甚至数周才能完成的功能，现在普通嵌入式开发者使用 MicroPython 只需几个小时就能实现类似的功能，而且要更加轻松和简单。

MicroPython 是基于 Python 3 的精简且高效的编程语言，其中一小部分优化过，可以在微控制器和受限环境中运行 Python 标准库。MicroPython 语言可以逐条解释执行，随时查看变量信息，非常方便单片机的调试。MicroPython 可运行在不同厂商、不同微控制器产品上，并且还是免费开源的，嵌入式开发人员可以随时根据自己的需求使用和定制，摆脱单一厂商、单一微控制器的束缚。MicroPython 最早使用在 STM32F4 微控制器平台上，现在已经支持 STM32L4、STM32F7、ESP8266、ESP32、CC3200、DSPIC33FJ256、MK20DX256、Microbit、MSP432、XMC4700、RT8195 等众多硬件平台，此外有不少开发者在尝试将 MicroPython 移植到更多的硬件平台。除了 MicroPython 以外，在嵌入式系统上还有像 Lua、Javascript、MMBasic 等脚本编程语言，但是它们的功能、性能、可移植性、易用性和可用资源方面都不如 MicroPython。

2.1　Python 语言基础

2.1.1　注释与代码缩进

1. 注释

在程序中，注释是对代码解释和说明，便于别人了解代码的功能，程序运行时注释会被忽略。注释可分为单行注释和多行注释。

（1）单行注释

Python 语言的单行注释符号为"#"，从"#"到换行之间的内容为单行注释内容。单行注释如图 2-1 所示。

```
4  from machine import Pin    #从machine代码模块中导入Pin类代码，导入后才能使用
5  import time                #导入整个time模块
6  led=Pin(15,Pin.OUT) #执行Pin类代码将芯片GPIO15引脚设为输出模式(Pin.OUT)，并用led表示该对象
```

图 2-1　单行注释

（2）多行注释

Python 语言没有专用的多行注释符，通常将多行注释内容放置在一对三引号之间，引号可以是双三单引号（'''多行注释内容'''）或双三双引号（"""多行注释内容"""）。多行注释如图 2-2 所示。如果三引号作为语句的一部分出现时就不是注释，例如"print('''身高为：''')"。

```
1  '''
2  闪烁点亮GPIO15引脚外接的LED
3  GPIO15端输出高电平时LED亮，输出低电平时LED灭
4  '''
5  from machine import Pin    #从machine代码模块中导入Pin类代码，导入后才能使用
```

图 2-2　多行注释

2. 代码缩进

C 语言、Java 语言等采用大括号"{}"分隔代码块，而 Python 语言采用代码缩进和冒号"："区分代码之间的层次，这与写文章时区分文字内容层次相似。**Python 语言对代码缩进要求严格，同一层次的代码缩进量必须相同，如果不相同将会出错**，比如同层次的两行代码，一行缩进 4 个空格，一行缩进 3 个空格，将会出错（SyntaxError 错误）。代码缩进量默认以 4 个空格为一个缩进单位，可以直接按 4 次空格键输入 4 个空格（一个缩进量），或按一次 <Tab> 键即可输入 4 个空格。

采用代码缩进和冒号"："区分代码层次如图 2-3 所示，图 2-3a 中的 7、8、13 行代码属于同一层次，9~12 行代码较第 1 层次代码均缩进 4 个空格，由于其位于 while 语句所在行尾"："之后，故都属于 while 语句内的第 2 层次代码，如果将第 12 行代码缩进 3 个空格，如图 2-3b 所示，运行时将会出错。

```
 7    led=Pin(15,Pin.OUT)            7    led=Pin(15,Pin.OUT)
 8    while True:                    8    while True:
 9        led.value(1)               9        led.value(1)
10        time.sleep(0.5)           10        time.sleep(0.5)
11        led.value(0)              11        led.value(0)
12        time.sleep(0.5)           12       time.sleep(0.5)
13        led.value(1)              13        led.value(1)
```

　　　　a) 同一层次代码缩进应相同　　　　b) 同一层次代码缩进不同会出错

图 2-3　采用代码缩进和冒号 ":" 区分代码层次

2.1.2　关键字与标识符

1. 关键字

关键字又称保留字,是指已被赋为特定含义的字词,这些字词不可定义为变量、函数、类、模块和其他对象名称。Python 语言中的关键字见表 2-1,其中 True、False 和 None 的首字母必须是大写,其余关键字均为小写字母。

表 2-1　Python 语言中的关键字

and	as	assert	async	await	break	class
continue	def	del	elif	else	except	False
finally	for	from	global	if	import	in
is	lambda	None	nonlocal	not	or	pass
raise	return	True	try	while	with	yield

2. 标识符

标识符用来标识变量、函数、类、模块和其他对象名称。

Python 语言的标识符命令规则如下:

1) 标识符开头必须是字母 (A~Z 或 a~z) 或下划线 "_",余下的字符可以是字母、数字或下划线。abc、Abc4、_abc、abc_de 都是合法的标识符,4abc 则是不合法的。

2) 标识符中不能出现分隔符、标点符号、特殊符号或者运算符。Abc-de、abc@de、abc*de 都是不合法的标识符。

3) 标识符区分大小写的。number、Number、NUMBER 是 3 个不同的标识符。

4) 标识符不能与关键字相同。

5) 标识符尽量不要使用内置模块名、类型名、函数名和已经导入的模块名及其成员。

2.1.3　变量和数据类型

1. 变量

在程序中,变量相当于一个能存放数据的盒子,变量名相当于盒子的名称,将数据赋给某个变量就相当于将物品装入某个名称的盒子。不同类型的盒子适合装相应类型的物品，不同类型的变量保存不同类型的数据。在 C 语言中，需要先声明变量的类型，然后才能存放该类型的数据，而 **Python 语言使用变量前无须声明变量类型，变量的类型随存放的数据类型动态变化**。变量的使用举例如图 2-4 所示。

变量的名称必须是一个有效的标识符，尽量用有意义的单词作为变量名，为了避免与数字 0、1 产生混淆，慎用小写字母 o 和 l。

```
Shell ×
>>> abc=123
>>> print(abc)
 123
>>> print(type(abc))
 <class 'int'>
>>> abc="兔子"
>>> print(abc)
 兔子
>>> print(type(abc))
 <class 'str'>
>>>
```

在 Thonny 软件中执行菜单命令"运行"→"配置解释器"，弹出"Thonny 选项"对话框，在"解释器"选项卡选择使用"Local Python3"运行代码，这样在 Thonny 软件 Shell 区可输入代码并逐行解释运行。

Thonny 软件 Shell 区的 ">>>" 为输入提示符，输入代码后回车即运行本行代码，若有运行结果则在下行显示。

在左图中，先将数值 123 赋给变量 abc，执行输出函数 print(abc) 后显示变量 abc 的值为"123"，再执行 print(type(abc)) 函数，显示 abc 的类型为"<class 'int'>"，int 意为整型，"<class 'str'>"含义是类型为字符串。

图 2-4 变量的使用举例

2. 数字类型

在 Python 语言中，数字类型主要有整数、浮点数和复数。

（1）整数

整数包括正整数、负整数和 0。整数类型有十进制数、二进制数、十六进制数和八进制数。

1）十进制数：由 0~9 组成，表示时直接写出，例如 1、123、0、-45 等。

2）八进制数：由 0~7 组成，相加时"逢八进一"，相减时"借一当八"，八进制数表示时以 0o 或 0O 开头，0o23 转换成十进制数为 19（即 $2 \times 8^1 + 3 \times 8^0$）。

3）十六进制数：由 0~9、a~f 组成，相加时"逢十六进一"，相减时"借一当十六"，十六进制数表示时以 0x 或 0X 开头，0xb3 转换成十进制数为 179（即 $11 \times 16^1 + 3 \times 16^0$）。

4）二进制数：由 0 和 1 组成，相加时"逢二进一"，相减时"借一当二"，二进制数表示时以 0b 或 0B 开头，二进制数 1111 转换成十进制数为 15（即 $1 \times 2^3 + 1 \times 2^2 + 1 \times 2^1 + 1 \times 2^0$），二进制数 11010 转换成十进制数为 26。

（2）浮点数

浮点数又称小数，由整数部分和小数部分组成。浮点数表示时可以直接写出各位，例如 1.0、-0.23、3.1415926 等，也可以使用科学计数法表示，例如 12^{e3}（即 12×10^3）、12^{e-3}（即 12×10^{-3}）、-12^{e3}。

（3）复数

Python 语言中的复数表示形式与数学中的复数形式相同，是由实部和虚部组成，虚部使用 j 或 J 表示，例如 1.23+4.5j 就是一个复数。

3. 字符串类型

字符串是由多个字符组成，可以是计算机所能表示的一切字符。在 Python 中，字符串通常使用一对单引号（"）、一对双引号（""）或一对三引号（'''''）括起来，三种引号方式语义是相同的,只是形式不同。单引号和双引号中的字符必须在同一行内,三引号中的字符可以在多个连续的行。

字符串的使用举例如图 2-5 所示。字符串开始和结尾的引号形式必须相同,在表示复杂的字符串时,引号可以嵌套使用,一对引号中可包含另一对引号,字符串可以使用 + 号连接。Python 语言中字符串中还支持转换字义,\n 表示换行,\ 表示续行。

```
>>> name='张三'
>>> print(name)
张三
>>> print("姓名:"+name)
姓名:张三
>>> longtext='''What is your name?
My name is ZhangShan'''
>>> print(longtext)
What is your name?
My name is ZhangShan
```

```
>>> name='张三和"李四"'
>>> print(name)
张三和"李四"
>>> name='张\n三'
>>> print(name)
张
三
>>> longtext='''What is your name? \
My name is ZhangShan'''
>>> print(longtext)
What is your name? My name is ZhangShan
```

图 2-5　字符串的使用举例

4. 数据类型的转换

一个变量存放了某种类型的数据,如果要将其转换成其他类型的数据,可使用相应的类型转换函数。表 2-2 列出了一些常用的数据类型转换函数。用数据类型转换函数转换数据的类型举例如图 2-6 所示。

表 2-2　一些常用的数据类型转换函数

函数	功能
int(x)	将 x 转换成整数类型
float(x)	将 x 转换成浮点数类型
str(x)	将 x 转换为字符串
repr(x)	将 x 转换为表达式字符串
chr(x)	将整数 x 转换为一个字符
ord(x)	将一个字符 x 转换为它对应的整数值
hex(x)	将一个整数 x 转换为一个十六进制字符串
oct(x)	将一个整数 x 转换为一个八进制的字符串
bin(x)	将一个整数 x 转换为一个二进制字符串
round(x [, ndigits])	将浮点数 x 四舍五入到指定位数

```
>>> weight=65.3
>>> int(weight)
65
>>> repr(weight)
'65.3'
```

```
>>> x=23
>>> hex(x)
'0x17'
>>> bin(x)
'0b10111'
```

图 2-6　用数据类型转换函数转换数据的类型举例

2.1.4 运算符

运算符包括算术运算符、赋值运算符、比较（关系）运算符、逻辑运算符和位运算符。

1. 算术运算符

算术运算符用于数学计算。算术运算符见表 2-3。

表 2-3 算术运算符

运算符	说明	举例	
+	加	12.34 + 56	68.34
-	减	4.56-0.26	4.3
*	乘	5*3.6	18.0
/	除法	7/2	3.5
//	相除取整	7//2	3
%	相除取余	7%2	1
**	幂运算 / 次方运算	2**4	16，即 2^4

2. 赋值运算符

赋值运算符用来为变量赋值。赋值运算符见表 2-4。

表 2-4 赋值运算符

运算符	说明	用法举例	等价形式
=	最基本的赋值运算	x =y	x=y
+=	加赋值	x+=y	x=x+y
-=	减赋值	x-=y	x=x-y
*=	乘赋值	x*=y	x=x*y
/=	除赋值	x/=y	x=x/y
%=	取余数赋值	x%=y	x=x%y
**=	幂赋值	x**=y	x=x**y
//=	取整数赋值	x//=y	x=x//y
&=	按位与赋值	x&=y	x=x&y
|=	按位或赋值	x|=y	x=x|y
^=	按位异或赋值	x^=y	x=x^y
<<=	左移赋值	x<<=y	x=x<<y，y 为左移的位数
>>=	右移赋值	x>>=y	x=x>>y，y 为右移的位数

3. 比较运算符

比较运算符又称关系运算符，用于对常量、变量或表达式的结果进行大小比较。比较运算符见表 2-5。

表 2-5　比较运算符

运算符	说明
>	大于，如果 > 前面的值大于后面的值，返回 True，否则返回 False
<	小于，如果 < 前面的值小于后面的值，返回 True，否则返回 False
==	等于，如果 == 两边的值相等，返回 True，否则返回 False
>=	大于等于（等价于数学中的≥），如果 >= 前面的值大于或者等于后面的值，返回 True，否则返回 False
<=	小于等于（等价于数学中的≤），如果 <= 前面的值小于或者等于后面的值，返回 True，否则返回 False
!=	不等于（等价于数学中的≠），如果!= 两边的值不相等，返回 True，否则返回 False
is	判断两个变量所引用的对象是否相同，如果相同则返回 True，否则返回 False
is not	判断两个变量所引用的对象是否不相同，如果不相同则返回 True，否则返回 False

4. 逻辑运算符

逻辑运算符用于对真值与假值进行逻辑运算，结果为真或假值。逻辑运算符见表 2-6。

表 2-6　逻辑运算符

运算符	含义	基本格式	说明
and	逻辑与运算	a and b	当 a 和 b 两个表达式都为真时，a and b 的结果才为真，否则为假
or	逻辑或运算	a or b	当 a 和 b 两个表达式都为假时，a or b 的结果才是假，否则为真
not	逻辑非运算	not a	如果 a 为真，那么 not a 的结果为假；如果 a 为假，那么 not a 的结果为真。相当于对 a 取反

5. 位运算符

位运算符用于对二进制数进行运算，若是其他数制的数值，则先自动转换为二进制数，再进行位运算。位运算符见表 2-7。

整数在计算机中是以二进制数形式存储的，整数有正、负之分，**二进制数使用最高位表示符号（1 表示 -，0 表示 +）**。整数的二进制数有原码、反码（原码除符号位外其他各位取反即得到反码）和补码（反码加 1 得到补码）三种形式，正整数的原码、反码和补码都相同，负整数以补码方式存储。例如 7 的原码、反码和补码都是 0000 0111，-7 的原码是 1000 0111，反码是 1111 1000，补码是 1111 1001，-7 是以补码 1111 1001 存储在存储器中的，如果在 Python 中执行位取反 "~-7"，将会得到 6（0000 0110）。

表 2-7 位运算符

运算符	说明	使用形式	举例
&	位与	a&b	0b0101&0b11111 = 0b0101=5
|	位或	a|b	0b0101|0b11111 = 0b11111=31
~	位取反	~a	~0b11001=0b00110
^	位异或（相异得1，相同得0）	a^b	0b0100^0b0101=0b0001
<<	位左移	a<<b	0b0001<<2，将0001各位左移2位，得到的数为0100
>>	位右移	a>>b	0b1100>>3，将1100各位右移3位，得到的数为0001

6. 运算符的优先级

运算符优先级是指多个运算符同时出现在一个表达式中时运算符的先后执行顺序。例如在计算"5+2*（2+3）"时，先计算"( )"中的值，再计算"*"，然后计算"+"，即优先级高的运算符先计算，再计算优先级低的运算符。Python 语言中运算符的优先级见表 2-8。

表 2-8 Python 语言中运算符的优先级

运算符	运算符说明	优先级
( )	小括号	19（最高）
x[i] 或 x[i1：i2[：i3]]	索引运算符	18
x.attribute	属性访问	17
**	乘方	16
~	位取反	15
+（正号）、-（负号）	符号运算符	14
*、/、//、%	乘除	13
+、-	加减	12
>>、<<	位移	11
&	位与	10
^	位异或	9
|	位或	8
==、!=、>、>=、<、<=	比较运算符	7
is、is not	is 运算符	6
in、not in	in 运算符	5
not	逻辑非	4
and	逻辑与	3
or	逻辑或	2
exp1, exp2	逗号运算符	1（最低）

2.2 序列、列表、元组、字典和集合

2.2.1 序列

序列是指一块可存放多个值的连续内存空间，这些值按一定顺序排列，可通过每个值所在位置的编号（又称索引）来访问这些值。Python 中的序列类型包括字符串、列表、元组、集合和字典，这些序列类型支持一些通用的操作，但集合和字典不支持索引、切片、相加和相乘操作。

1. 序列索引

索引是指序列中每个元素的编号。序列的索引支持正向索引，也支持反向索引，正向索引是从起始元素开始，索引号从 0 开始从左往右递增，如图 2-7a 所示，反向索引是从最后一个元素开始，索引号从 –1 开始从右往左递减，如图 2-7b 所示。无论是正向索引还是反向索引，都可以访问序列中的元素，如图 2-8 所示。

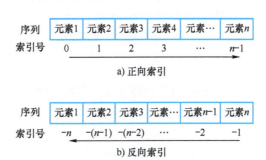

图 2-7 两种索引方式

```
>>> str="易天电学网"
>>> print(str[2],"+",str[-2])
电 + 学
```

图 2-8 用索引访问序列中的元素

2. 序列切片

切片可以访问一定范围内的元素，通过切片可以生成一个新的序列。
切片的语法格式如下：

$$sname[start: end: step]$$

sname：序列的名称；
start：切片的开始索引位置（包括该位置），此参数若不指定会默认为 0，即从序列的开头进行切片；
end：切片的结束索引位置（不包括该位置），若不指定则为序列的长度；
step：在切片时每隔 step–1 个位置取一次元素，如果 step 值大于 1，会跳跃式的取元素，若省略 step 值，则默认为 1，最后一个冒号可以省略。
序列切片的使用举例如图 2-9 所示。

```
>>> str="易天电学网"
>>> print(str[:2])      #输出str序列(字符串)索引号为0~2的元素,不含索引号为2的元素
易天
>>> print(str[::2])     #从整个str序列中每隔(2-1)个位置取一个元素输出
易电网
>>> print(str[:])       #将str序列的全部元素输出
易天电学网
```

图 2-9 序列切片的使用举例

3. 序列相加

在 Python 语言中可以使用 "+" 运算符将两种同类型（字符串、列表或元组等）的序列连接起来。序列相加的使用举例如图 2-10 所示。

```
>>> name1="易天电学网"
>>> name2="www.xxitee.com"
>>> print("学习网站："+name1+name2)
学习网站：易天电学网www.xxitee.com
```

图 2-10 序列相加的使用举例

4. 序列相乘

在 Python 语言中可以将一个序列乘以数字 n，序列中的元素将被复制 n 次而得到一个新的序列。序列相乘的使用举例如图 2-11 所示。

```
>>> str="易天电学网"
>>> print(str*3)
易天电学网易天电学网易天电学网
```

图 2-11 序列相乘的使用举例

5. 检查元素是否在序列中

如果序列的元素很多，可以使用关键字 "in" 检查某元素是否在序列中，其语法格式如下：

value in sequence

value 为要检查的元素，sequence 为指定的序列。

用 in 检查元素是否在序列中的使用举例如图 2-12 所示。

```
>>> str="易天电学网"
>>> print("电"in str)
True
>>> print("电"not in str)
False
```

图 2-12 用 in 检查元素是否在序列中

6. 与序列相关的内置函数

除了对序列可以进行前述操作外，Python 还提供了一些可以操作序列的内置函数，

见表 2-9，部分函数使用举例如图 2-13 所示。

表 2-9　与序列相关的内置函数

函数	说明
len()	计算序列的长度，返回序列中包含多少个元素
max()	找出序列中的最大元素
min()	找出序列中的最小元素
list()	将序列转换为列表
str()	将序列转换为字符串
sum()	计算元素和，在使用本函数时，做加和操作的必须都是数字，不能是字符或字符串
sorted()	对元素进行排序
reversed()	反向序列中的元素
enumerate()	将序列组合为一个索引序列，多用在 for 循环中

```
>>> str="ABCDabcd1234"
>>> print(len(str))
 12
>>> print(sorted(str))
['1', '2', '3', '4', 'A', 'B', 'C', 'D', 'a', 'b', 'c', 'd']
```

图 2-13　len() 和 sorted() 函数使用举例

2.2.2　列表（list）

列表属于一种序列，是由一系列元素按顺序排列组成，所有的元素都放在一对中括号"[]"中，元素之间用逗号","分隔，各元素可以是同类型，也可以是不同类型（如整数、浮点数、字符串、列表、元组等），这一点与 C 语言的数组要求各元素必须为同类型不同。

1. 列表的创建

（1）用赋值运算符"="创建列表

用赋值运算符"="创建列表格式如下：

列表名 =［元素 1，元素 2，…，元素 n］

用赋值运算符"="创建列表举例如下：

```
>>> num=[1,2,3,4,5,6]          # 列表中元素为同类型
>>> name=["张三",1.78,20]       # 列表中的元素为不同类型
>>> emptylist=[]               # 列表中可以没有元素，即空列表
```

（2）用 list() 函数创建列表

用 list() 函数创建列表格式如下：

list(要转换成列表的数据)

用 list() 函数创建列表举例如下：

```
>>> list1 = list("hello")     #将字符串"hello"转换成列表并赋给变量list1
>>> print(list1)              #将变量list1中的内容输出
['h','e','l','l','o']
```

2. 访问列表中的元素

列表属于序列的一种,可以使用索引(Index)访问列表中的某个元素(得到的是一个元素的值),或使用切片访问列表中的一组元素(得到的是一个新的子列表)。

(1) 访问列表中的单个元素

访问列表中的单个元素的格式如下:

列表名[要访问元素的索引号]

访问列表中的单个元素举例如下:

```
>>> list1=[1,2,3,4,5]
>>> print(list1[2])
3
```

(2) 用切片方式访问列表中的元素

用切片方式访问列表元素的格式如下:

列表名[起始元素的索引号:结束元素的索引号:步长]

用切片方式访问列表中的元素举例如下:

```
>>> list1=[1,2,3,4,5,6,7,8]
>>> print(list1[0:7:4])
[1,5]
```

3. 列表元素的添加

(1) 用append()方法添加元素

用append()方法可以在列表的末尾添加元素,其格式如下:

listname.append(obj)

listname为列表名,obj为添加到列表末尾的数据,可以是单个元素,也可以是列表、元组等。

用append()方法添加元素举例如下:

```
>>> list1=[1,2,3]
>>> list1.append("A")
>>> print(list1)
[1,2,3,'A']
>>> list2=["A","B","C"]
>>> list1.append(list2)
>>> print(list1)
[1,2,3,'A', ['A','B','C']]
```

(2) 用 extend() 方法添加元素

用 extend() 方法可以在列表的末尾添加元素,与 append() 的不同之处在于:extend() 不会把列表或者元组视为一个整体,而是把它们包含的元素逐个添加到列表中。其格式如下:

$$listname.extend(obj)$$

listname 为列表名,obj 为添加到列表末尾的数据,可以是单个元素,也可以是列表、元组等,但不能是单个数字。

用 extend() 方法添加元素举例如下:

```
>>> list1=[1,2,3]
>>> list1.extend("A")
>>> print(list1)
[1,2,3,'A']
>>> list2=["A","B","C"]
>>> list1.extend(list2)
>>> print(list1)
[1,2,3,'A','A','B','C']
```

(3) 在列表中插入元素

append() 和 extend() 方法只能在列表末尾插入元素,若要在列表中间某个位置插入元素,那么可以使用 insert() 方法。当插入列表或者元组时,insert() 会将其当作一个整体。

insert() 的语法格式如下:

$$listname.insert(index, obj)$$

index 为要插入元素的位置索引号,obj 为要插入数据。

用 insert() 方法添加元素举例如下:

```
>>> list1=[1,2,3]
>>> list1.insert(1,'A')
>>> print(list1)
[1,'A',2,3]
>>> list1.insert(1,['E','F','G'])
>>> print(list1)
[1,['E','F','G'],'A',2,3]
```

4. 列表元素的删除

(1) 根据索引号删除列表元素

用 del 可以删除列表中的单个元素,其格式如下:

$$del\ listname[index]$$

listname 为列表名称,index 为元素的索引号。

用 del 也可以删除列表中间一段连续的元素,其格式如下:

$$del\ listname[start: end]$$

listname 为列表名称，start 为起始索引号，end 为结束索引号。del 会删除从 start 到 end 之间的元素，不包括 end 处的元素。

用 del 删除列表中的元素举例如下：

```
>>> list1=[1,2,3,4,5,6,7]
>>> del list1[3]
>>> print(list1)
[1,2,3,5,6,7]
>>> del list1[1:4]
>>> print(list1)
[1,6,7]
```

（2）根据元素值删除列表元素

用 remove() 方法可以删除列表中的单个元素，其格式如下：

$$listname.remove(num)$$

listname 为列表名称，num 为要删除元素的值。若列表中有多个与指定值相同的元素，remove() 方法只会删除第一个与指定值相同的元素，而且必须保证该元素是存在的，否则会引发 ValueError 错误。

用 remove() 方法删除列表中的元素举例如下：

```
>>> list1=[11,21,33,46,21,62]
>>> list1.remove(33)
>>> print(list1)
[11,21,46,21,62]
>>> list1.remove(21)
>>> print(list1)
[11,46,21,62]
```

（3）删除列表中所有的元素

用 clear() 方法可以删除列表中的所有元素（清空列表），其格式如下：

$$listname.clear()$$

用 clear() 方法删除列表中的所有元素举例如下：

```
>>> list1=[11,21,33,46,21,62]
>>> list1.clear()
>>> print(list1)
[]
```

5. 修改列表元素

（1）修改列表中的单个元素

修改单个元素非常简单，先用索引号定位到列表中要修改元素的位置，再通过"="赋值符将新元素覆盖该位置的元素。修改列表中的单个元素举例如下：

```
>>> list1=[11,21,33,46,21,62]
>>> list1[1]=18
>>> list1[-3]=55
>>> print(list1)
[11,18,33,55,21,62]
```

（2）修改列表中的一组元素

用切片方式可通过赋值来修改列表中的一组元素。如果指定步长（step 值），则要求新元素的个数与原有元素的个数相同；若不指定步长，则不要求新元素的个数与原来的元素个数相同；如果对空切片赋值，相当于插入一组新的元素；如果使用字符串赋值，会自动把字符串转换成序列，每个字符都是一个元素。

修改列表中的一组元素举例如下：

```
>>> list1=[11,18,33,46,55,62]
>>> list1[1:4]=[0.1,77,8.3]
>>> print(list1)
[11,0.1,77,8.3,55,62]
>>> list1[4:4]=[1,2,3]
>>> print(list1)
[11,0.1,77,8.3,1,2,3,55,62]
>>> list1[2:4]="ABC"
>>> print(list1)
[11,0.1,'A','B','C',1,2,3,55,62]
```

6. 列表元素索引号的获取

有的列表中的元素很多，如果要查找某个元素的索引号（元素在列表中的位置号），可使用 index() 方法；如果查找的元素不存在则会导致 ValueError 错误，所以在查找之前建议先使用 count() 方法判断一下。

用 index() 获取列表元素索引号的语法格式如下：

listname.index(obj, start, end)

listname 为列表名称，obj 为要查找的元素，start 为查找的起始位置，end 查找的结束位置。start、end 都省略时，检索整个列表；只存在 start 而省略 end 时，检索从 start 到末尾的元素；start 和 end 都存在时，检索 start、end 之间的元素。index() 方法会返回所查找元素在列表中的索引号。

用 index() 获取列表元素索引号举例如下：

```
>>> list1=[11,22,33,46,18,75]
>>> list1.index(46,1,4)
3
>>> list1.index(75)
```

```
5
>>> list1.index(44)
ValueError:44 is not in list
```

7. 统计列表中某元素的个数

如果要统计列表中某元素的个数可使用 count（） 方法。如果 count（） 返回 0，表示列表中不存在该元素，所以 count（） 还可用来判断列表中是否有某个元素存在。

用 count（） 方法统计列表中某元素个数的语法格式如下：

$$listname.count（obj）$$

listname 为列表名称，obj 为要统计的元素。

用 count（） 方法统计列表中某元素个数举例如下：

```
>>> list1=[11,22,33,46,22,56,75,22]
>>> list1.count(22)
3
>>> list1.count(44)
0
```

2.2.3 元组（tuple）

元组与列表一样，是由一系列元素按顺序排列组成。元组所有的元素都放在一对小括号 "()" 中，元素之间用逗号 ","分隔，各元素可以是同类型，也可以是不同类型（整数、浮点数、字符串、列表、元组等）。元组与列表的区别主要在于：**列表中的元素可以更改，属于可变序列，元组中的元素不可以更改，属于不可变序列**。如果将列表看作铅笔写的菜单，元组则相当于印刷出来的菜单。

1. 元组的创建

（1）用赋值运算符 "=" 创建元组

用赋值运算符 "=" 创建元组格式如下：

$$tuplename =（element1, element2, ..., elementn）$$

tuplename 为元组名称，element 为元组的元素。

用赋值运算符 "=" 创建元组举例如下：

```
>>> num=(5,0b0101,0x0101,1.2,'A','B','hello')
>>> print(num)
(5,5,257,1.2,'A','B','hello')
```

（2）用 tuple（） 函数创建元组

用 tuple（） 函数创建元组格式如下：

$$tuple（data）$$

data 为要转化为元组的数据，包括字符串、元组等。

用 tuple（） 函数创建元组举例如下：

```
>>> tup1=tuple('hello123')
>>> print(tup1)
('h','e','l','l','o','1','2','3')
>>> list1=[11,22,33,'A','B']
>>> tup2=tuple(list1)    #将 list1 列表转换成元组,保存到变量 tup2(元组类型)
>>> print(tup2)
(11,22,33,'A','B')
```

2. 访问元组中的元素

元组属于序列的一种,可以使用索引(Index)访问元组中的某个元素(得到的是一个元素的值),或使用切片访问元组中的一组元素(得到的是一个新的子元组)。

(1)访问元组中的单个元素

访问元组中的单个元素的格式如下:

$$tuplename[i]$$

tuplename 为元组名称,i 为访问的元素索引号。

访问元组中的单个元素举例如下:

```
>>> tup1=(1,2,3,4,5)
>>> print(tup1[2])
3
```

(2)用切片方式访问元组中的元素

用切片方式访问元组元素的格式如下:

$$tuplename[start: end: step]$$

start 为起始索引号,end 为结束索引号,step 为步长。

用切片方式访问元组中的元素举例如下:

```
>>> tup1=(1,2,3,4,5,6,'A','B')
>>> print(tup1[0:7:6])
(1,'A')
```

3. 元组的修改与删除

元组中的元素不可更改,但可以用一个新的元组替代旧元组,还可以用"+"运算符连接多个元组成为一个新元组。当创建的元组不再使用时,可以通过 del 关键字将其删除。Python 自带垃圾回收功能,会自动销毁不用的元组,所以一般不需要通过 del 来手动删除元组(或其他的系列)。

元组的修改与删除举例如下:

```
>>> tup1=(1,2,3)
>>> tup2=('A','B','C')
>>> tup3=tup1+tup2
```

```
>>> print(tup3)
(1,2,3,'A','B','C')
>>> tup3=(11,22,33)
>>> print(tup3)
(11,22,33)
>>> del tup3
>>> print(tup3)
NameError:name 'tup3' is not defined
```

2.2.4 字典（dict）

Python 的字典（dict）是一种无序的、可变的序列，其元素以"键值对（key-value）"的形式存储。在字典中，通常将各元素对应的索引号称为键（key），各个键对应的元素称为值（value），键及其关联的值称为"键值对"。字典中所有的元素都放在一对大括号"{}"中，元素之间用逗号","分隔，各元素可以是任意数据类型。

1. 字典的创建

（1）用赋值运算符"="创建字典

用赋值运算符"="创建字典格式如下：

dictname={key1: value1, key2: value2, …, keyn: valuen}

dictname 为字典名称，key 为键，value 为值，同一字典中的各个键必须不可变且是唯一的。

用赋值运算符"="创建字典举例如下：

```
>>> scores={'语文':96,'数学':98,'英语':92}     # 使用字符串作为 key
>>> print(scores)
{'语文':96,'数学':98,'英语':92}
>>> dict1={(30,40):'great',50:[3,4,5]}          # 使用元组和数字作为 key
>>> print(dict1)
{(30,40):'great',50:[3,4,5]}
```

（2）用 dict() 函数创建字典

用在 dict() 函数创建字典格式如下：

dict(str1=value1, str2=value2, str3=value3)

str 为字符串类型的键，**value** 为键对应的值，使用此方式创建字典时字符串不能带引号。

用 dict() 函数创建字典举例如下：

```
>>> abc=dict(语文=96,数学=98,英语=92,)
>>> print(abc)
{'语文':96,'数学':98,'英语':92}
```

2. 字典元素的访问

由于字典中的元素是无序的，每个元素的位置都不固定，所以字典不能像列表和元组那样用索引号和切片方式访问元素。字典是通过键来访问对应的值。

（1）直接用键访问字典元素

直接用键访问字典元素的格式如下：

$$dictname[key]$$

dictname 为字典的名称，key 为元素的键名，key 必须是字典中存在的，否则会出现访问出错。

直接用键访问字典元素举例如下：

```
>>> scores={'语文':96,'数学':98,'英语':92}
>>> print(scores['数学'])
98
>>> a=scores['语文']
>>> print(a)
96
```

（2）用 get() 方法访问字典元素

用 get() 方法访问字典元素的格式如下：

$$dictname.get(key,[default])$$

dictname 为字典的名称，key 为访问元素的键名，default 为访问的键不存在时的返回值，若不指定，会返回 None。

用 get() 方法访问字典元素举例如下：

```
>>> scores=dict(语文=96,数学=98,英语=92)
        #用dict()函数创建一个字典,赋给变量scores(自动为字典类型)
>>> print(scores.get('数学'))
98
>>> print(scores.get('化学','无该课目成绩'))
无该课目成绩
```

3. 字典元素的编辑和判断

字典属于可变序列，每个元素都是由一个键值对（key：value）组成，可以通过 key 找到并操作任意元素的值。

（1）字典元素的添加

在为字典添加新元素时，只需给不存在的键赋值即可。

字典元素添加的语法格式如下：

$$dictname[key] = value$$

dictname 为字典名称，key 为新键（字典中不存在的键），value 为新值（Python 支持的任意数据类型）。

字典元素添加举例如下：

```
>>> scores={'语文':96,'数学':98,'英语':92}
>>> scores['化学']=93
>>> print(scores)
{'语文':96,'数学':98,'英语':92,'化学':93}
```

(2) 字典元素的修改

字典中键（key）不能被修改，只能修改值（value）。字典中各元素的键必须是唯一的，如果新添加元素的键与已存在元素的键相同，那么键所对应的值就会被新的值替换掉，以此达到修改元素值的目的。

字典元素的修改举例如下：

```
>>> scores={'语文':96,'数学':98,'英语':92}
>>> scores['数学']=100
>>> print(scores)
{'语文':96,'数学':100,'英语':92}
```

(3) 字典元素的删除

删除字典中的元素可以使用 del 关键字。

字典元素的删除举例如下：

```
>>> scores={'语文':96,'数学':98,'英语':92}
>>> del scores['语文']
>>> print(scores)
{'数学':98,'英语':92}
```

(4) 判断字典中是否存在指定键

判断字典是否含有指定键的元素可以使用关键字 in（或 not in）。

判断字典是否含有指定键的元素举例如下：

```
>>> scores={'语文':96,'数学':98,'英语':92}
>>> a='语文'in scores
>>> print(a)
True
>>> print('化学'in scores)
False
```

2.2.5 集合（set）

集合（set）是由一系列不重复的元素组成。集合所有的元素都放在一对大括号"{}"中，元素之间用逗号","分隔。**集合中不能有多个相同的元素，若有则只保留一个，各**

元素只能为不可变数据类型（整型、浮点型、字符串、元组等），不能为可变数据类型（列表、字典、集合等）。

1. 集合的创建

（1）用赋值运算符"="创建集合

用赋值运算符"="创建集合格式如下：

$$setname = \{element1，element2，...，elementn\}$$

setname 为集合的名称，element 为集合的元素。

用赋值运算符"="创建集合举例如下：

```
>>> a={3,'E',8, (1,2,3),'E'}
>>> print(a)
{8,3,'E', (1,2,3)}
```

（2）用 set() 函数创建集合

用 set() 函数创建集合格式如下：

$$setname = set(iteration)$$

iteration 为字符串、列表、元组等类型数据。

用 set() 函数创建集合举例如下：

```
>>> set1=set('abcdefg')
>>> print(set1)
{'a','e','b','f','c','d','g'}
>>> set2=set([1,2,3,4,2,6])
>>> print(set2)
{1,2,3,4,6}
>>> set3=set((1,2,3,4,2,2))
>>> print('set3:',set3)
set3:{1,2,3,4}
```

2. 集合元素的访问

集合中的元素是无序且无键的，不能像列表和元组一样用索引号访问，也不能像字典一样用键来访问，访问集合元素最常用的方法是使用循环语句（for…in），将集合中的数据逐一读取出来，由于集合元素是无序的，所以读出的元素不一定是按顺序从前往后排列。

for…in 循环语句的语法格式如下：

for 迭代变量 in 字符串|列表|元组|字典|集合：
　　代码块（循环体）

迭代变量用于存放从序列类型变量中读取出来的元素，代码块指的是具有相同缩进格式的多行代码（即循环体）。

for…in 循环语句访问集合举例如下：

```
>>> set1={'a','b','c', (1,2,3)}    #创建一个名称为 set1 的集合
>>> for temp in set1:              #从 set1 中逐个读取元素并赋给变量 temp,每读
                                    一个执行一次循环体,直到读完所有元素
print(temp)          #将变量 temp 值输出,本代码为循环体(循环执行的代码块)
a
(1,2,3)
b
c
```

3. 集合元素的添加与删除

(1) 集合元素的添加

使用 set 类提供的 add() 方法可以给集合中添加元素,其语法格式如下:

$$setname.add(element)$$

setname 为要添加元素的集合,element 为要添加的元素。在使用 add() 方法添加的元素只能是数字、字符串、元组或者布尔类型(True 和 False)值,不能添加列表、字典、集合这类可变的数据,否则会报 TypeError 错误。

集合元素添加举例如下:

```
>>> set1={1,2,3}
>>> set1.add('A')
>>> set1.add((4,'B',True))
>>> print(set1)
{1,2,3,'A', (4,'B',True)}
```

(2) 集合元素的删除

删除集合中的元素可以使用 remove() 或 discard() 方法,其语法格式如下:

$$setname.remove(element)$$
$$setname.discard(element)$$

使用 remove() 删除集合中的元素时,若被删除元素本就不在集合中,会报错误,如果使用 discard() 方法移除集合中的元素失败时,不会报任何错误。

集合元素的删除举例如下:

```
>>> set1={1,2,3,'A'}
>>> set1.remove(2)
>>> print(set1)
{1,3,'A'}
>>> set1.discard('A')
>>> print(set1)
{1,3}
```

4. 集合的交集、并集、差集和对称差集

集合可以进行交集、并集、差集和对称差集运算以得到新的集合。集合的交集、并集、差集和对称差集运算说明见表 2-10。

表 2-10　集合的交集、并集、差集和对称差集运算说明

集合运算名称	运算符	说明	举例

交集	&	取两集合的相同元素	>>> set1={1, 2, 3}
			>>> set2={3, 4, 5}
			>>> set3=set1&set2
			>>> print (set3)
			{3}

并集	|	取两集合的全部元素	>>> print (set1|set2) {1, 2, 3, 4, 5}

差集	-	取一个集合中另一集合没有的元素	>>> print (set1-set2)
			{1, 2}
			>>> print (set2-set1)
			{4, 5}

对称差集	^	取两集合中相同元素之外的元素	>>> print (set1^set2) {1, 2, 4, 5}

2.3　控制语句

Python 语言与其他编程语言一样，其程序执行结构有 3 种：顺序结构、选择（分支）结构和循环结构。顺序结构是指程序按从头到尾的顺序依次执行每一条代码；选择（分支）结构是根据不同的条件选择执行不同的程序段；循环结构是先判断指定条件是否满足以确定是否反复执行某程序段。程序是通过使用不同的流程控制语句来控制程序的执行方式。

2.3.1　if else 语句（选择控制）

Python 使用 if else 语句有 3 种形式，分别是 if 语句、if else 语句和 if elif else 语句。

1. if 语句

if 语句说明见表 2-11。

表 2-11　if 语句说明

语法格式	执行流程图	说明
if 表达式： 　　代码块	（表达式 True→代码块；False→跳过）	先判断表达式是否为真（非 0 即为真）或表达式是否成立，若为真或表达式成立则执行代码块，否则不执行代码块，直接执行代码块之后的内容 　　if 语句的代码块是"："之后具有相同缩进量的程序代码

if 语句的使用举例如图 2-14 所示。在 Thonny 软件的编程区用 if 语句编写程序后，单击工具栏上的 ○（运行当前脚本）工具，开始运行编程区的程序，在下方 Shell 区显示运行结果，第 1 行代码运行后在 Shell 区显示"输入你的年龄："，用键盘输入 17（1 和 7 的字符串，即 1 和 7 的 ASCII 码）并回车后，17 被转换成整数 17（17 的二进制数）赋给变量 age，第 2 行代码判断 age<18 成立（为 True），马上执行第 3 行代码，Shell 区显示"你还未成年！"，然后执行第 4 行及之后的代码，再次单击工具栏上的 ○ 工具运行程序，将年龄输入 28，第 2 行代码判断 age<18 不成立（为 Flase），不会执行第 3 行代码，直接执行第 4 行及之后的代码。

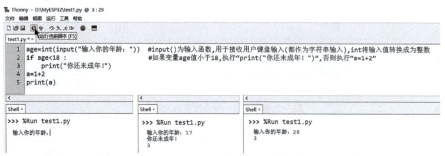

图 2-14　if 语句的使用举例

2. if else 语句

if else 语句说明见表 2-12。if else 语句使用举例如图 2-15 所示。

表 2-12　if else 语句说明

语法格式	执行流程图	说明
if 表达式： 　　代码块 1 else： 　　代码块 2	（True/False 分支，表达式 → 代码块1 / 代码块2）	先判断表达式是否为真（非 0 即为真）或表达式是否成立，若为真或表达式成立则执行代码块 1，否则执行代码块 2，执行完代码块 1 或代码块 2 后跳出 if else 语句

图 2-15　if else 语句使用举例

3. if elif else 语句

if elif else 语句说明见表 2-13。if elif else 语句使用举例如图 2-16 所示。

表 2-13　if elif else 语句说明

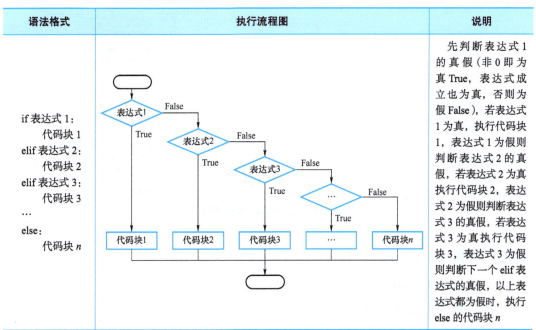

4. if 语句的嵌套

if 语句嵌套是指在 if 语句中又含有其他的 if 语句。if 语句的嵌套使用举例如图 2-17 所示。程序执行第 1 行代码时在 Shell 区显示无框线的输入框，如果输入的年龄值 age 为 "26"，马上执行第 2 行的 if 语句，判断出表达式 age<18 不成立，则执行第 8 行代码 else 语句之后的内容，显示"你已经成年！"，再继续往后执行第 10 行代码，显示"欢迎光临！"；如果输入的年龄值 age 为 "3"，马上执行第 2 行的 if 语句，判断表达式 age<18

成立，则执行第 3 行代码，显示"你还未成年！"，并继续执行第 4 行代码中的 if 语句，判断表达式 age<6 成立，会执行第 5 个代码，显示"你是儿童"，再依次跳出本 if 语句和上级 if 语句，执行第 10 行代码，显示"欢迎光临！"；年龄值 age 输入为"12"时的程序工作过程可自行分析。

图 2-17　if 语句的嵌套使用举例

2.3.2　while 语句（循环控制）

1. 语法格式及说明

while 语句的语法格式如下：

> while 条件表达式：
> 　　代码块（循环体）

代码块是缩进格式相同的多行或单行代码，又称循环体。

while 语句执行时，先判断条件表达式，若表达式成立或其值为真（True，非 0 即为真）时，则执行代码块中的内容，执行完后，又再次判断表达式的真假，若为真，又执行代码块，如此反复循环，直到表达式为假（False），才跳出 while 语句，执行之后的内容。

2. 使用举例

while 语句的使用举例如图 2-18 所示。在图 2-18a 中，先将变量 num 赋初值 1，再执行 while 语句判断表达式 num<5 是否成立，1<5 是成立的，故马上执行循环体中的第 3、4 行代码，第 3 行代码功能是显示"num=1"，第 4 行代码的功能是将 num 加 1（num+=1 相当于 num=num+1），num=2，然后又执行 while 语句判断表达式 num<5 是否成立，2<5 是成立的，故又执行循环体中的第 3、4 行代码，第 3 行代码显示"num=2"，第 4 行代码让 num 加 1 变成 3，之后重复上述过程，当 num=5 时，5<5 是不成立的，故不再执行循环体，而是跳出 while 语句，执行之后的第 5 条代码，输出显出"循环结束！"。如果将 while 的条件表达式直接改成"True"，如图 2-18b 所示，那么循环体代码会一直反复执行，num 值不断增大。

用 while 语句还可以访问字符串、列表和元组中的所有元素，该过程又称为遍历序列。图 2-18c 程序采用 while 语句遍历 list1 列表的所有元素。len（list1）函数计算获得

list1 列表的元素个数为 4，第 1 次执行 while 语句时 num=0，num<4 成立，执行循环体将 list1 列表索引号为 0 的元素（字符串 A）输出，再将 num 值加 1，然后执行 while 语句，此时 num=1，num<4 成立，再次执行循环体将 list1 的 1 号元素输出，并将 num 值加 1，之后再执行 while 语句，如此循环，当 num=4 时，num<4 不成立，不再执行循环体，而是跳出 while 语句，执行循环体之后的程序，输出"结束！"。

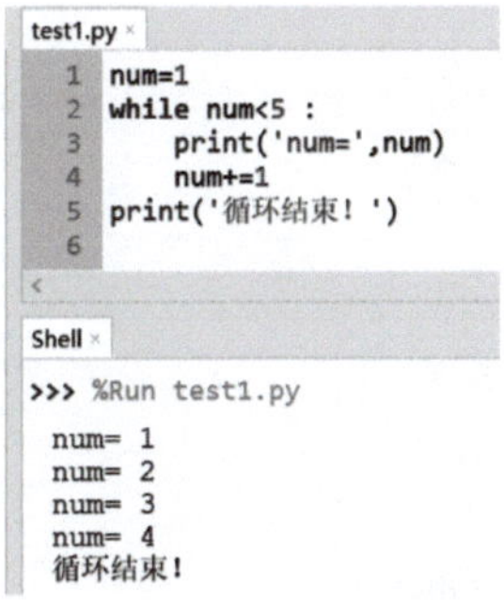

a) while 判断条件为表达式 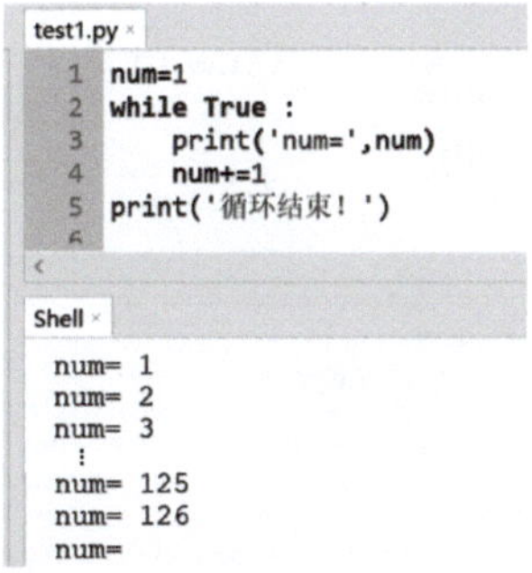　　　b) while 判断条件直接为 True (真)

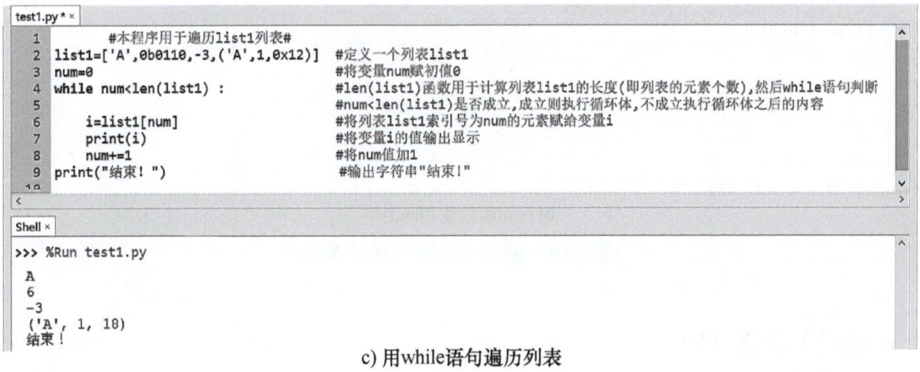

c) 用 while 语句遍历列表

图 2-18　while 语句的使用举例

2.3.3　for 语句（循环控制）

for 语句常用于遍历字符串和列表、元组、字典、集合等序列，执行时可逐个获取序列中的各个元素。

1. 语法格式及说明

for 语句的语法格式如下：

```
for 迭代变量 in 字符串或序列：
    代码块(循环体)
```

迭代变量用于存放从序列中读取的元素，一般不用在循环中用代码对迭代变量赋值；序列是指列表、元组、字典和集合；代码块是缩进格式相同的多行或单行代码，又称循环体。

2. 使用举例

for 语句的使用举例如图 2-19 所示。程序使用 for 语句遍历列表 list1，即访问列表中的所有元素并输出显示,与前面介绍的使用 while 遍历列表相比,for 语句遍历列表代码量少,使用更为方便。在图 2-19a 中,print(i) 函数未使用参数 end="",这样会在 i 之后输出换行符,后续输出从下一行开始,即遍历的每个元素输出时都占一行,如果在 print(i) 函数使用参数 end="",如图 2-19b 所示,会在 i 之后输出一个空格,后续输出在空格之后开始。

```
test1.py
1  list1=['A',0b0110,-3,('A',1,0x12)]   #定义一个列表list1
2  for i in list1 :                     #从列表list1按先后顺序将一个元素赋给变量i,再执行循环体,然后再次执行for语句,
3                                       #从list1中读取下一个元素,当读完所有元素后跳出for语句,执行循环体之后的内容
4      print(i)                         #将变量i的值输出显示
5  print("结束! ")                      #输出显示字符串"结束!"
6

Shell
>>> %Run test1.py
 A
 6
 -3
 ('A', 1, 18)
 结束!
```

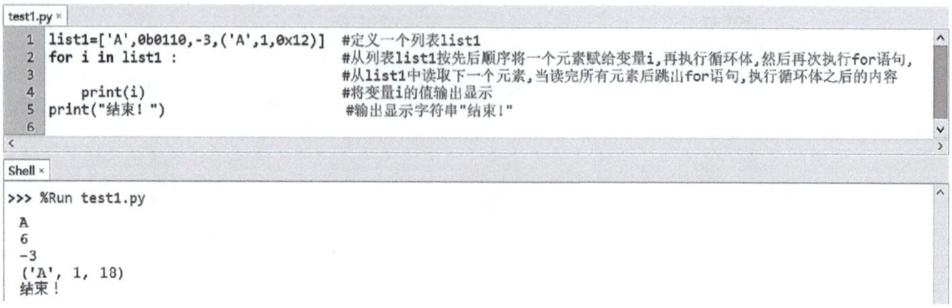

a) print函数未使用end=" "

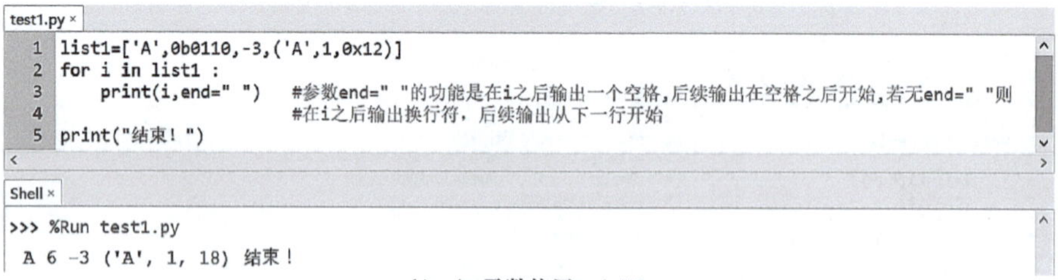

```
test1.py
1  list1=['A',0b0110,-3,('A',1,0x12)]
2  for i in list1 :
3      print(i,end=" ")    #参数end=" "的功能是在i之后输出一个空格,后续输出在空格之后开始,若无end=" "则
4                          #在i之后输出换行符,后续输出从下一行开始
5  print("结束! ")
```

```
Shell
>>> %Run test1.py
 A 6 -3 ('A', 1, 18) 结束!
```

b) print函数使用end=" "

图 2-19 使用 for 语句遍历列表

3. range() 函数介绍

在 for 语句中可使用 range() 函数生成一系列整数,range() 函数语法格式如下:

$$\text{range}([\text{star}], \text{stop}, [\text{step}])$$

star 为起始值(可选参数,无则为 0),stop 为终值(必选值),step 为步长(可选参数,无则为 1)。range() 函数的功能是生成一个起始值为 star(包含)、终值为 stop(不含)、数值间隔为 step-1 的连续整数列表。

在 for 语句中使用 range() 函数举例如图 2-20 所示。在图 2-20a 中,第 1 行代码中的 range(1, 7, 2) 函数的功能是生成一个整数列表 [1、3、5],for 语句首次执行时,将列表中的 1 赋给变量 i,接着执行循环体(第 2 行代码),将 i 值输出显示,然后返回再次执行 for 语句,将列表中的 3 赋给变量 i,接着又执行循环体,将 i 值输出显示,第 3 次执行 for 语句时,将 5 输出显示,访问所有元素后跳出 for 语句,执行循环体之后的代码,输出显示"结束!"。

图 2-20b 中的程序用于计算列表所有元素值之和。程序运行时,先将变量 sum 赋初值 0,接着第 1 次执行 for 语句,将 range 创建的列表中的第 1 个元素"1"赋给变量 i,再执行"sum=sum+i",sum=0+1=1,然后返回第 2 次执行 for 语句,将 range 列表中的第 2 个元素"3"赋给变量 i,又执行"sum=sum+i",sum=1+3=4,然后返回第 3 次执行 for 语句,

将 range 列表中的第 3 个元素“5”赋给变量 i，又执行“sum=sum+i”，sum=4+5=9，由于已访问完 range 列表中所有元素，不再返回执行 for 语句，而是执行循环体之后的代码，输出显示“结束！”。

test1.py ×

```
for i in range(1,7,2) :
    print(i)
print("结束！")
```

Shell ×

```
>>> %Run test1.py
 1
 3
 5
 结束！
```

a) 查看range列表的所有元素

test1.py ×

```
sum=0
for i in range(1,7,2) :
    sum=sum+i
print(sum)
print("结束！")
```

Shell ×

```
>>> %Run test1.py
 9
 结束！
```

b) 计算range列表所有元素值之和

图 2-20　for 语句中使用 range( ) 函数

2.3.4　break 语句与 continue 语句

1. break 语句

break 语句在循环语句（while 循环或 for 循环）中，常用于立即终止当前循环的执行，跳出当前所在的循环结构。break 语句的使用举例如图 2-21 所示。

test1.py ×

```
str1= "ABCDEF"          #定义一个字符串并赋给变量str1
for i in str1 :         #从str1中按顺序读取一个字符并赋给变量i,每执行一次for语句就往后读一个字符赋给i
    if i == 'D' :       #如果变量i的值为字符'D',则执行break语句,否则执行print(i,end="")
        break           #执行break语句时,终止当前运行,跳出for循环,去执行for循环之后的print("结束！")
    print(i,end=" ")    #输出变量i的值,end=" "的功能是让i之后输出一个空格,无则i之后输出换行符
print("结束！")          #输出"结束！"
```

Shell ×

```
>>> %Run test1.py
 A B C 结束!
```

图 2-21　break 语句的使用举例

2. continue 语句

continue 语句在循环语句（while 循环或 for 循环）中，常用于终止执行本次循环中剩下的代码，直接从下一次循环继续执行。continue 语句的使用举例如图 2-22 所示。

test1.py * ×

```
#从1～10中找出偶数#
for num in range(1,11) :   #range函数创建一个列表[1,2…,10],从range列表中按顺序读取一个字符并赋给变量num,
                           #每执行一次for语句就往后读一个字符赋给num
    if num%2==1 :          #如果num值除以2取余的结果为1,则执行continue语句,否则执行print(num,end="")
        continue           #执行continue语句时,不执行之后的代码,而是返回去执行下一次for语句
    print(num,end=" ")     #输出变量num的值,end=" "的功能是让num之后输出一个空格,无则num之后输出换行符
print("结束！")             #输出"结束！"
```

Shell ×

```
>>> %Run test1.py
 2 4 6 8 10 结束!
```

图 2-22　continue 语句的使用举例

2.4 函数

程序中的函数与数学中的函数不同，程序中的函数是一段有特定功能的代码块，给这段代码块取的名字称为函数名，当在程序的某处插入某函数名时，程序运行到该处时会执行该函数的代码块。大多数函数都有输入、输出参数。在调用执行函数时，将输入值赋给函数的输入参数，函数的代码块对输入值进行处理会得到结果（输出值，又称返回值），再将结果传递给函数的输出参数，程序的其他代码就可以从函数的输出参数取得函数的输出值。

为了提高编程效率，Python 软件自带一些常用功能的函数（内置函数），也可以通过导入模块的方式使用别人编写的函数，还可以根据需要自己编写函数。

2.4.1 定义函数（创建函数）

定义函数使用 def 关键字，具体的语法格式如下：

```
def 函数名(参数列表):
    实现特定功能的代码块
    [return [返回值]]
```

中括号"[]"中的内容为可选择部分，根据需要使用或省略。各参数的含义如下：

1）函数名：取函数名时尽量能够体现出函数的功能，函数名应是符合 Python 语法的标识符。

2）参数列表：用于接收输入值，多个参数之间用英文逗号分隔。

3）[return [返回值]]：用于将函数的输出值输出。

在创建函数时，即使函数不需要参数，也必须保留一对空的小括号"()"，否则会提示"invaild syntax"错误。如果定义一个没有任何功能的空函数，可以在代码块使用 pass 语句作为占位符。

定义函数举例如图 2-23 所示，第 1~4 行程序定义了一个名称为 add5 的函数，第 6~10 行程序两次调用 add5() 函数，定义的函数必须写在调用函数之前，若定义的函数写在调用函数之后，调用函数时将会认为没有该函数而报错。

```
test1.py ×
1  #定义一个名称为add5的函数，其功能是将输入参数x值加5,结果输出返回给函数#
2  def add5(x) :    #def为定义函数的关键字,add5为函数名,x为输入参数
3      y=x+5        #函数中的代码块，功能是将输入参数x值加5后结果赋给y
4      return y     #将y值返回给函数输出
5
6  #以下程序2次调用add5()函数#
7  num1=add5(3)     #将3(实参)传递给add5(x)函数的输入参数x(形参)并执行该函数,函数的返回值(输出值)赋给变量num1
8  print("num1=",num1)   #输出显示num1=num1值
9  num2=add5(13)
10 print("num2=",num2)

Shell ×
>>> %Run test1.py
   num1= 8
   num2= 18
```

图 2-23 定义函数举例

2.4.2 函数的调用

调用函数也称调用执行函数，具体的语法格式如下：

[返回值变量]= 函数名([形参值])

中括号"[ ]"中的内容为可选择部分，根据需要使用或省略。各参数的含义如下：

1）函数名：取函数名时尽量能够体现出函数的功能，函数名应是符合 Python 语法的标识符。

2）形参值：是指调用函数时赋给形参的值（又称实参）。

3）返回值变量：用于接收函数的返回值（输出值）。

如果函数有多个形参，那么调用时就需要输入相同个数的形参值，且顺序必须和形参一致。如果函数没有参数，函数名后的小括号也不能省略。

函数的调用举例如图 2-24 所示。

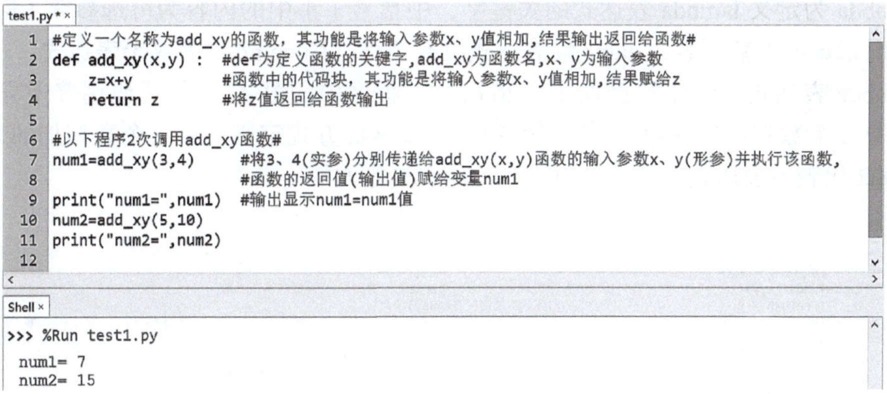

```
#定义一个名称为add_xy的函数，其功能是将输入参数x、y值相加，结果输出返回给函数#
def add_xy(x,y) :   #def为定义函数的关键字,add_xy为函数名,x、y为输入参数
    z=x+y           #函数中的代码块，其功能是将输入参数x、y值相加,结果赋给z
    return z        #将z值返回给函数输出

#以下程序2次调用add_xy函数#
num1=add_xy(3,4)    #将3、4(实参)分别传递给add_xy(x,y)函数的输入参数x、y(形参)并执行该函数,
                    #函数的返回值(输出值)赋给变量num1
print("num1=",num1) #输出显示num1=num1值
num2=add_xy(5,10)
print("num2=",num2)
```

```
>>> %Run test1.py
 num1= 7
 num2= 15
```

图 2-24 函数的调用举例

2.4.3 函数的嵌套

Python 语言可以进行函数嵌套。函数嵌套是指在函数内部定义另一个函数，外部程序不能访问函数内部定义的函数，只允许函数访问自己内部的函数。

函数嵌套使用举例如图 2-25 所示。程序先定义一个 outfc () 函数，再在该函数内部又定义了一个 infc () 函数，infc () 函数的功能是先输出显示"内部函数"，然后计算 c=3+4 并将 c 值返回给 infc () 函数，退出 infc () 函数后计算 b=2+infc ()=2+7=9，再将 b 值返回给 outfc () 函数。outfc () 函数中变量 b 有两次赋值（b=10+5 和 b=2+infc ()），后面的赋值会覆盖前面的赋值。外部的程序不能调用函数内部的函数，故执行 print (infc ()) 时，显示"NameError：name'infc'is not defined"。

2.4.4 lambda 表达式（匿名函数）

lambda 表达式又称匿名函数，当一个函数内部仅包含一个表达式时，该函数就可以用 lambda 表达式来表示。

```
test1.py *
 1  def outfc() :                    #def为定义函数的关键字,outfc为函数名
 2      b=10+5                       #计算10+5,结果赋给变量b
 3      def infc():                  #在outfc()函数内部定义一个infc()函数(内部函数)
 4          print("内部函数")         #输出显示"内部函数"
 5          c=3+4                    #计算3+4,结果赋给变量c
 6          return c                 #将变量c的值返回给infc()函数
 7      b=2+infc()                   #将2与infc()函数的值(返回值,即c值)相加,结果赋给变量b
 8      return b                     #将变量b的值返回给outfc()函数
 9
10  print(outfc())                   #执行outfc()函数并输出显示该函数的值(返回值)
11  print(infc())                    #执行infc()函数并输出显示该函数的值
12

Shell ×
>>> %Run test1.py
内部函数
9
NameError: name 'infc' is not defined
```

图 2-25　函数嵌套使用举例

lambda 表达式的语法格式如下：

　　　　　　name =lambda［参数 1，参数 2，…，参数 n］：表达式

lambda 为定义 lambda 表达式的关键字，中括号［］中的内容为可选参数（相当于定义函数时指定的参数列表），lambda 表达式没有名称，用 name 代表这个表达式。

lambda 表达式的使用举例如图 2-26 所示。程序中的第 2、3 行代码用普通方式定义一个计算 2 个数相加的 add1 函数，第 6 行用 lambda 方式定义一个 2 个数相加的表达式，并用 add2 代表该表达式，第 7 行与第 8 行代码是等效的。

```
test1.py ×
 1  #普通方式定义函数#
 2  def add1(x,y):              #用def关键字定义一个名称为add1的函数,x、y为函数的输入参数
 3      return x+y              #计算x+y的值,结果返回给add1()函数
 4  print(add1(2,3))            #将2、3分别赋给add1函数的输入参数x、y并执行该函数而得到返回值,再输出显示该函数的返回值
 5  #lambda表达式方式定义函数#
 6  add2=lambda a,b:a+b         #用lambda定义一个lambda表达式,a、b为该表达式的输入参数,a+b为表达式,用add2代表这个表达式
 7  print((lambda a,b:a+b)(4,5)) #将4、5分别赋给lambd表达式的输入参数a、b,再计算表达式a+b的值,然后将结果输出显示
 8  print(add2(4,5))            #将4、5赋给add2代表的lambd表达式的a、b,再计算表达式a+b的值,然后将结果输出显示

Shell ×
>>> %Run test1.py
 5
 9
 9
```

图 2-26　lambda 表达式的使用举例

2.4.5　全局变量与局部变量

变量是指定用来存放数据的有名称的存储单元，有的变量在整个程序中都可以访问，有的变量只能在函数内部使用，有的变量只能在 for 循环内部使用。变量的作用域（又称使用范围）由变量的定义位置决定，在不同位置定义的变量，其作用域是不一样的。

在函数内部定义的变量的作用域仅限于函数内部，在函数之外不能使用，这种变量称为局部变量（Local Variable）。在执行函数使用局部变量时，系统会为其分配一块临时的存储空间，所有在函数内部定义的变量都会存储在这块空间中，当函数执行完毕后，这块临时存储空间随即被取消，该空间中分配的所有变量（局部变量）就不存在了。在函数外部定义的变量的作用域为整个程序，这种变量称为全局变量（Global Variable），全局变量既可以在各函数的外部使用，也可以在各函数内部使用。如果希望能在函数外部访

问函数内部的变量，可在该变量前面加关键字 global 声明。

全局变量与局部变量使用举例如图 2-27 所示。变量 a 在函数外部，为全局变量，既可以在函数外部访问（见第 11 行代码），也可以在函数内部访问（见第 8 行代码）；变量 x 在函数内部，为局部变量，只能在函数内部访问（见第 11 行代码），不能在函数外部访问（见第 14 行代码）；在函数内部用关键字 global 声明的变量 y 为全局变量，可以在函数外部访问（见第 13 行代码），也可以在函数内部访问。

图 2-27　全局变量与局部变量使用举例

2.4.6　函数的参数

函数的参数可分为形参（形式参数）和实参（实际参数）。形参是指定义函数时，在函数名后面括号中设置的参数。实参是指调用执行函数时，在函数名后面括号中设置的参数，函数执行时用实参取代形参后再运行内部代码。

1. 位置参数

位置参数又称必备参数，位置类型的参数在调用函数时要求实参的数量、类型和顺序都必须与定义的函数形参一致，否则会出现 TypeError 异常。位置参数的使用举例如图 2-28 所示。

图 2-28　位置参数的使用举例

2. 默认参数

默认参数是指在定义函数时给形参设置的默认值，调用函数时若未给形参传入实参则使用默认值。默认参数的函数的语法格式如下：

```
def 函数名(…,形参名,形参名 = 默认值):
    代码块
```

在使用此格式定义函数时，设有默认值的参数必须放在后面，否则会产生语法错误。

默认参数的使用举例如图 2-29 所示。

```
test1.py *
def area(l,w=6,h=8):      #定义area函数,l、w、h为函数的3个输入参数且w、h的默认值分别设为6、8
    y=l*w*h               #计算l×w×h的值，结果赋给变量y
    return y              #将变量y的值返回给area函数

print(area(3,4,5))   #将3、4、5作为实参分别赋给area函数的形参l、w、h,再输出显示area函数的返回值
print(area(3))       #将3赋给area函数的l，w、h分别取默认值6、8，再输出显示area函数的返回值
```

```
Shell
>>> %Run test1.py
 60
 144
```

图 2-29　默认参数的使用举例

3. 关键字参数

关键字参数使用形参名来确定输入的参数值，使用关键字参数时不需要实参与形参的位置一致，只要实参名与形参名一致即可。如果使用位置参数和关键字参数混合方式时，关键字参数必须位于所有的位置参数之后。

关键字参数的使用举例如图 2-30 所示。

```
test1.py *
def area(l,w,h):          #定义area函数,l、w、h为函数的3个输入参数
    y=l*w*h               #计算l×w×h的值，结果赋给变量y
    return y              #将变量y的值返回给area函数

print(area(3,4,5))          #位置参数方式,将3、4、5分别赋给area函数的l、w、h,再输出显示area函数的返回值
print(area(l=3,h=5,w=4))    #关键字参数方式,直接使用形参名并赋实参,关键字参数位置不要求与函数形参一致
print(area(3,h=5,w=4))      #位置和关键字参数混合方式,关键字参数必须在位置参数之后
print(area(4,l=3,w=4))      #位置和关键字参数混合方式,位置参数必须与函数的形参一致,位置实参4赋给形参l,
                            #但后面又设置关键字参数l=3，故会出错
```

```
Shell
>>> %Run test1.py
 60
 60
 60
 TypeError: area() got multiple values for argument 'l'
```

图 2-30　关键字参数的使用举例

2.4.7　print 函数介绍

print 函数是格式化输出函数，一般用于向标准输出设备（如显示器）按规定格式输出信息。在编程需要查看某些变量值或者其他信息时经常会用到该函数。

print 函数的格式如下：

print ("< 格式化字符串 >", < 参量表 >)

格式化字符串由两部分组成：一部分是正常字符，这些字符将按原样输出；另一部分是格式化规定符，以“%”开始，后跟一个或几个规定符，用来确定输出内容格式，规

定符及含义如图 2-31 所示。

参量表是需要输出的一系列参数，其个数必须与格式化字符串所说明的输出参数数量一致，各参数之间用","分开，且顺序一一对应，否则将会出现意想不到的错误。

%d	输出十进制有符号整数		
%u	输出十进制无符号整数		
%f	输出浮点数		
%s	输出字符串		
%c	输出单个字符		
%p	输出指针的值		
%e	输出指数形式的浮点数		
%x 或 %X	输出无符号十六进制整数		
%o	输出无符号以八进制表示的整数	\n	换行
%g	将输出值按照 %e 或 %f 类型中	\f	清屏并换页
	输出长度较小的方式输出	\r	回车
%p	输出地址符	\t	Tab 符
%lu	输出 32 位无符号整数	\xhh	一个 ASCII 码用十六进制表示，
%1lu	输出 64 位无符号整数		hh 是 1 到 2 个十六进制数

图 2-31　print 函数规定符的含义

print 函数使用说明如下：

1）在"%"和字母之间可以插进数字表示最大长度。例如，%3d 表示输出 3 位整型数，不够 3 位右对齐；%9.2f 表示输出长度为 9 的浮点数，其中小数位为 2，整数位为 6，小数点占一位，不够 9 位右对齐；%8s 表示输出 8 个字符的字符串，不够 8 个字符右对齐。

如果字符串的长度或整型数位数超过说明的长度，将按其实际长度输出。对于浮点数，若整数部分位数超过了说明的整数位长度，将按实际整数位输出；若小数部分位数超过了说明的小数位长度，则按说明的长度以四舍五入输出。若要在输出值前加一些 0，就应在长度项前加个 0。例如，%04d 表示在输出一个小于 4 位的数值时，将在前面补 0 使其总长度为 4 位。

如果用非浮点数表示字符或整型数的输出格式，小数点后的数字代表最大长度，小数点前的数字代表最小长度。例如，%6.9s 表示显示一个长度不小于 6 且不大于 9 的字符串，若大于 9，则第 9 个字符以后的内容将被删除。

2）在"%"和字母之间可以加小写字母 l，表示输出为长型数。例如，%ld 表示输出 long 整数，%lf 表示输出 double 浮点数。

3）可以控制输出左对齐或右对齐，在"%"和字母之间加入一个"-"号时输出为左对齐，否则为右对齐。例如，%-7d 表示输出 7 位整数左对齐，%-10s 表示输出 10 个字符左对齐。

2.5　类与对象

类是对具有共同特征事物的概括，比如狗类、鸡类等，对象是指类的具体化（又称实例化），比如狗类中的某一只具体的狗。在 Python 中使用类和对象进行编程时，通常先创建一个类，在这个类中添加该类的属性和方法，属性实际就是类中的变量，方法是类中的函数。在使用类时,给类中的变量和函数赋具体的值,那么类就实例化成为对象。例如,一个公司招聘新员工时,会先制作一个新员工信息表格(创建一个类),每个新员工都填写这个表格(类的实例化),这些员工根据相同表格(类)填写出来的一张张不同的表格就是一个个不同的对象。

2.5.1 类的定义格式

类的定义(又称类的创建)使用关键字 class,其语法格式如下:

```
class 类名:
    类属性
    类方法
```

类名的首字母通常大写,且遵循 Python 标识符的定义规定,类属性是类中的变量,类方法为类中的函数,**类属性和类方法首字母通常小写**。

2.5.2 创建仅含类属性的类与类的实例化

在类中可以同时有类属性(类中的变量)和类方法(类中的函数),也可以仅有类属性。创建仅含类属性的类与类的实例化的编程举例如图 2-32 所示。程序中的第 2~4 行代码创建了一个名称为 Book 的类,该类含有 name 属性(变量)和 pages 属性,第 6~8 行代码先用 a 代表 Book 类并给类的 name、pages 属性赋值,这样就用类创建了一个实例(对象),第 9 行代码用于输出 a 对象的 name 和 pages 属性值。

```
test1.py
1  #创建仅含类属性的类与类的实例化#
2  class Book:          #定义一个名称为Book的类
3      name=""         #声明一个名称为name的类变量(类属性),并将空字符串赋给该变量
4      pages=0         #声明一个名称为pages的类变量(类属性),并将0赋给该变量
5
6  a=Book()             #定义一个对象a代表Book类
7  a.name="ESP32学习"    #将字符串"ESP32学习"赋给对象a(即Book类)的name属性(变量)
8  a.pages=256          #将256赋给对象a(即Book类)的pages属性(变量)
9  print(a.name,a.pages) #输出显示a对象的name属性值和pages属性值
10
```

```
Shell
>>> %Run test1.py
 ESP32学习 256
```

图 2-32 创建仅含类属性的类与类的实例化编程举例

2.5.3 创建含类属性和类方法的类与类的实例化

在类中可以使用关键字 def 定义函数(即类方法),若要在类方法中能操作类属性,需要使用参数 self,该参数代表(指向)类本身。

创建含类属性和类方法的类与类的实例化编程举例如图 2-33 所示。程序中的第 2~7 行代码定义了一个含类属性和类方法的名称为 Book 的类,show 方法使用了 self 参数,"self.name"是指 Book 类中的 name 属性(变量);第 9~11 行代码给 Book 类的属性赋值,将类实例化成对象 a,第 12 行代码输出显示对象 a 的 name 和 pages 属性值,第 13 行代码先执行 a 对象的 show 函数(方法),将 a 的 pages 属性值设为 128,再输出显示 show 函

数的返回值（self.pages=128），第 14 行代码输出显示 a 对象的 pages 属性值，由于前面执行 show 函数（方法）时将 pages 值设为 128，故本行代码执行结果显示 128。如果 show 函数中不使用 self，直接用"pages=128"不能更改方法之外的 pages 属性值，否则运行会出错。

```
test1.py ×
1  #创建含类属性和类方法的类与类的实例化#
2  class Book:                    #定义一个名称为Book的类
3      name=""                    #声明一个名称为name的类变量(类属性)，并将空字符串赋给该变量
4      pages=0                    #声明一个名称为pages的类变量(类属性)，并将0赋给该变量
5      def show(self):            #在Book类中定义一个名称为show的函数(类方法)，self代表(指向)Book类
6          self.pages=128         #将128赋给Book类的pages变量
7          return self.pages      #将pages变量值(128)返回给show函数
8
9  a=Book()                       #定义一个对象a代表Book类
10 a.name="ESP32学习"             #将字符串"ESP32学习"赋给对象a(即Book类)的name属性(变量)
11 a.pages=256                    #将256赋给对象a(即Book类)的pages属性(变量)
12 print(a.name,a.pages)          #输出显示a对象的name属性值和pages属性值
13 print(a.show())                #先执行a对象的show函数(方法)，将pages值设为128，再输出显示show函数值
14 print(a.pages)                 #输出显示a对象(即Book类)的pages值，pages值被上条show函数由256改为128

Shell ×
>>> %Run test1.py
    ESP32学习 256
    128
    128
```

图 2-33　创建含类属性和类方法的类与类的实例化编程举例

2.5.4　创建类时使用 __init__ 函数传送属性值

如果创建类时在类中使用了 __init__ 函数，那么在类实例化（创建对象）时，可以同时为对象的属性赋值。

创建类时使用 __init__ 构造函数编程举例如图 2-34 所示。在程序的第 3~5 行在 Book 类开始定义了一个 __init__ 构造函数，该函数名之前和之后各有 2 个下划线 __（不要看成 1 个下划线），函数的首个参数必须为 self，之后的参数用于在创建对象时传送属性值；第 10 行代码使用 Book 类创建一个对象 a，同时将"ESP32 学习"、256 分别赋给对象 a 的 name 和 pages 属性。

```
test1.py * ×
1  #创建类时使用__init__函数传送属性值#
2  class Book:                             #定义一个名称为Book的类
3      def __init__(self,name,pages):     #定义构造函数__init__(),self表示Book类,name、pages为类的输入参数
4          self.name=name                 #将输入参数name值赋给Book类的name变量(属性)
5          self.pages=pages               #将输入参数pages值赋给Book类的pages变量(属性)
6      def show(self):                    #在Book类中定义一个名称为show的函数(类方法),self代表(指向)Book类
7          self.pages=128                 #将128赋给Book类的pages变量
8          return self.pages              #将pages变量值(128)返回给show函数
9
10 a=Book("ESP32学习",256)                #定义对象a代表Book类，并将"ESP32学习"、256分别赋给Book类init函数的name和pages参数
11 print(a.name,a.pages)                  #输出显示a对象的name属性值和pages属性值
12 print(a.show())                        #先执行a对象的show函数(方法)，将pages属性值设为128，再输出显示show函数值
13 print(a.pages)                         #输出显示a对象(即Book类)的pages属性值，pages值被上条show函数由256改为128
14

Shell ×
>>> %Run test1.py
    ESP32学习 256
    128
    128
```

图 2-34　创建类时使用 __init__ 构造函数编程举例

2.5.5　类变量与实例变量的访问

类变量又称类属性，是在类函数（类方法）之外定义的变量，属于整个类。实例变量

又称实例属性，是在＿＿init＿＿函数中定义的变量，属于对象。类变量可以通过类名或者对象名访问，实例变量只能通过对象名访问。

类变量与实例变量的访问举例如图 2-35 所示。程序中的 height 变量位于类中各函数之外，属于类变量，可以通过对象名访问（见第 12 行代码中的"a.height"），也可以通过类名访问（见第 13 行代码"Pinfo.height=172"），而位于 init 函数中的 age 变量属于实例变量，只能通过对象名访问（见第 12 行代码中的"a.age"），通过类名访问无效，第 15 行代码"Pinfo.age=20"无法修改 age 值，程序运行后 age 仍为之前的 25。

图 2-35 类变量与实例变量的访问举例

2.5.6 类属性与方法的禁止访问

为了保持类中一些属性（变量）和方法（函数）的私有性，可将这些属性和方法设为禁止外部访问（函数内部仍可访问），操作方法很简单，只要在要禁止的属性和方法名前面加双下划线（＿＿）即可。

类属性与方法的禁止访问举例如图 2-36 所示。程序中的第 3、6、7 行代码用双下划线（＿＿）分别将变量 height、age 和函数 sex 设为私有，禁止类外部访问，所以执行第 14、15、16 行代码时会出错，因为执行到错误代码时程序会停止运行，故 Shell 区只显示第 1 条错误信息。

图 2-36 类属性与方法的禁止访问举例

2.5.7 父类与子类的使用

1. 子类调用父类中的变量和函数

编程时在一个类中可调用另外多个类的变量和函数，前者称为子类（又称派生类），后者称为父类（又称基类或超类）。子类调用父类中变量和函数的语法格式如下：

```
class 类名(父类 1,父类 2…):
    类变量
    类函数
```

子类调用父类中的变量和函数举例如图 2-37 所示。程序第 2~8 行代码定义了 Father 和 Mother 两个类，第 10~12 行定义一个 Son 类，该类将 Father 和 Mother 两个类作为父类，Son 类可将 Father、Mother 类中的变量和函数当作自己类中的变量和函数访问。

```
test1.py
1  #Son类使用Father、Mother类中的变量和函数,前者为子类，后两者为父类#
2  class Father:                       #定义一个名称为Father的类
3      def fname(self):                #定义一个名称为fname的函数(方法)
4          print("父亲:",self.name)     #输出显示“父亲:name值”
5  class Mother:                       #定义一个名称为Mother的类
6      mage=38                         #声明一个mage变量(属性),并赋值38
7      def mname(self):                #定义一个名称为mname的函数(方法)
8          print("母亲：李芳")           #输出显示字符串“母亲：李芳”
9
10 class Son(Father,Mother):       #定义一个名称为Son的类,并将Father、Mother类作为父类
11     def sname(self):            #在Son类中定义一个名称为sname的函数(方法)
12         print("儿子：张小山")     #输出显示字符串“儿子：张小山”
13
14 zsan=Son()                      #定义对象zsan代表Son类(即使用Son类创建一个对象zsan)
15 zsan.name="张大山"               #将字符串“张大山”赋给zsan对象的name变量(在Father类中)
16 zsan.fname()                    #执行zsan对象中的fname函数(在Father类中)
17 zsan.mname()                    #执行zsan对象中的mname函数(在Mother类中)
18 print("母亲年龄:",zsan.mage)     #输出显示“母亲年龄:mage值”，mage变量在Mother类中
19 zsan.sname()                    #执行zsan对象中的sname函数(在Son类中)
20
```

```
Shell
>>> %Run test1.py
 父亲: 张大山
 母亲：李芳
 母亲年龄: 38
 儿子：张小山
```

图 2-37 子类调用父类中的变量和函数举例

2. 子类使用并改写父类中的变量和函数

子类不但可以使用父类中的变量和函数，还可以改写父类中的变量和函数。子类使用并改写父类中的变量和函数举例如图 2-38 所示。程序的第 2~4 行定义了一个 Animal 类，该类中有一个 move 函数，第 6~11 行定义了 Dog、Birds 两个类，这两个类都将 Animal 类作为父类，且都使用并改写了 Animal 类的 move 函数。

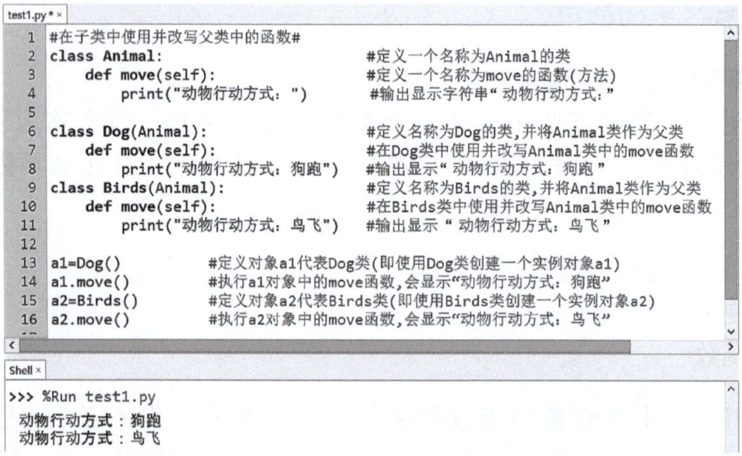

```
test1.py *
 1  #在子类中使用并改写父类中的函数#
 2  class Animal:                          #定义一个名称为Animal的类
 3      def move(self):                    #定义一个名称为move的函数(方法)
 4          print("动物行动方式： ")         #输出显示字符串"动物行动方式："
 5
 6  class Dog(Animal):                     #定义名称为Dog的类,并将Animal类作为父类
 7      def move(self):                    #在Dog类中使用并改写Animal类中的move函数
 8          print("动物行动方式：狗跑")      #输出显示"动物行动方式：狗跑"
 9  class Birds(Animal):                   #定义名称为Birds的类,并将Animal类作为父类
10      def move(self):                    #在Birds类中使用并改写Animal类中的move函数
11          print("动物行动方式：鸟飞")      #输出显示"动物行动方式：鸟飞"
12
13  a1=Dog()                               #定义对象a1代表Dog类(即使用Dog类创建一个实例对象a1)
14  a1.move()                              #执行a1对象中的move函数,会显示"动物行动方式：狗跑"
15  a2=Birds()                             #定义对象a2代表Birds类(即使用Birds类创建一个实例对象a2)
16  a2.move()                              #执行a2对象中的move函数,会显示"动物行动方式：鸟飞"

Shell ×
>>> %Run test1.py
动物行动方式：狗跑
动物行动方式：鸟飞
```

图 2-38　子类使用并改写父类中的变量和函数举例

2.6 模块与包

在前面编程举例中经常要调用函数，如果这些函数没有现成的，则需要先编写这些函数内容（自定义函数），若整个程序不长且调用的函数不多，可将函数体放在程序前面，在使用时调用。为了提高编程效率，Python 自带了很多函数，并且将这些函数放在以 .py 为扩展名的文件中，编程时只要导入这些文件就可以使用其中的函数，当然也可以将自己编写的函数放在这些的文件中，供编程时导入调用。

模块是一个以 .py 为扩展名的文件，文件中的变量、语句、函数、类和对象等内容均可被导入调用。包是一个文件夹，该文件夹中有一个 __init__.py 文件（包的标志性文件）和很多功能相关的模块文件。库是功能相关的模块和包的集合。

2.6.1 模块的两种导入方式

方式一语法格式如下：

　　　　　　　　import 模块名 1 [as 别名 1]，模块名 2 [as 别名 2]，…

该方式会可导入多个模块中的所有成员（包括变量、函数、类等），当需要使用模块中的成员时，需用该模块名（或别名）作为前缀，否则 Python 解释器会报错。中括号 [ ] 中的部分可根据需要使用或省略。

方式二语法格式如下：

　　　　　　　　from 模块名 import 成员名 1 [as 别名 1]，成员名 2 [as 别名 2]，…

该方式只会导入一个模块中指定的成员，而不是全部成员，当程序中使用该成员时，无须附加任何前缀，直接使用成员名（或别名）即可。中括号 [ ] 中的部分可根据需要使用或省略。

2.6.2 创建模块并导入使用

打开 Thonny 软件，先新建 Animal.py、mathxy.py 和 main.py 三个空文件，然后双击

文件管理区的 Animal.py 打开该文件，在该文件中编写一个 Dog 类和一个 birds 函数，如图 2-39a 所示，再双击 mathxy.py 打开该文件，编写 addxy 和 subxy 两个函数，如图 2-39b 所示，用同样的打开 main.py 文件，在该文件中编写主程序调用 Animal、mathxy 模块中的类和函数，如图 2-39c 所示，最后单击 Thonny 软件工具栏上的 ▶ 工具运行 main.py 文件中的程序，程序运行结果见 Shell 区，由于 main.py 未将 subxy 函数从 mathxy 模块导入本程序，故执行最后一行代码"print（f"x-y结果：{subxy（6，2）}"）"会出错，如果在该行代码之前加"from mathxy import subxy"就不会出错。

a) Animal模块中的内容

b) mathxy模块中的内容

c) main.py文件中的主程序（调用Animal、mathxy模块中的类和函数）

图 2-39　创建模块并导入使用模块中的内容

2.6.3　查看模块的信息

如果需要查看某模块的信息，可先用 import 将该模块导入到程序中，再在程序中使用"help（模块名）"函数，运行程序时即会显示该模块的信息。

用 help 函数查看模块信息举例如图 2-40 所示，显示的模块信息不但包括模块中的类、函数等，还有模块文件的存放路径（FILE 项）。如果要查看 Python 软件的内置模块，FILE 项会显示"（built-in）"。

图 2-40 用 help 函数查看模块信息举例

2.6.4 math 数学函数模块介绍

Python 具有强大的标准库和第三方库（扩展库），这些库中含有大量的各种功能模块。Python 标准库又称内置库，会与装 Python 软件同时安装到计算机中，扩展库则需要另外单独安装。

math 数学函数模块包含一些常用的数字计算函数和常量（如圆周率 π、自然常数 e 等）。math 模块中的数学函数及功能见表 2-14，其中 fabs 函数和 fsum 函数的使用举例如图 2-41 所示。

表 2-14 math 模块中的数学函数及功能

函数名	功能	举例
fabs(x)	获取 x 的绝对值	math.fabs(−9) 的值是 9.0
fsum(iter, start)	对列表、元组或集合的序列进行求和运算	math.fsum([1, 2, 3, 4, 5]) 的值是 15.0
trunc(x)	返回 x 的整数部分	math.trunc(3.14) 的值是 3
ceil(x)	返回大于或等于 x 的最小整数，即 x 的上限	math.ceil(3.14) 的值是 4
floor(x)	返回小于或等于 x 的最大整数，即 x 的下限	math.floor(3.14) 的值是 3
pow(x, y)	返回 x 的 y 次方，即 x**y	math.pow(2, 3) 的值是 8.0
exp(x)	返回 e 的 x 次方	math.exp(3) 的值是 20.085536923187668
sqrt(x)	返回 x 的平方根	math.sqrt(64) 的值是 8.0
log(x, a)	返回 x 的以 a 为底的对数，若不写 a 默认为 e	math.log(100, 10) 的值是 2.0，math.log(100) 的值是 4.605170185988092
log10(x)	返回 x 的以 10 为底的对数	math.log10(100) 的值是 2.0
factorial(x)	返回 x 的阶乘	math.factorial(5) 的值是 120
degrees(x)	将角 x 从弧度转换成角度	math.degrees(math.pi) 的值是 180.0
radians(x)	将角 x 从角度转换成弧度	math.radians(180) 的值是 3.141592653589793

（续）

函数名	功能	举例
sin(x)	返回 x 的正弦	math.sin(math.pi/3) 的值是 0.8660254037844386
cos(x)	返回 x 的余弦	math.cos(math.pi/3) 的值是 0.5000000000000001
tan(x)	返回 x 的正切	math.tan(math.pi/3) 的值是 1.7320508075688767
asin(x)	返回 x 的反正弦	math.asin(0.87) 的值是 1.0552023205488061
acos(x)	返回 x 的反余弦	math.acos(0, 50) 的值是 1.0471975511965979
atan(x)	返回 x 的反正切	math.atan(1.73) 的值是 1.0466843936522807

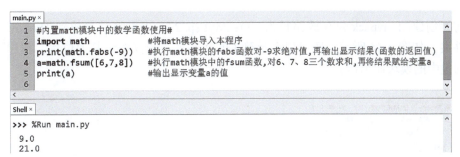

图 2-41　math 模块的 fabs、fsum 函数使用举例

2.6.5　包的创建与使用

如果自定义的模块文件比较多，将这些模块文件与主程序文件都放在同一个文件夹中，不仅不方便管理，而且也不方便在编写其他项目程序时调用。一般的做法是将这些模块文件按功能不同，放在一个或多个文件夹中，这样每个文件夹就成为一个包，为了表明这个文件夹是包，除了模块文件外，还需要在这个文件夹中建立一个 __init__.py 文件，该文件是包的标志性文件，可以是一个空文件，也可以根据需要写入一些当包被导入时的初始化代码。

1. 包的文件结构

在创建包前先看看一个已有包的文件结构，Thonny 软件安装在 Thonny 文件夹中，打开 Thonny 文件夹中的 lib（库）文件夹，在该文件夹中再打开 curses 文件夹，如图 2-42 所示，curses 文件夹中有一个 __init__.py 文件夹，表明 curses 文件夹是一个包，包内有 4 个模块文件及 __pycache__ 文件夹（存放 4 个模块文件的缓存文件，自动生成）。

2. 包的创建

在 Thonny 软件文件管理区的 MyEsp32 文件夹中已创建了 Animal.py 和 mathxy.py 两个模块文件，在文件管理区单击鼠标右键，弹出右键菜单，如图 2-43a 所示，先选择"新建文件"，新建一个名称为 __init__.py 的文件，再选择"新建文件夹"，新建一个名称为 mypack 的文件夹，然后通过剪切、粘贴的方式将 Animal.py、mathxy.py 和 __init__.py 三个模块文件移到 mypack 文件夹（选中文件夹后再复制粘贴），如图 2-43b 所示，这样就创建了一个名称为 mypack 的包，包内有 4 个模块文件。

图 2-42 包的文件结构

前面创建的 mypack 包存放路径为"D:\MyEsp32"，也可将其存放到 Thonny 软件安装文件夹，如图 2-44 所示，还可以存放到 Lib 文件夹，若存放到其他位置，程序可能无法找到包中的模块而出错。

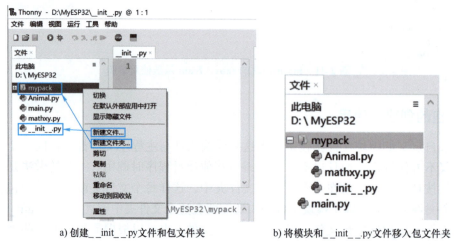

a) 创建__init__.py 文件和包文件夹　　b) 将模块和__init__.py 文件移入包文件夹

图 2-43 创建包

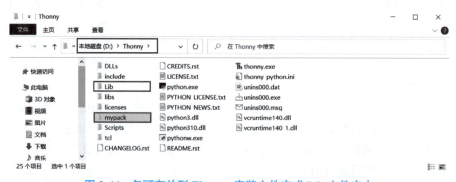

图 2-44 包可存放到 Thonny 安装文件夹或 Lib 文件夹中

3. 包的使用

如果模块文件和需导入模块的程序文件位于同一个文件夹，可在程序中使用"import 模块文件名"导入模块，但若模块位于包文件夹中，则需要使用"import 包名.模块文件名"，这样程序会依次在当前程序所在文件夹、Python 安装文件夹和 Lib 文件夹中查找并导入指定包中的指定模块。

包的模块导入使用举例如图 2-45 所示。Animal.py、mathxy.py 模块文件均在 mypack 包文件夹中，在 main.py 程序中导入 Animal 模块使用了"import mypack.Animal"，可以正常使用 Animal 模块，而导入 mathxy.py 模块时未在模块名前添加包名，所以无法找到 mathxy.py 模块，程序出错提示"ModuleNotFoundError（模块未找到错误）"。

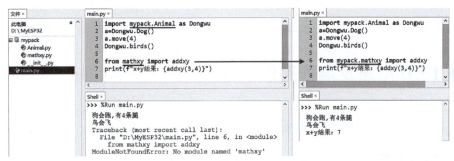

图 2-45　包的模块导入使用举例

第 3 章　LED、数码管和 RGB 全彩灯电路及编程实例

3.1　LED 电路及编程实例

3.1.1　LED（发光二极管）介绍

1. 外形与符号

发光二极管简称 LED（Light Emitting Diode），是一种电 - 光转换器件，能将电信号转换成光。图 3-1a 是一些常见的发光二极管的实物外形，图 3-1b 为发光二极管的电路符号。

图 3-1　发光二极管

2. 性质

发光二极管在电路中需要正接才能工作。下面以图 3-2 所示的电路来说明发光二极管的性质。

在图 3-2 中，可调电源 E 通过电阻 R 将电压加到发光二极管 VD 两端，电源正极对应 VD 的正极，负极对应 VD 的负极。将电源 E 的电压由 0 开始慢慢调高，发光二极管两端电压 U_{VD} 也随之升高，在电压较低时发光二极管并不导通，只有 U_{VD} 达到一定值时，VD 才导通，此时的电压 U_{VD} 称为发光二极管的导通电压。发光二极管导通后有电流流过，就开始发光，流过的电流越大，发出的光越强。

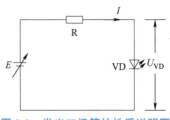

图 3-2　发光二极管的性质说明图

不同颜色的发光二极管，其导通电压有所不同，红外线发光二极管最低，略高于 1V，红光二极管的导通电压为 1.5~2V，黄二极管的导通电压约为 2V，绿光二极管的导通电压为 2.5~2.9V，高亮度蓝光、白光二极管的导通电压一般达到 3V 以上。

发光二极管正常工作时的电流较小，小功率的发光二极管工作电流一般为 3~20mA，若流过发光二极管的电流过大，容易被烧坏。发光二极管的反向耐压也较低，一般在 10V 以下。在焊接发光二极管时，应选用功率在 25W 以下的电烙铁，焊接点应离管帽 4mm 以上。焊接时间不要超过 4s，最好用镊子夹住引脚进行散热。

3. 检测

发光二极管的检测包括极性判别和好坏检测。

（1）从外观判别极性

对于未使用过的发光二极管，引脚长的为正极，引脚短的为负极，也可以通过观察发光二极管内电极来判别引脚极性，内电极大的引脚为负极，如图 3-3 所示。

（2）万用表检测极性

发光二极管与普通二极管一样具有单向导电性，即正向电阻小，反向电阻大。根据这一点可以用万用表检测发光二极管的极性。

由于大多数发光二极管的导通电压在 1.5V 以上，而万用表选择 R×1Ω~R×1kΩ 档时，内部使用 1.5V 电池，其提供的电压无法使发光二极管正向导通，故检测发光二极管极性时，万用表应选择 R×10kΩ 档（内部使用 9V 电池），红、黑表笔分别接发光二极管的两个电极，正、反各测一次，两次测量的阻值会出现一大一小，以阻值小的那次为准，黑表笔接的为正极，红表笔接的为负极。

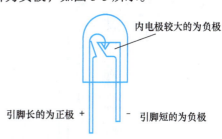

图 3-3　从外观判别引脚极性

（3）好坏检测

在检测发光二极管好坏时，万用表选择 R×10kΩ 档，测量两引脚之间的正、反向电阻。

1）若发光二极管正常，正向电阻小，反向电阻大（接近 ∞）。

2）若正、反向电阻均为 ∞，则发光二极管开路。

3）若正、反向电阻均为 0Ω，则发光二极管短路。

4）若反向电阻偏小，则发光二极管反向漏电。

4. 限流电阻的阻值计算

由于发光二极管的工作电流小、耐压低，故使用时需要连接限流电阻，图 3-4 是发光二极管的两种常用驱动电路，在采用图 3-4b 所示的晶体管驱动时，晶体管相当于一个开关（电子开关），当基极为高电平时晶体管会导通，相当于开关闭合，发光二极管有电流通过而发光。

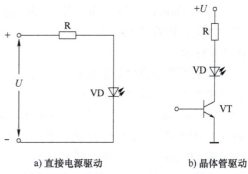

a）直接电源驱动　　b）晶体管驱动

图 3-4　发光二极管的两种常用驱动电路

发光二极管的限流电阻的阻值可按 $R=(U-U_F)/I_F$ 计算，U 为加到发光二极管和限流电阻两端的电压，U_F 为发光二极管的正向导通电压（为 1.5~3.5V），I_F 为发光二极管的正向工作电流（为 3~20mA，一般取 10mA）。

3.1.2 单片机连接 8 个 LED 的电路

图 3-5 是 ESP32 单片机连接 8 个 LED 的电路。ESP32 单片机芯片和时钟电路封装在 ESP32-WROOM-32 模组中，只需在外部为模组提供电源和复位信号即可让内部的 ESP32 单片机工作，下载程序采用外置的 USB-TTL 下载器。

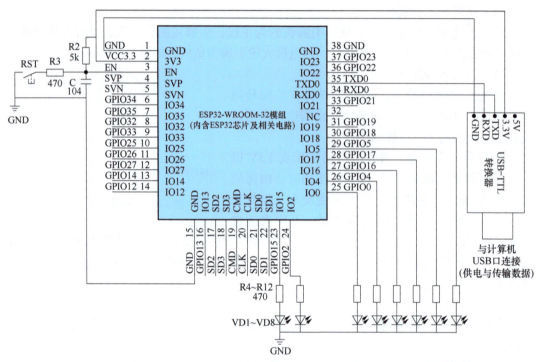

图 3-5　ESP32 单片机连接 8 个 LED 的电路

3.1.3 点亮一个 LED 的程序及说明

打开 Thonny 软件，在文件管理区的 MyESP32 文件夹中建立一个"点亮一个 LED"的文件夹，再在该文件夹中新建一个 main.py 文件，然后编写点亮一个 LED 的程序，如图 3-6 所示。

如果要测试程序能否达到控制要求，应将 ESP32 单片机电路通过 USB-TTL 下载器与计算机连接，再在 Thonny 软件中执行菜单命令"运行"→"配置解释器"，将解释器设为"MicroPython（ESP32）"，并选择 USB-TTL 下载器与计算机连接的端口。Thonny 软件通过 USB-TTL 下载器与 ESP32 单片机建立通信连接后，在 Thonny 软件文件管理区下方会出现 MicroPyhton 设备，其下方的 main.py 文件为先前下载到 ESP32 单片机中的程序文件。更详细的设置说明见第 1 章中相关内容。

LED、数码管和RGB全彩灯电路及编程实例 第3章

图 3-6 点亮一个 LED 的程序

在"点亮一个 LED"文件夹中的 main.py 文件打开的情况下，单击工具栏上的 ⊙（运行当前脚本）工具，该文件中的程序代码临时写入单片机的内存，程序在单片机中运行，GPIO15 引脚外接的 LED 点亮，单击工具栏上的 ⊙（停止/重启后端进程）可停止运行单片机中的程序。为了让程序写入到单片机的 Flash 闪存长期保存，可选择要写入单片机的程序文件（main.py），单击鼠标右键选择右键菜单中的"上传到"，选择的文件就会写入单片机的 Flash 闪存。

3.1.4 Pin（引脚）类及内部函数说明

1. 查看 Pin 类内部的函数和变量值

Pin 类是 machine 模块中的一个类，用来设置单片机的 GPIO（通用输入/输出）引脚。在 Thonny 的 Shell 区先从 machine 模块导和 Pin 类，然后执行 help（Pin）函数可显示 Pin 类内部的函数和变量值，如图 3-7 所示。Pin 类中有 5 个函数（function，也称方法）和一些变量取值（字符或数字形式），比如"p15=Pin（15，Pin.OUT）"与"p15=Pin（15，mode=3）"是等效的。

图 3-7 用 help 函数查看 Pin 类内部的函数和变量值

2. Pin 类语法格式及参数

Pin 类语法格式及参数说明如下：

Pin 类	语法格式	class machine.Pin（id, mode, pull, value, drive）
	参数	id 为引脚号（必须），值类型有 int（内部 Pin 标识符）、str（Pin 名称）和元组（[port, pin] 对） mode 指定引脚模式：① Pin.IN 表示输入模式，若将其视为输出，则该引脚处于高阻抗状态；② Pin.OUT 表示输出模式；③ Pin.OPEN_DRAIN 表示开漏输出模式，如果输出值设置为 0，该引脚处于低电平有效，如果输出值为 1，引脚处于高阻抗状态，并非所有端口都可设为此模式 pull 设置引脚是否连接（弱）上、下拉电阻：① None 表示无上、下拉电阻；② Pin.PULL_UP 表示启用上拉电阻；③ Pin.PULL_DOWN 表示启用下拉电阻 value 设置引脚输出值，仅 mode 设为 Pin.OUT 和 Pin.OPEN_DRAIN 模式时有效，1 表示输出高电平，0 表示输出低电平，未设置该值时引脚保持原状态不变 drive 设置引脚的驱动能力：① Pin.DRIVE_0-5mA/130Ω；② Pin.DRIVE_1-10mA/60Ω；③ Pin.DRIVE_2-20mA/30Ω（默认）；④ Pin.DRIVE_3-40mA/15Ω

69

3. Pin 类的函数（方法）

Pin 类的函数说明如下：

	格式	Pin.init（mode, pull, value, drive）
Pin.init 函数	功能	其功能是用给定的参数初始化引脚，只会设置那些指定的参数，未设置的参数保持先前的状态不变，返回 None
	格式	Pin.value（[x]）
Pin.value 函数	功能	该函数用于设置或获取引脚的值，具体取决于是否提供参数 x 如果无参数 x，此函数获取引脚的电平（0 或 1），函数的行为取决于引脚的模式：① Pin.IN 表示该函数返回引脚当前的实际输入值；② Pin.OUT 表示函数的行为和返回值未定义；③ Pin.OPEN_DRAIN 表示引脚为 0 时函数的行为和返回值未定义，引脚为 1 时函数返回引脚当前的实际输入值 如果提供参数 x（1/0 或 True/False），则将引脚电平设为 x，函数的行为取决于引脚的模式：① Pin.IN 表示该值存储在引脚的输出缓冲区中，保持高阻态，一旦更改为 Pin.OUT 或 Pin.OPEN_DRAIN 模式，存储的值将在引脚上激活；② Pin.OUT 表示输出缓冲区立即设置为给定值；③ Pin.OPEN_DRAIN 表示如果值为 0，引脚设置为低电压状态，否则引脚设置为高阻态。提供参数 x 时，此函数返回 None
	格式	Pin.on（）
Pin.on 函数	功能	该函数的功能是将引脚设为输出 1（高电平）
	格式	Pin.off（）
Pin.off 函数	功能	该函数的功能是将引脚设为输出 0（低电平）
	格式	Pin.irq（handler, trigger, priority=1, wake=None, hard=False）
Pin.irq 函数	功能	若将某引脚用作外部中断事件触发输入，可使用 Pin.irq（）函数对该引脚进行中断相关设置 handler 为中断触发时要调用的函数 trigger 用于配置产生中断的事件，可以为 Pin.IRQ_FALLING（下降沿中断）、Pin.IRQ_RISING（上升沿中断）、Pin.IRQ_LOW_LEVEL（低电平中断）、Pin.IRQ_HIGH_LEVEL（高电平中断），这些值可以通过或运算来触发多个事件 priority 用于设置中断的优先级，可以采用的值是特定于端口的，高值代表更高的优先级 wake 用于选择此中断可以唤醒系统的电源模式，可以是 machine.IDLE、machine.SLEEP 或 machine.DEEPSLEEP，也可以将这些值进行或运算，使一个引脚在一种以上的电源模式下产生中断 hard 用于设置是否使用硬件中断，如果为 True，则使用硬件中断。这减少了引脚更改和被调用的处理程序之间的延迟。硬中断处理程序可能不分配内存，并非所有端口都支持此参数

4. Pin 类及内部函数典型使用

Pin 类及内部函数典型使用举例如图 3-8 所示。

图 3-8　Pin 类及内部函数典型使用举例

3.1.5 闪烁点亮一个 LED 的程序及说明

在 Thonny 软件文件管理区的 MyESP32 文件夹中建立一个"闪烁点亮一个 LED"的文件夹，再在该文件夹中新建一个 main.py 文件，然后编写闪烁点亮一个 LED 的程序，如图 3-9 所示。

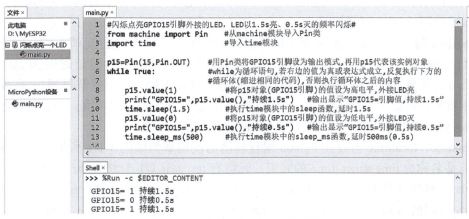

图 3-9 闪烁点亮一个 LED 的程序

单击 Thonny 软件工具栏上的 ◎（运行当前脚本）工具，当前程序代码写入单片机的内存，程序在单片机中运行，单片机 GPIO15 引脚外接的 LED 以 1.5s 亮、0.5s 灭的频率闪烁，同时 Thonny 软件 Shell 区输出显示 GPIO15 引脚的电平值，"GPIO15＝1"显示 1.5s，"GPIO15＝0"显示 0.5s。

3.1.6 time（时间）模块内部函数说明

time 模块提供获取当前时间和日期、测量时间间隔和延迟的函数。在 Thonny 的 Shell 区先导入 time 模块，然后执行 help（time）函数会显示 time 模块内部的函数（function，模块内部的函数也称方法），如图 3-10 所示。

图 3-10 用 help 函数查看 time 模块内部的函数

1. gmtime、localtime 函数

gmtime、localtime 函数语法格式如下：

time.gmtime（[secs]）

time.localtime（[secs]）

gmtime 函数的功能是将 secs 参数指定的秒数转换成一个有 9 个元素的元组（year，month，mday，hour，minute，second，weekday，yearday、isdst）。如果无 secs 参数，则返回当前的 UTC（世界标准时间，也称格林尼治时间）时间。localtime 函数功能与 gmtime 函数基本相同，区别在于 localtime 函数是以 localtime（本地时间，即北京时间）为标准计时的，localtime 时间与 UTC 时间相差 8h。

gmtime 与 localtime 函数在 Python 和 MicroPython 环境下的功能稍不同，Python 中的初始时间为 1970 年 1 月 1 日 0 时 0 分 0 秒，MicroPython 中的初始时间为 2000 年 1 月 1 日 0 时 0 分 0 秒。在 Thonny 软件的"运行"菜单中选择"配置解释器"，在弹出的窗口中将解释器设为"Local Python"，这样软件处于 Python 编程环境，若将解释器设为"MicroPython（ESP32）"，软件就处于 MicroPython 编程环境。

gmtime、localtime 函数在 Python 编程环境的使用举例如图 3-11a 所示，两个函数的返回值是名称为 time.struct_time 的元组，元组有 tm_year（年 ****）、tm_mon（月 1~12）、tm_mday（月的日数 1~31）、tm_hour（小时 0~23）、tm_min（分 0~59）、tm_sec（秒 0~59）、tm_wday（周的日数 1~7，即星期几）、tm_yday（年的日数 1~366）、tm_isdst（夏令时，0 表示否、1 表示是）9 个元素。

gmtime、localtime 函数在 MicroPython 编程环境的使用举例如图 3-11b 所示，两个函数使用时功能没有区别，返回的元组只有 8 个元素（无夏令时 isdst）。

```
Shell ×
>>> import time
>>> print(time.gmtime(36000))
 time.struct_time(tm_year=1970, tm_mon=1, tm_mday=1, tm_hour=10, tm_min=0
, tm_sec=0, tm_wday=3, tm_yday=1, tm_isdst=0)
>>> print(time.gmtime())
 time.struct_time(tm_year=2023, tm_mon=3, tm_mday=17, tm_hour=2, tm_min=4
2, tm_sec=12, tm_wday=4, tm_yday=76, tm_isdst=0)
>>> print(time.localtime())
 time.struct_time(tm_year=2023, tm_mon=3, tm_mday=17, tm_hour=10, tm_min=
42, tm_sec=46, tm_wday=4, tm_yday=76, tm_isdst=0)
```

a）在 Python 编程环境的使用

```
Shell ×
>>> import time
>>> print(time.gmtime(36000))
 (2000, 1, 1, 10, 0, 0, 5, 1)
>>> print(time.gmtime())
 (2023, 3, 17, 11, 19, 1, 4, 76)
>>> print(time.localtime())
 (2023, 3, 17, 11, 19, 29, 4, 76)
>>> print(time.localtime(0))
 (2000, 1, 1, 0, 0, 0, 5, 1)
```

b）在 MicroPython 编程环境的使用

图 3-11 gmtime、localtime 函数的使用举例

2. mktime 函数

mktime 函数的功能是将 8 个元素的时间元组转换成秒数（自 2000 年 1 月 1 日以来的

秒数）。mktime 函数的使用举例如图 3-12 所示，该函数将 2000 年 1 月 1 日 10 时转换成秒数为 36000。

3. sleep（seconds）、sleep_ms（ms）和 sleep_us（us）函数

sleep（seconds）、sleep_ms（ms）、sleep_us（us）函数的功能分别是延迟指定的秒数、毫秒数和微秒数，秒数值只能为正数或 0。如果系统有其他更高优先级的处理任务要执行，可能延迟的时间大于指定值。time.sleep（0.5）、time.sleep_ms（500）、time.sleep_us（500000）三者都是延时 0.5s。

图 3-12　mktime 函数的使用举例

sleep 函数的使用举例如图 3-13 所示，先用 gmtime 函数获取当前的时间，接着用 print 函数将该时间和其中的秒数值显示出来，再用 sleep 函数延时 3s，然后又将当前时间的秒数值显示出来，会发现秒数值增加了 3。

图 3-13　sleep 函数的使用举例

4. time.ticks_ms、time.ticks_us 与 time.ticks_cpu 函数

time.ticks_ms 函数是一种以毫秒为单位递增的循环计数器，返回当前的计数值，计数时从任意起始参考点（无法指定）计到某个值（无法指定）时又重新开始。

time.ticks_us 函数是以微秒为单位递增的循环计数器，功能与 time.ticks_ms 函数相同。

time.ticks_cpu 函数与前两者相同，但分辨率更高，计时单位未指明，可能是 CPU 时钟或系统中高分辨率定时器，用于非常精细的基准测试或非常紧凑的实时循环，避免在可移植代码中使用。

time.ticks_ms 函数的使用举例如图 3-14 所示，当延时 3s 后，该函数返回的当前计数值增加了 3000。

图 3-14　time.ticks_ms 函数的使用举例

5. ticks_add（ticks，delta）函数

ticks_add（ticks，delta）函数的功能是将 ticks 值偏移 delta（整数或数字表达式），返回值为 ticks+delta。ticks_add 函数的使用举例如图 3-15 所示。

```
1  import time                              #导入time模块
2  print(time.ticks_ms())                   #先执行time模块中的ticks_ms函数,再输出显示该函数返回的当前计数值
3  print(time.ticks_add(time.ticks_ms(),2)) #先执行ticks_add函数,将ticks_ms函数返回的
                                            #当前计数值偏移2,再将结果输出显示
5  print(time.ticks_add(time.ticks_ms(),-2))
6  print(time.ticks_add(100,2))             #先执行ticks_add函数,将100偏移2,再将结果输出显示
7  print(time.ticks_add(100,-2))
```

```
>>> %Run -c $EDITOR_CONTENT
 28415643
 28415645
 28415641
 102
 98
```

图 3-15 ticks_add 函数的使用举例

6. time.ticks_diff（ticks1，ticks2）函数

time.ticks_diff（ticks1，ticks2）函数的功能是计算并返回 ticks1 与 ticks2 的差值。ticks_diff 函数的使用举例如图 3-16 所示。

```
1  import time                               #导入time模块
2  print(time.ticks_ms())                    #先执行time模块中的ticks_ms函数,再输出显示该函数返回的当前计数值
3  print(time.ticks_diff(time.ticks_ms(),2)) #先执行ticks_diff函数,计算并返回ticks_ms函数
                                             #当前计数值与2的差值,再将差值输出显示
5  print(time.ticks_diff(10,24))
```

```
>>> %Run -c $EDITOR_CONTENT
 30705313
 30705311
 -14
```

图 3-16 ticks_diff 函数的使用举例

7. time（）与 time_ns（）函数

time（）、time_ns（）函数的功能是分别计算 2000-01-01 00：00：00 到当前时间（计算机或单片机的当前时间）的总秒数和总纳秒数（$1s=10^9 ns$）。time（）、time_ns（）函数的使用举例如图 3-17 所示，37 分 17 秒 =2237 秒。

```
1  import time                  #导入time模块
2  print(time.gmtime())         #先执行time模块中的gmtime函数,再输出显示该函数返回的当前时间
3  print(time.time())           #先执行time函数,再输出显示该函数返回的2000-01-01 00:00:00至当前时间的总秒数
4  print(time.time_ns())        #输出显示time_ns函数返回的2000-01-01 00:00:00至当前时间的总纳秒数
```

```
>>> %Run -c $EDITOR_CONTENT
 (2000, 1, 1, 0, 37, 17, 5, 1)
 2237
 2237309088000
```

图 3-17 time（）、time_ns（）函数的使用举例

3.1.7 LED 流水灯程序及说明

在 Thonny 软件文件管理区的 MyESP32 文件夹中建立一个"LED 流水灯"的文件夹，再在该文件夹中新建一个 main.py 文件，然后编写 LED 流水灯程序，如图 3-18 所示。

```
'''LED流水灯: 先熄灭8个LED,然后逐个点亮8个LED,再逐个熄灭8个LED,反复进行'''
from machine import Pin           #从machine模块中导入Pin类
import time                       #导入time模块

ledpin=[15,2,0,4,16,17,5,18]      #定义名称为ledpin的列表,列表中的8个元素为连接LED的GPIO端口号
leds=[]                           #定义名称为leds的空列表
for i in range(8):                #range函数先创建一个列表[0,1,…,7],然后将列表第1个元素0赋给变量i,再执行
                                  #冒号下方的代码块,接着返回将列表第2个元素1赋给变量i,又执行下方代码块,当将
                                  #第8个元素7赋给变量i并执行完代码块后,不再返回,直接执行代码块后面的内容
    leds.append(Pin(ledpin[i],Pin.OUT))  #用append方法给leds列表添加ledpin列表中索引号为i的元素和Pin.OUT
                                  #当i=0时,leds=[Pin(15,Pin.OUT)],执行8次后,leds有8个这样的元素

if __name__=="__main__":          #如果当前程序文件为主程序(顶层模块),则执行冒号下方缩进相同的代码块,否则执行
                                  #代码块之后的内容,若程序运行时从其他文件开始,本文件就不是主程序文件
    for n in range(8):            #for语句循环执行8次,range函数依次将0~7(不含8)赋给n,赋值一次执行一次循环体
        leds[n].value(0)          #for语句的循环体,将leds列表索引号为n的元素的值(value)设为0,若n=0,则本代码
                                  #为"Pin(15,Pin.OUT).value(0)",即将GPIO15引脚设为输出低电平
    while True:                   #while为循环语句,若右边的值为真或表达式成立,反复执行下方的
                                  #循环体(缩进相同的代码),否则执行循环体之后的内容
        for n in range(8):        #for语句循环执行8次,依次将0~7(不含8)赋值n,赋值一次执行一次循环体
            leds[n].value(1)      #将leds列表索引号为n的元素的值设为1,即让指定GPIO引脚输出高电平,点亮LED
            time.sleep(0.1)       #执行time模块中的sleep函数,延时0.1s
        time.sleep(1)             #延时1s,让8个LED全亮持续1s
        for n in range(8):        #本for语句的功能是依次逐个熄灭15、2、0、4、16、17、5、18引脚外接的LED
            leds[n].value(0)
            time.sleep(0.1)
```

图 3-18 LED 流水灯程序

程序说明：程序中有 4 个 for 语句：第 1 个 for 语句的功能是创建一个名称为 leds 的列表，列表内容为 [Pin(15, Pin.OUT), Pin(2, Pin.OUT), …, Pin(18, Pin.OUT)]；第 2 个 for 语句的功能是遍历 leds 列表中的每个元素，并将各元素的值设为 0，让各引脚输出低电平，熄灭 8 个 LED；第 3 个 for 语句的功能是以 0.1s 的时间间隔遍历 leds 列表中的每个元素，并将各元素的值设为 1，让各引脚输出高电平，逐个点亮 8 个 LED；第 4 个 for 语句的功能是以 0.1s 的时间间隔遍历 leds 列表中的每个元素，并将各元素的值设为 0，让各引脚输出低电平，逐个熄灭 8 个 LED。由于 while 语句右边为 True，故 while 循环体中的 2 个 for 语句会反复执行。

3.2 LED 数码管电路及编程实例

3.2.1 一位 LED 数码管

LED 数码管是将发光二极管做成段状，通过让不同段发光来组合成各种数字。

1. 外形、结构与类型

一位 LED 数码管如图 3-19 所示，它将 a、b、c、d、e、f、g、dp 共 8 个发光二极管排成图示的"8."字形，通过让 a、b、c、d、e、f、g 不同的段发光来显示数字 0~9。

 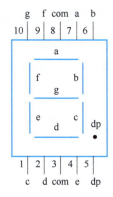

a）外形　　　　　　　　　　　b）段与引脚的排列

图 3-19　一位 LED 数码管

由于 8 个发光二极管共有 16 个引脚，为了减少数码管的引脚数，在数码管内部将 8 个发光二极管正极或负极引脚连接起来，接成一个公共端（COM 端），根据公共端是发光二极管正极还是负极，可分为共阳极接法（正极相连）和共阴极接法（负极相连），如图 3-20 所示。

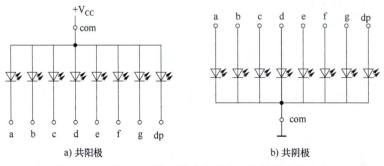

a）共阳极　　　　　　　　　　　b）共阴极

图 3-20　一位 LED 数码管内部发光二极管的连接方式

对于共阳极接法的数码管，需要给发光二极管加低电平才能发光；对于共阴极接法的数码管，需要给发光二极管加高电平才能发光。如果图 3-19 是一个共阳极接法的数码管，如果让它显示一个"5"字，那么需要给 a、c、d、f、g 引脚加低电平，b、e 引脚加高电平，这样 a、c、d、f、g 段的发光二极管有电流通过而发光，b、e 段的发光二极管不发光，数码管就会显示出数字"5"。

LED 数码管各段电平与显示字符的关系见表 3-1，比如对于共阴数码管，如果 dp~a 为 00111111（十六进表示为 3FH）时，数码管显示字符"0"，对于共阳数码管，如果 dp~a 为 11000000（十六进表示为 C0H）时，数码管显示字符"0"。

2. 类型与引脚检测

检测 LED 数码管使用万用表的 R×10kΩ 档。从图 3-20 所示的数码管内部发光二极管的连接方式可以看出：对于共阳极数码管，黑表笔接公共极、红表笔依次接其他各极时，会出现 8 次阻值小；对于共阴极多位数码管，红表笔接公共极、黑表笔依次接其他各极时，也会出现 8 次阻值小。

表 3-1 LED 数码管各段电平与显示字符的关系

显示字符	共阴数码管各段电平值（共阳数码管各段电平正好相反）								字符码（十六进制）	
	dp	g	f	e	d	c	b	a	共阴	共阳
0	0	0	1	1	1	1	1	1	3FH	C0H
1	0	0	0	0	0	1	1	0	06H	F9H
2	0	1	0	1	1	0	1	1	5BH	A4H
3	0	1	0	0	1	1	1	1	4FH	B0H
4	0	1	1	0	0	1	1	0	66H	99H
5	0	1	1	0	1	1	0	1	6DH	92H
6	0	1	1	1	1	1	0	1	7DH	82H
7	0	0	0	0	0	1	1	1	07H	F8H
8	0	1	1	1	1	1	1	1	7FH	80H
9	0	1	1	0	1	1	1	1	6FH	90H
A	0	1	1	1	0	1	1	1	77H	88H
B	0	1	1	1	1	1	0	0	7CH	83H
C	0	0	1	1	1	0	0	1	39H	C6H
D	0	1	0	1	1	1	1	0	5EH	A1H
E	0	1	1	1	1	0	0	1	79H	86H
F	0	1	1	1	0	0	0	1	71H	8EH
.	1	0	0	0	0	0	0	0	80H	7FH
全灭	0	0	0	0	0	0	0	0	00H	FFH

（1）类型与公共极的判别

在判别 LED 数码管类型及公共极（com）时，万用表拨至 R×10kΩ 档，测量任意两引脚之间的正、反向电阻，当出现阻值小时，如图 3-21 所示，说明黑表笔接的为发光二极管的正极，红表笔接的为负极，然后黑表笔不动，红表笔依次接其他各引脚，若出现阻值小的次数大于 2 次时，则黑表笔接的引脚为公共极，被测数码管为共阳极类型，若出现阻值小的次数仅有 1 次，则该次测量时红表笔接的引脚为公共极，被测数码管为共阴极。

（2）各段极的判别

在检测 LED 数码管各引脚对应的段时，万用表选择 R×10kΩ 档。对于共阳极数码管，

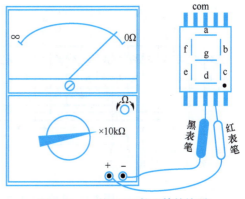

图 3-21 一位 LED 数码管的检测

黑表笔接公共引脚，红表笔接其他某个引脚，这时会发现数码管某段会有微弱的亮光，如 a 段有亮光，表明红表笔接的引脚与 a 段发光二极管负极连接；对于共阴极数码管，红表笔接公共引脚，黑表笔接其他某个引脚，会发现数码管某段会有微弱的亮光，则黑表笔接的引脚与该段发光二极管正极连接。

如果使用数字万用表检测 LED 数码管，应选择二极管测量档。在测量 LED 两个引脚时，若显示超出量程符号"1"或"0L"时，表明数码管内部发光二极管未导通，红表笔接的为 LED 数码管内部发光二极管的负极，黑表笔接的为正极，若显示 1500~3000（或 1.5~3.0）之间的数字，同时数码管的某段发光，表明数码管内部发光二极管已导通，数字值为发光二极管的导通电压（单位为 mV 或 V），红表笔接的为数码管内部发光二极管的正极，黑表笔接的为负极。

3.2.2 多位 LED 数码管

1. 外形与类型

图 3-22 是 4 位 LED 数码管，它有两排共 12 个引脚，其内部发光二极管有共阳极和共阴极两种连接方式，如图 3-23 所示，12、9、8、6 号引脚分别为各位数码管的公共极（又称位极），11、7、4、2、1、10、5、3 号引脚同时连接各位数码管的相应段，称为段极。

图 3-22 4 位 LED 数码管

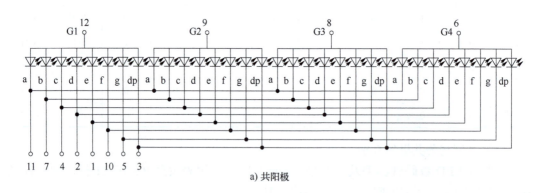

a) 共阳极

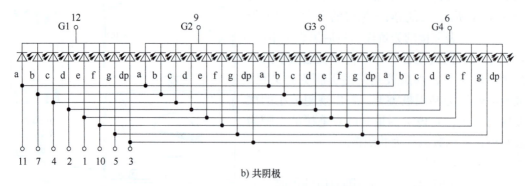

b) 共阴极

图 3-23 4 位 LED 数码管内部发光二极管的连接方式

2. 多位 LED 数码管显示多位字符的显示原理

多位 LED 数码管采用了扫描显示方式，又称动态驱动方式。以在图 3-22 所示的 4 位 LED 数码管上显示"1278"为例进行说明，假设其内部发光二极管为图 3-23b 所示的共阴极连接方式。

先给数码管的 12 脚加一个低电平（9、8、6 脚为高电平），再给 7、4 脚加高电平（11、2、1、10、5 脚均低电平），结果第一位的 b、c 段发光二极管点亮，第一位显示"1"，由于 9、8、6 脚均为高电平，故第二、三、四位中的所有发光二极管均无法导通而不显示；然后给 9 脚加一个低电平（12、8、6 脚为高电平），给 11、7、2、1、5 脚加高电平（4、10 脚为低电平），第二位的 a、b、d、e、g 段发光二极管点亮，第二位显示"2"，同样原理，在第三位和第四位分别显示数字"7""8"。

多位数码管的数字虽然是一位一位地显示出来的，但除了 LED 有余辉效应（断电后 LED 还能亮一定时间）外，人眼还具有视觉暂留特性（所谓视觉暂留特性是指当人眼看见一个物体后，如果物体消失，人眼还会觉得物体仍在原位置，这种感觉约保留 0.04s 的时间），当数码管显示到最后一位数字"8"时，人眼会感觉前面 3 位数字还在显示，故看起来好像是一下子显示"1278"4 位数。

3. 检测

检测多位 LED 数码管时可使用万用表的 R×10kΩ 档。从图 3-23 所示的多位数码管内部发光二极管的连接方式可以看出，对于共阳极多位数码管，黑表笔接某一位极、红表笔依次接其他各极时，会出现 8 次阻值小的情况；对于共阴极多位数码管，红表笔接某一位极、黑表笔依次接其他各极时，也会出现 8 次阻值小的情况。

（1）类型与某位的公共极的判别

在检测多位 LED 数码管类型时，万用表拨至 R×10kΩ 档，测量任意两引脚之间的正、反向电阻，当出现阻值小时，说明黑表笔接的为发光二极管的正极，红表笔接的为负极，然后黑表笔不动，红表笔依次接其他各引脚，若出现阻值小的次数等于 8 次，则黑表笔接的引脚为某位的公共极，被测多位数码管为共阳极，若出现阻值小的次数等于数码管的位数（4 位数码管为 4 次）时，则黑表笔接的引脚为段极，被测多位数码管为共阴极，红表笔接的引脚为某位的公共极。

（2）各段极的判别

在检测多位 LED 数码管各引脚对应的段时，万用表选择 R×10kΩ 档。对于共阳极数码管，黑表笔接某位的公共极，红表笔分别接其他引脚，若发现数码管某段有微弱的亮光，如 a 段有亮光，表明红表笔接的引脚与 a 段发光二极管负极连接；对于共阴极数码管，红表笔接某位的公共极，黑表笔分别接其他引脚，若发现数码管某段有微弱的亮光，则黑表笔接的引脚与该段发光二极管正极连接。

3.2.3　单片机使用 TM1637 芯片驱动 4 位 LED 数码管的电路

TM1637 是一种带键盘扫描接口的 LED 显示器驱动控制专用电路，其内部集成有 MCU 数字接口、数据锁存器、LED 高压驱动、键盘扫描等电路，主要用于驱动电磁炉、微波炉等小家电产品的 LED 数码管驱动控制。

ESP32 单片机使用 TM1637 芯片驱动 4 位 LED 数码管的电路如图 3-24 所示。ESP32

单片机分别从 GPIO16、GPIO17 引脚输出时钟信号和显示数据送到 TM1637 芯片的 18 号引脚（CLK）、17 号引脚（DIO），TM1637 芯片将显示数据转换成位控制信号和段控制信号，位控制信号从 GRID1~GRID4 引脚输出去控制 4 位 LED 数码管的各位显示，段控制信号从 SEG1~SEG8 引脚输出去控制 4 位 LED 数码管的各段显示。

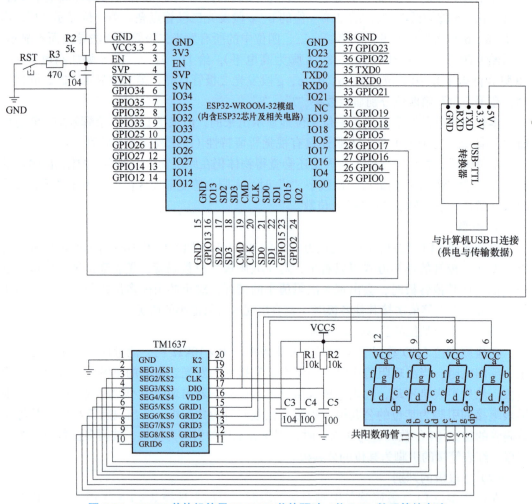

图 3-24　ESP32 单片机使用 TM1637 芯片驱动 4 位 LED 数码管的电路

TM1637 芯片各引脚功能说明见表 3-2。

表 3-2　TM1637 芯片各引脚功能说明

引脚号	符号	名称	说明
17	DIO	数据输入/输出	串行数据输入/输出，输入数据在 SLCK 的低电平变化，在 SCLK 的高电平被传输，每传输一个字节芯片内部都将在第 8 个时钟下降沿产生一个 ACK
18	CLK	时钟输入	在上升沿输入/输出数据

(续)

引脚号	符号	名称	说明
19、20	K1、K2	键扫数据输入	输入该脚的数据在显示周期结束后被锁存
2~9	SEG1~SEG8	输出（段）	段输出（也用作键扫描），N管开漏输出
10~15	GRID6~GRID1	输出（位）	位输出，P管开漏输出
16	VDD	逻辑电源	5V(1±10%)
1	GND	逻辑地	接系统地

3.2.4 TM1637模块的类与函数说明

TM1637芯片内部电路复杂，若编写程序直接控制内部电路，则需了解其读写时序、工作模式和操作内部电路的专用指令。为了让大多数人能轻松编程使用TM1637芯片，一些专业人士将操作TM1637芯片的程序以类和函数方式编写成TM1637.py模块文件，编程时只要实例化类并调用这些函数就可以操作TM1637芯片。TM1637模块的类与函数说明见表3-3。

表3-3 TM1637模块的类与函数说明

TM1637类	语法格式：tm1637.TM1637（clk, dio, brightness） clk为TM1637芯片的时钟引脚对象，例如clk=Pin（16）；dio为TM1637芯片数据引脚对象，例如dio=Pin（17）；brightness为TM1637芯片驱动数码管的亮度值，例如brightness=5
number（num）函数	其功能是驱动数码管显示十进制整数num，显示位数受数码管的位数限制。例如，number（1234）会让4位数码管显示"1234"
numbers（num1, num2）函数	其功能是驱动数码管显示小数，num1为整数部分，num2为小数部分，小数点后保留2位。例如，numbers（1, 23）会让4位数码管显示"01.23"
hex（val）函数	其功能是将十进制数val转换成十六进制显示。例如，hex（108）会让4位数码管显示"006C"
brightness（val）函数	其功能是调节数码管的亮度，亮度值val的范围为0~7。例如，brightness（5）会将数码管的亮度值设为5
temperature（num）函数	其功能是让数码管显示温度符号为℃的整数温度值num，℃符号会占用2个显示位，正温度值超出显示位时显示"HI℃"，负温度值超出显示位时显示"LO℃"。例如，temperature（-6）会让4位数码管显示"-6℃"
show（string）函数	其功能是显示字符串string，string为由0~9、A~F字符组成的整数，对于其他字符，数码管可能无法正常显示。例如，show（"A23E"）会让4位数码管显示"A23E"
scroll（string, delay）函数	其功能是滚动显示字符，string为滚动显示的字符串（可正常显示整数，其他字符可能无法正常显示），delay为滚动速度（单位：ms）。例如：scroll（"ABCD1234", 500）会让4位数码管滚动显示"ABCD1234"，滚动速度为500ms，在显示时，先在最右端显示A，停500ms，再左移一位，显示AB，停500ms，如此进行，所有字符显示后都从左端移出

3.2.5　4位LED数码管实现秒计时的程序及说明

在Thonny软件文件管理区的MyESP32文件夹中建立一个"4位LED数码管秒表"的文件夹，在该文件夹中新建一个main.py文件，然后将tm1637.py模块文件（该文件可从网上查找下载或从本书源代码中复制）复制到该文件夹中，再右击tm1637.py文件，在弹出的右键菜单上选择"上传到"，将tm1637.py文件上传到ESP32单片机（MicroPython设备）中，如图3-25所示。如果没有将main.py文件调用的tm1637.py文件写入单片机，仅main.py文件中的程序是无法正常运行的。

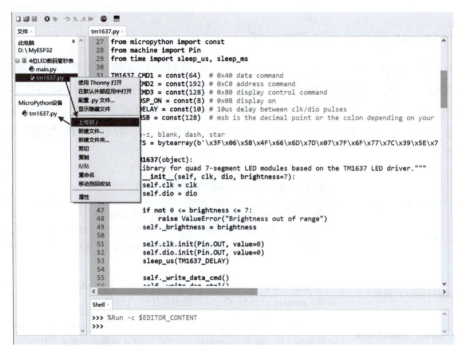

图3-25　建立项目文件夹并复制、上传tm1637.py模块文件到单片机

在Thonny软件文件管理区双击打开main.py文件，编写4位LED数码管秒表程序，如图3-26所示。

```
1  #4位LED数码管秒表，从0计到9999s#
2  from machine import Pin      #从machine模块中导入Pin类
3  import time                  #导入time模块
4  import tm1637                #导入tm1637模块
5
6  lednt=tm1637.TM1637(clk=Pin(16),dio=Pin(17)) #用TM1637类将单片机16、17引脚分别设为时钟输出和
7                                               #数据IO引脚，再用lednt代表该实例对象
8  if __name__=="__main__":     #如果当前程序文件为主程序(顶层模块)，则执行冒号下方缩进相同的代码块，否则
9                               #执行代码块之后的内容，若程序运行时从其他文件开始，本文件就不是主程序文件
10     n=0                      #将变量n赋初值0
11     while True:              #while为循环语句，若右边的值为真或表达式成立，反复执行冒号下方的
12                              #循环体(缩进相同的代码)，否则执行循环体之后的内容
13         lednt.number(n)      #将lednt对象的显示值设为n(十进制数)，即让单片机输出信号驱动数码管显示n值
14         n+=1                 #将n值加1
15         time.sleep(1)        #执行time模块中的sleep函数，延时1s
16
```

图3-26　4位LED数码管实现秒表计时的主程序

3.3 全彩 LED 灯的电路及编程实例

3.3.1 WS2812B 型全彩 LED 灯介绍

WS2812B 是一种由控制电路与 RGB LED 组成的全彩 LED 灯，其外形与一个 5050 型 LED 灯珠相同，如图 3-27 所示。大量的 WS2812B 级联可组成显示屏，每个 WS2812B 为一个像素点。WS2812B 采用单线通信方式，在上电复位后，其 DIN 引脚接受从控制器传输过来的显示数据，首先送过来的 24bit 数据被第一个像素点（WS2812B）提取后，送到像素点内部的数据锁存器，剩余的数据经过内部电路整形放大后通过 DOUT 引脚输出给下一个级联的像素点，每经过一个像素点的传输，显示数据减少 24bit。WS2812B 的级联个数不受限制，仅受限于信号传输速度。

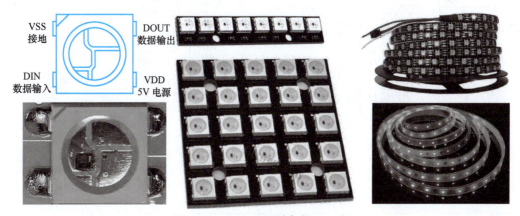

图 3-27 WS2812B 型全彩 LED 灯

WS2812B 的主要特性如下：

1) 智能反接保护，电源反接不会损坏，IC 控制电路与 LED 共用一个电源，内置上电复位和掉电复位电路。

2) 内置信号整形电路，可将收到信号波形整形输出，保证多个级联时信号传输畸变不会累加。

3) 每个像素点的三基色颜色可实现 256 级亮度显示，完成 16777216 种颜色的全真色彩显示，扫描频率不低于 400Hz。

4) 串行级联接口，能通过一根信号线完成数据的接收与解码。

5) 任意两点传输距离不超过 5m 时无须增加任何电路。

6) 当刷新速率 30 帧 /s 时，级联数不小于 1024 点。

7) 数据发送速度可达 800kbit/s。

WS2812B 具有低电压驱动、环保节能、亮度高、散射角度大、光的颜色高度一致、超低功率和超长寿命等优点，主要应用于 LED 全彩发光字灯串、LED 全彩模组、LED 全彩软 / 硬灯条、LED 护栏管、LED 点光源、LED 像素屏、LED 异形屏、各种电子产品和电子设备跑马灯等。

3.3.2 单片机连接 5 个 WS2812B 型全彩 LED 灯的电路

ESP32 单片机连接 5 个 WS2812B 型全彩 LED 灯的电路如图 3-28 所示。在工作时，ESP32 单片机从 GPIO16 引脚输出一组或多组颜色数据，送到第 1 个 WS2812B 型全彩 LED 灯的 DIN 引脚，该 LED 灯内部的电路从中分离出第 1 组颜色数据并显示相应的颜色，其余的颜色数据从 DOUT 引脚输出送往第 2 个 LED 灯的 DIN 引脚，第 2 个 LED 灯分离出第 2 组颜色数据并显示相应的颜色，其余的颜色数据从 DOUT 引脚输出送往第 3 个 LED 灯的 DIN 引脚，第 3、4、5 个灯珠显示依此类推。

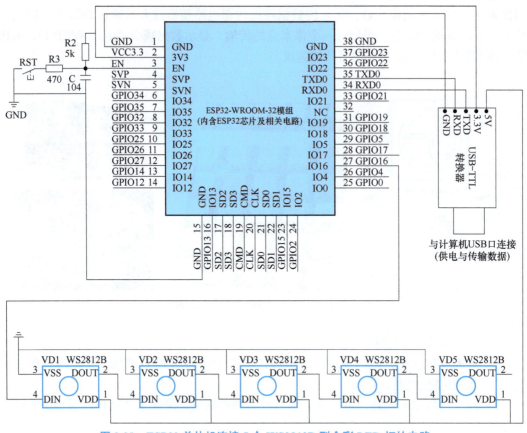

图 3-28　ESP32 单片机连接 5 个 WS2812B 型全彩 LED 灯的电路

3.3.3 三基色混色法与颜色的 R、G、B 数值

实践证明，自然界几乎所有的颜色都可以由红、绿、蓝三种颜色按不同的比例混合而成，反之，自然界绝大多数颜色都可以分解成红、绿、蓝三种颜色，因此将红（R）、绿（G）、蓝（B）三种的颜色称为三基色。用三基色几乎可以混合出自然界几乎所有的颜色。

1. RGB 三基色混色法

（1）直接相加混色法

直接相加混色法是指将两种或三种基色按一定的比例混合而得到另一种颜色的方法。

图 3-29 为三基色混色环，三个大圆环分别表示红、绿、蓝三种基色，圆环重叠表示颜色混合，例如将红色和绿色等量直接混合在一起可以得到黄色，将红色和蓝色等量直接混合在一起可以得到紫色，将红、绿、蓝三种颜色等量直接混合在一起可得到白色。三种基色在混合时，若混合比例不同，得到的颜色将会不同，由此可混出各种各样的颜色。

（2）空间相加混色法

当三种基色相距很近，而观察距离又较远时，就会产生混色效果。空间相加混色如图 3-30 所示，图 3-30a 为三个点状发光体，分别可发出 R（红）、G（绿）、B（蓝）三种光，当它们同时发出三种颜色光时，如果观察距离较远，无法区分出三个点，会觉得是一个大点，那么感觉该点为白色，如果 R、G 发光体同时发光时，会觉得该点为黄色；图 3-30b 为三个条状发光体，当它们同时发出三种颜色光时，如果观察距离较远，会觉得是一个粗条，那么该粗条为白色，如果 R、G 发光体同时发光时，会觉得粗条为黄色。彩色电视机、液晶显示器等就是利用空间相加混色法来显示彩色图像的。

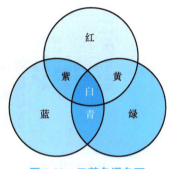

图 3-29　三基色混色环

（3）时间相加混色法

如果将三种基色光按先后顺序照射到同一表面上，只要基色光切换速度足够快，由于人眼的视觉暂留特性（物体在人眼前消失后，人眼会觉得该物体还在眼前，这种印象约能保留 0.04s 时间），人眼就会获得三种基色直接混合而形成的混色感觉。如图 3-31 所示，先将一束红光照射到一个圆上，让它呈红色，然后迅速移开红光，再将绿光照射到该圆上，只要两者切换速度足够快（不超过 0.04s），绿光与人眼印象中保留的红色相混合，会觉得该圆为黄色。

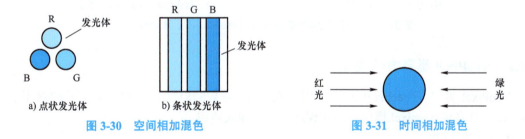

图 3-30　空间相加混色　　　　图 3-31　时间相加混色

2. 查看获取颜色的 R、G、B 数值

R、G、B 三基色等量混合只能得到 7 种颜色，如果不是等量混合则可以得到各种各样的颜色。在计算机的绘图或图像处理软件中可以查看到各种颜色的 R、G、B 数值，打开画图软件，单击工具栏上的"编辑颜色"，弹出编辑颜色窗口，如图 3-32a 所示，在窗口的基本颜色区选择红色，在右下角显示红色的 R、G、B 数值分别为 255、0、0，再在基本颜色区选择绿色，右下角显示绿色的 R、G、B 数值分别为 0、255、0，如图 3-32b 所示，黄色的 R、G、B 数值分别为 255、255、0，如图 3-32c 所示，另一个近似青色颜色的 R、G、B 数值分别为 128、255、255，如图 3-32d 所示。

如果在编辑颜色窗口的基本颜色区找不到需要的颜色，可先在窗口的色彩板中选择相近的颜色，再移动右边竖滑动条旁的小三角，调节这种颜色的深浅，直到出现需要的颜色，然后在右下角查看该颜色的 R、G、B 数值。

a) 在画图软件中打开编辑颜色窗口

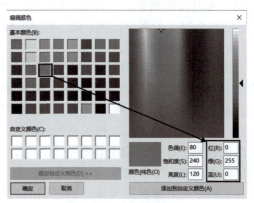

b) 查看绿色的R、G、B数值

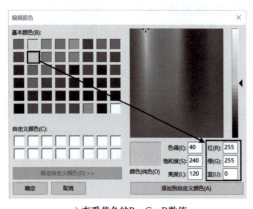

c) 查看黄色的R、G、B数值

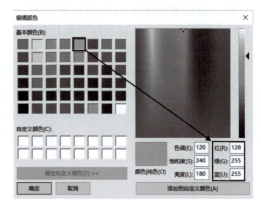

d) 近似青色颜色的R、G、B数值

图 3-32　在画图软件中查看获取颜色的 R、G、B 数值

3.3.4　NeoPixel 类及方法说明

NeoPixel 类属于 neopixel 模块，用于配置控制 WS2812B 型 LED 灯显示的参数，Thonny 软件自带 neopixel 模块，可在程序中直接导入使用。

1. NeoPixel 类

NeoPixel 类的语法格式：

neopixel.NeoPixel（pin, led.count, bpp）

pin 为控制 WS2812B 型 LED 灯带的引脚，led.count 为灯带的灯珠数量，bpp 为灯珠像素模式，默认为 RGB 模式 bpp=3（可省略不写），若灯珠像素为 RGBW 或 RGBY，则设置 bpp=4。

2. NeoPixel 类的方法

（1）NeoPixel［］方法

NeoPixel［］方法用于设置 LED 灯珠的颜色数值。例如，neopixel.NeoPixel［0］=（255，255，0）的功能是将第 1 个灯珠的 R、G、B 颜色数值分别设为 255、255、0。

（2）write ( ) 方法

write ( ) 方法用于启动控制器（单片机）向灯珠写入颜色数值。例如，neopixel.write ( ) 启动单片机从指定引脚往灯带的灯珠写入设置的颜色数值，灯珠显示该数值对应的颜色。

图 3-33 所示程序使用 NeoPixel 类及方法控制 WS2812B 灯带的 5 个灯珠分别显示红、绿、蓝、黄和白色。

<无标题> * ×

```
from machine import Pin            #从machine模块导入Pin类
from neopixel import NeoPixel      #从neopixel模块导入NeoPixel类
pin = Pin(16, Pin.OUT)             #用Pin类将GPIO16引脚设为输出模式,再用pin代表该实例对象

np = NeoPixel(pin, 5)     #用NeoPixel类将GPIO16引脚设为5个灯珠的灯带控制端,再用np代表该对象
np[0] = (255, 0, 0)       #将灯带第1个灯珠的R、G、B数值分别设为255、0、0,该数值对应红色
np.write()                #执行NeoPixel类中的write函数,将255、0、0写入灯带的第1个灯珠
np[1] = (0, 255, 0)       #将灯带第2个灯珠的R、G、B数值分别设为0、255、0,该数值对应绿色
np.write()                #启动写入R、G、B数值到第2个灯珠
np[2] = (0, 0, 255)       #将灯带第3个灯珠的R、G、B数值分别设为0、0、255,该数值对应蓝色
np.write()                #启动写入R、G、B数值到第3个灯珠
np[3] = (255, 255, 0)     #设置灯带第4个灯珠的R、G、B数值分别为255、255、0,该数值对应黄色
np.write()                #启动写入R、G、B数值到第4个灯珠
np[4] = (255, 255, 255) #将灯带第3个灯珠的R、G、B数值分别设为255、255、255,该数值对应白色
np.write()                #启动写入R、G、B数值到第5个灯珠
```

图 3-33　用 NeoPixel 类及方法控制 WS2812B 灯带的 5 个灯珠分别显示红、绿、蓝、黄和白色的程序

3.3.5　RGB 全彩 LED 灯的程序及说明

在 Thonny 软件文件管理区的 MyESP32 文件夹中建立一个“RGB 全彩 LED 灯”的文件夹，在该文件夹中新建一个 main.py 文件，双击打开 main.py 文件，编写 RGB 全彩 LED 灯程序，如图 3-34 所示。

main.py ×

```
'''5个WS2812B全彩灯珠的灯带实验,先以一种颜色逐个点亮5个灯珠(间隔200ms),
    然后切换到下一种颜色进行,颜色按红、橙、黄、绿、青、蓝、紫、白的顺序反复'''
from machine import Pin          #从machine模块导入Pin类
from neopixel import NeoPixel    #从neopixel模块导入NeoPixel类
import time                      #导入time模块

pin=Pin(16,Pin.OUT)      #用Pin类将GPIO16引脚设为输出模式,再用pin代表该对象
rgbled=NeoPixel(pin,5)   #用NeoPixel类将pin对象设为5个灯珠的输出控制端,再用rgbled代表该对象

red=(255,0,0)            #创建名称为red(红色)的元组,该元组有3个元素,分别是255、0、0
orange=(255,128,0)       #创建名称为orange(橙色)的元组
yellow=(255,255,0)       #创建名称为yellow(黄色)的元组
green=(0,255,0)          #创建名称为green(绿色)的元组
cyan=(0,255,255)         #创建名称为cyan(青色)的元组
blue=(0,0,255)           #创建名称为blue(蓝色)的元组
violet=(255,0,255)       #创建名称为violet(紫色)的元组
white=(255,255,255)      #创建名称为white(白色)的元组
colors=(red,orange,yellow,green,cyan,blue,violet,white) #创建名称为colors的包含8个元组的元组

if __name__=="__main__":  #如果当前程序文件为主程序(顶层模块),则执行冒号下方缩进相同的代码块,否则
                          #执行代码块之后的内容,若程序运行时从其他文件开始,本文件就不是主程序文件
    while True:               #while为循环语句,若右边的值为真或表达式成立,反复执行冒号下方的
                              #循环体(缩进相同的代码),否则执行循环体之后的内容
        for color in colors:  #将colors元组的8个元组依次逐个赋给变量color,本for语句循环执行8次,
                              #先将red元组赋给color,再执行下方循环体,然后将orange元组赋给color
            for i in range(5): #for语句循环执行5次,range函数依次将0~4赋给i,赋值1次执行1次循环体
                rgbled[i]=color       #将color的R、G、B数值赋给rgbled对象作为i号灯珠的颜色值
                rgbled.write()        #执行write函数,启动rgbled对象输出颜色值,点亮i号灯珠
                time.sleep_ms(200)    #执行time模块中的sleep_ms函数,延时200ms
                rgbled[i]=(0,0,0)     #将0、0、0赋给rgbled对象作为i号灯珠的颜色值,熄灭i号灯珠
```

图 3-34　RGB 全彩 LED 灯的程序及说明

程序说明：第 3~5 行程序用于导入程序需要的 Pin 类、NeoPixel 类和 time 模块，第 7 行程序用 Pin 创建一个 pin 对象，第 8 行程序用 NeoPixel 类创建一个 rgbled 对象（在 pin 对象基础上扩展属性形成的新对象），第 10~17 行程序创建 8 种颜色的 RGB 数值元组，第 18 行程序创建一个包含 8 个颜色数值元组的元组，第 20 行用于指定本行冒号下方有缩进格式的代码为主程序才可执行的代码，第 22~30 行程序因 while 语句判断为真，故会无限循环执行，每当 while 语句执行一次时，第 1 个 for 语句（第 24~30 行程序）会循环执行 8 次，第 2 个 for 语句（第 26~30 行程序）则执行 8×5 = 40 次，即第 1 个 for 语句执行一次将 colors 元组中的一个 RGB 颜色值传递给 color 时，第 2 个 for 语句会执行 5 次，将 color 颜色值从 GPIO16 引脚输出 5 次（每次间隔 200ms），让 5 个灯珠以同种颜色逐个点亮，第 1 个 for 语句再次执行时，将 colors 元组中的下一个 RGB 颜色值传递给 color，第 2 个 for 语句又会执行 5 次，让 5 个灯珠以该种颜色逐个点亮，如此反复。

第 4 章 按键输入与蜂鸣器、继电器电路及编程实例

4.1 按键输入电路及编程实例

4.1.1 按键开关的抖动及解决方法

1. 开关输入电路与开关的抖动

图 4-1a 是一种简单的开关输入电路。在理想状态下，当按下开关 S 时，给单片机输入一个 "0"（低电平）；当 S 断开时，则给单片机输入一个 "1"（高电平）。但实际上，当按下开关 S 时，由于手的抖动，S 会断开、闭合几次，然后稳定闭合，所以按下开关时，给单片机输入的低电平不稳定，而是高、低电平变化几次（持续 10~20ms），再保持为低电平，同样在 S 弹起时也有这种情况。开关通断时产生的开关输入信号如图 4-1b 所示。开关抖动给单片机输入不正常的信号后，可能会使单片机产生误动作，应设法消除开关的抖动。

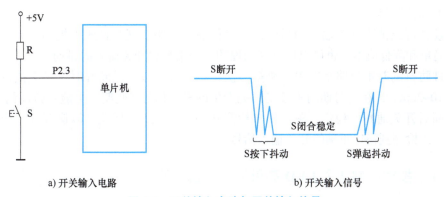

图 4-1 开关输入电路与开关输入信号

2. 开关输入抖动的解决方法

开关输入抖动的解决方法有硬件防抖法和软件防抖法。

（1）硬件防抖

硬件防抖的方法很多，图 4-2 是两种常见的硬件防抖电路。

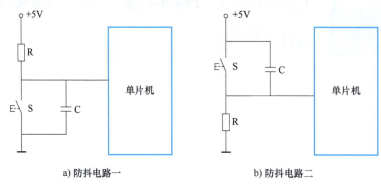

图 4-2　两种常见的开关输入硬件防抖电路

在图 4-2a 中，当开关 S 断开时，+5V 电压经电阻 R 对电容 C 充电，在 C 上充得 +5V 电压；当按下开关，S 闭合时，由于开关电阻小，电容 C 通过开关迅速将两端电荷放掉，两端电压迅速降低（接近 0V），单片机输入为低电平，在按下开关时，由于手的抖动会导致开关短时断开，+5V 电压经 R 对 C 充电，但由于 R 阻值大，短时间电容 C 充电很少，电容 C 两端电压基本不变，故单片机输入仍为低电平，从而保证在开关抖动时仍可给单片机输入稳定的电平信号。图 4-2b 所示防抖电路的工作原理读者可自行分析。

如果采用图 4-2 所示的防抖电路，选择 RC 的值比较关键，RC 元件的值可以用下式计算：

$$t<0.357RC$$

因为抖动时间一般为 10~20ms，如果 $R=10\text{k}\Omega$，那么 C 可在 2.8~5.6μF 之间选择，通常选择 3.3μF。

（2）软件防抖

用硬件可以消除开关输入的抖动，但会使输入电路变复杂且成本提高，为使硬件输入电路简单和降低成本，也可以用软件编程的方法来消除开关输入的抖动。

软件防抖的基本思路是在单片机第一次检测到开关按下或断开时，马上执行延时程序（需 10~20ms），在延时期间不接受开关产生的输入信号（此期间可能是抖动信号），经延时时间后开关通断已稳定，单片机再检测开关的状态，这样就可以避开开关产生的抖动信号，而检测到稳定正确的开关输入信号。

4.1.2　4 个按键控制 4 个 LED 亮灭的单片机电路

4 个按键控制 4 个 LED 亮灭的单片机电路如图 4-3 所示。k1、k2、k3、k4 键分别控制 led1、led2、led3、led4 的亮灭，以 k1 键为例，当 k1 键第一次按下时，单片机的 GPIO14 引脚输入低电平，内部程序运行，从 GPIO14 引脚输出高电平，该端口外接 led1 亮，k1 键再次按下时，单片机的 GPIO14 引脚输出电平变高，外接 led1 灭。

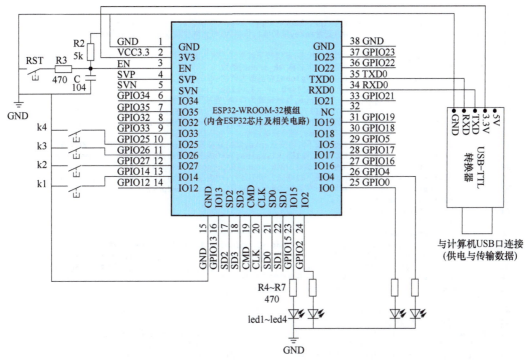

图 4-3　4 个按键控制 4 个 LED 亮灭的单片机电路

4.1.3　4 个按键控制 4 个 LED 亮灭的程序及说明

4 个按键控制 4 个 LED 亮灭的程序及说明如图 4-4 所示。程序先导入 Pin 类和 time 模块，然后用 Pin 类将 GPIO14、GPIO27、GPIO26 和 GPIO25 引脚都配置为输入上拉模式以分别用作 k1~k4 键的输入引脚，将 GPIO15、GPIO2、GPIO0 和 GPIO4 引脚都配置为输出模式以用作控制 led1~led4 的输出引脚，接着定义一个按键检测函数 k_scan()，用于检测按键状态，再运行主程序反复执行 k_scan 函数检测按键状态，当检测到 k1~k4 中的某个键按下时，将 led1~led4 中对应的 LED 点亮，再次检测到有按键按下时则将 LED 熄灭。

```python
#4个按键分别控制4个LED亮灭；按键按一次LED亮，再按一次LED灭#
from machine import Pin      #从machine模块中导入Pin类
import time                   #导入time模块

#用Pin类将GPIO14、GPIO27、GPIO26和GPIO25引脚都设为输入上拉模式，分别用作k1～k4键的输入引脚#
k1=Pin(14,Pin.IN,Pin.PULL_UP)   #用Pin类将GPIO14引脚设为输入模式且内接上拉电阻，再用k1代表该对象
k2=Pin(27,Pin.IN,Pin.PULL_UP)   #用Pin类将GPIO27引脚设为输入模式且内接上拉电阻，再用k2代表该对象
k3=Pin(26,Pin.IN,Pin.PULL_UP)
k4=Pin(25,Pin.IN,Pin.PULL_UP)

#用Pin类将GPIO15、GPIO2、GPIO0和GPIO4引脚都设为输出模式，分别用作控制led1～led4的输出端口#
led1=Pin(15,Pin.OUT)            #用Pin类将GPIO15引脚设为输出模式，再用led1代表该对象
led2=Pin(2,Pin.OUT)             #用Pin类将GPIO2引脚设为输出模式，再用led2代表该对象
led3=Pin(0,Pin.OUT)
led4=Pin(4,Pin.OUT)
```

图 4-4　4 个按键控制 4 个 LED 亮灭的程序及说明

```
16
17    k1pr,k2pr,k3pr,k4pr=1,2,3,4    #将k1pr、k2pr、k3pr、k4pr分别赋值1、2、3、4,k*pr用作键值(代号)
18    enkey=1                        #将变量enkey赋初值1,该值为1时允许检测按键,为0时不会检测按键
19
20    #定义按键检测函数k_scan(),用于检测按键状态,某键按下时返回该键的键值(代号),无键按下时返回0#
21    def k_scan():                  #定义一个名称为k_scan的函数
22        global enkey               #用关键字global将函数内部的enkey定义为全局变量,函数外部可访问该变量
23        kpress=(k1.value()==0 or k2.value()==0 or k3.value()==0 or k4.value()==0)
24            #or为或运算,or两侧只要有一个为True,其结果就为True,当按下某个键时,k*.value()==0成立(True),
25            #3个or结果为真,kpress值为True(),例如:(True or 0 or 1 or Flase)=True
26        if enkey==1 and kpress:    #如果enkey值为1且kpress值也为True(有键按下),执行下方缩进代码
27            time.sleep_ms(10)      #延时10ms,避开按键通断时产生抖动干扰信号
28            enkey=0                #按键按下时将变量enkey赋0,这样在松开(enkey=1)前不会再检测按键
29            if k1.value()==0:      #如果按下k1键,k1.value()==0成立(True),执行下行的"return k1pr"
30                return k1pr        #将k1pr值返回给k_scan函数,k_scan()=k1pr=1
31            elif k2.value()==0:    #如果按下k2键,k2.value()==0成立(True),执行下行的"return k2pr"
32                return k2pr        #将k2pr值返回给k_scan函数,k_scan()=k2pr=2
33            elif k3.value()==0:
34                return k3pr
35            elif k4.value()==0:
36                return k4pr
37        elif k1.value()==1 and k2.value()==1 and k3.value()==1 and k4.value()==1:
38            #and为与运算,and两侧只有全为True,其结果才为True,按键未按下时,k*.value()==1成立(True),
39            #k1~k4均为按下时,3个and运算结果为True,elif判断为真,执行"enkey=1",否则执行"return 0"
40            enkey=1                #无按键按下或按键已松开,将变量enkey赋1
41        return 0                   #将0返回给k_scan函数,k_scan()=0,表示未按下任何键
42
43    '''主程序:先将控制LDE1~LDE4的引脚输出值清0,再执行k_scan函数检测按键状态,某键按下时,
44    将对应LED的输出值取反,即按一次LED亮,再按一次LED灭'''
45    if __name__=="__main__":       #如果当前程序文件为main主程序(顶层模块),则执行冒号下方缩进代码块
46        k=0                        #将变量k赋初值0,用该变量获取k_scan函数的返回值
47        iled1,iled2,iled3,iled4=0,0,0,0    #声明4个变量iled1、iled2、iled3、iled4,并全部赋0
48        led1.value(iled1)          #让led1控制引脚(GPIO15)输出低电平(iled1=0)
49        led2.value(iled2)          #让led2控制引脚(GPIO2)输出低电平(iled2=0)
50        led3.value(iled3)          #让led3控制引脚(GPIO0)输出低电平(iled3=0)
51        led4.value(iled4)          #让led4控制引脚(GPIO4)输出低电平(iled4=0)
52        while True:                #while为循环语句,若右边的值为真或表达式成立,反复执行下方的
53                                   #循环体(缩进相同的代码),否则执行循环之后的内容
54            k=k_scan()             #执行k_scan函数检测k1~k4键的状态并返回键值(按键的代号),赋给变量k
55            if k==k1pr:            #如果k=k1pr=1,说明按下k1键,执行下方缩进代码,否则执行之后的elif语句
56                iled1=not iled1    #将iled1值取反
57                led1.value(iled1)  #让led1控制引脚(GPIO15)输出iled1值,点亮或熄灭led1
58            elif k==k2pr:          #如果k=k2pr=2,说明按下k2键,执行下方缩进代码,否则执行之后的elif语句
59                iled2=not iled2    #将iled2值取反
60                led2.value(iled2)  #让led2控制引脚(GPIO2)输出iled2值,点亮或熄灭led2
61            elif k==k3pr:          #如果按下k3键
62                iled3=not iled3    #将iled3值取反
63                led3.value(iled3)  #让led3控制引脚(GPIO0)输出iled3值,点亮或熄灭led3
64            elif k==k4pr:          #如果按下k4键
65                iled4=not iled4    #将iled4值取反
66                led4.value(iled4)  #让led4控制引脚(GPIO4)输出iled4值,点亮或熄灭led4
67
```

图 4-4 4 个按键控制 4 个 LED 亮灭的程序及说明（续）

4.2 蜂鸣器电路及编程实例

4.2.1 蜂鸣器介绍

蜂鸣器是一种一体化结构的电子讯响器，广泛用作空调器、计算机、打印机、复印机、报警器、电子玩具、汽车电子设备、电话机、定时器等电子产品的发声器件。

1. 外形与符号

蜂鸣器实物外形和符号如图 4-5 所示，蜂鸣器在电路中用字母"H"或"HA"表示。

图 4-5 蜂鸣器

2. 种类及结构原理

蜂鸣器种类很多，根据发声材料不同，可分为压电式蜂鸣器和电磁式蜂鸣器，根据是否含有音源电路，可分为无源蜂鸣器和有源蜂鸣器。

（1）压电式蜂鸣器

有源压电式蜂鸣器主要由音源电路（多谐振荡器）、压电蜂鸣片、阻抗匹配器及共鸣腔、外壳等组成。有的压电式蜂鸣器外壳上还装有发光二极管。多谐振荡器由晶体管或集成电路构成，只要提供直流电源（1.5~15V），音源电路会产生 1.5~2.5kHz 的音频信号，经阻抗匹配器推动压电蜂鸣片发声。压电蜂鸣片由锆钛酸铅或铌镁酸铅压电陶瓷材料制成，在陶瓷片的两面镀上银电极，经极化和老化处理后，再与黄铜片或不锈钢片粘在一起。无源压电蜂鸣器内部不含音源电路，需要外部提供音频信号才能使之发声。

（2）电磁式蜂鸣器

有源电磁式蜂鸣器由音源电路、电磁线圈、磁铁、振动膜片及外壳等组成。接通电源后，音源电路产生的音频信号电流通过电磁线圈，使电磁线圈产生磁场。振动膜片在电磁线圈和磁铁的相互作用下，周期性地振动发声。无源电磁式蜂鸣器的内部无音源电路，需要外部提供音频信号才能使之发声。

3. 类型判别

无源蜂鸣器和有源蜂鸣器判别方法如下：

1）从外观上看，有源蜂鸣器引脚有正、负极性之分（引脚旁会标注极性或用不同颜色引线），无源蜂鸣器引脚则无极性，这是因为有源蜂鸣器内部音源电路的供电有极性要求。

2）给蜂鸣器两引脚加合适的电压（3~24V），能连续发声的为有源蜂鸣器，当接通、断开电源时发出"咔咔"声的为无源电磁式蜂鸣器，不发声的为无源压电式蜂鸣器。

3）用万用表合适的电阻档测量蜂鸣器两引脚间的正、反向电阻，正、反向电阻相同且很小（一般为 8Ω 或 16Ω 左右，用 R×1Ω 档测量）的为无源电磁式蜂鸣器，正、反向电阻均为无穷大（用 R×10kΩ 档）的为无源压电式蜂鸣器，正、反向电阻在几百欧以上且测量时可能会发出连续音的为有源蜂鸣器。

4. 用数字万用表检测蜂鸣器

在用数字万用表检测蜂鸣器时，选择 20kΩ 档，红、黑表笔接蜂鸣器的两个引脚，正、反向各测一次，如图 4-6a 和图 4-6b 所示，两次测量均显示溢出符号 0L，该蜂鸣器可能是无源压电式蜂鸣器或者有源蜂鸣器，再将一个 5V 电压（可用手机充电器的输出电压）接到蜂鸣器两个引脚（提供电源），如图 4-6c 所示，听有无声音发出，若无声音，可将蜂鸣器两引脚的 5V 电压极性对调，如果有声音发出，则为有源蜂鸣器，5V 电压正极所接引脚为有源蜂鸣器的正极，另一个引脚为负极。

a) 测量蜂鸣器两引脚的电阻　　　　　　　　b) 对换表笔测量蜂鸣器两引脚的电阻

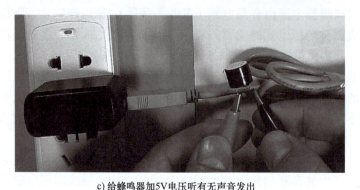

c) 给蜂鸣器加5V电压听有无声音发出

图 4-6　用数字万用表检测蜂鸣器类型

4.2.2　单片机驱动蜂鸣器的电路

ESP32 单片机使用 ULN2003 芯片驱动蜂鸣器的电路如图 4-7 所示。ULN2003 是一个由 7 个达林顿管（复合晶体管）组成的七路驱动放大芯片，在 5V 的工作电压下能与 TTL 和 CMOS 电路直接连接。

4.2.3　有源蜂鸣器和无源蜂鸣器发声控制的程序及说明

有源蜂鸣器只要提供电源，内部的电路就会产生固定的音频信号驱动发声单元发声，而无源蜂鸣器需要外部电路提供音频信号（20~20kHz）才能发声。

有源蜂鸣器和无源蜂鸣器发声控制电路如前图 4-7 所示，其程序如图 4-8 所示。程序的第 13 行代码让单片机 GPIO16 引脚输出高电平，送到 ULN2003 的 6 号引脚，内部放大电路的晶体管导通，11 号引脚与 8 号引脚之间接通，有源蜂鸣器两端获得 5V 电压而发声；程序的第 14~19 行代码让单片机 GPIO17 引脚输出周期为 0.5ms、频率为 2kHz、占空比为 40% 的音频信号，驱动无源蜂鸣器发声，信号的占空比、周期和频率可通过改变高低电平的时间来更改。如果希望 GPIO17 引脚输出周期为 1ms、频率为 1kHz、占空比为 30% 的方波音频信号，可让高电平持续时间为 300μs、低电平持续时间为 700μs。

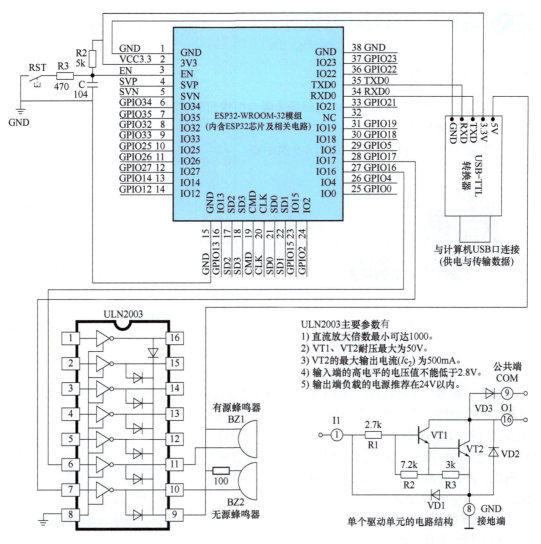

图 4-7　ESP32 单片机使用 ULN2003 芯片驱动蜂鸣器的电路

图 4-8　有源蜂鸣器和无源蜂鸣器发声控制程序

4.3 继电器电路及编程实例

4.3.1 继电器介绍

继电器是一种利用线圈通电产生磁场来吸合衔铁而驱动触点开关通、断的元器件。

1. 外形与图形符号

继电器实物外形和图形符号如图 4-9 所示。

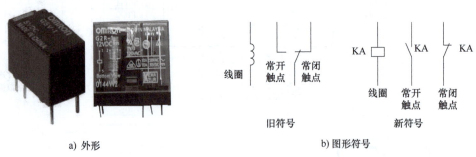

图 4-9 继电器

2. 应用电路

继电器典型应用电路如图 4-10 所示。当开关 S 断开时，继电器线圈无电流流过，线圈不会产生磁场，继电器的常开触点断开，常闭触点闭合，灯泡 HL1 不亮，灯泡 HL2 亮。当开关 S 闭合时，继电器的线圈有电流流过，线圈产生磁场吸合内部衔铁，使常开触点闭合、常闭触点断开，结果灯泡 HL1 亮，灯泡 HL2 熄灭。

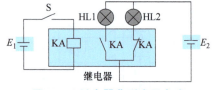

图 4-10 继电器典型应用电路

3. 主要参数

（1）额定工作电压

额定工作电压是指继电器正常工作时线圈所需要的电压。根据继电器的型号不同，可以是交流电压，也可以是直流电压。继电器线圈所加的工作电压，一般不要超过额定工作电压的 1.5 倍。

（2）吸合电流

吸合电流是指继电器能够产生吸合动作的最小电流。在正常使用时，通过线圈的电流必须略大于吸合电流，这样继电器才能稳定地工作。

（3）直流电阻

直流电阻是指继电器线圈的直流电阻。直流电阻的大小可以用万用表测量。

（4）释放电流

释放电流是指继电器产生释放动作的最大电流。当继电器线圈的电流减小到释放电流值时，继电器就会恢复到释放状态。释放电流远小于吸合电流。

（5）触点电压和电流

触点电压和电流又称触点负荷，是指继电器触点允许承受的电压和电流。在使用时，不能超过此值，否则继电器的触点容易损坏。

4. 继电器的检测

继电器的检测包括触点、线圈检测和吸合能力检测。

(1) 触点、线圈检测

继电器内部主要有触点和线圈，在判断继电器好坏时需要检测这两部分。

在检测继电器的触点时，万用表选择 R×1Ω 档，测量常闭触点的电阻，正常应为 0Ω，如图 4-11a 所示；若常闭触点阻值大于 0Ω 或为 ∞，说明常闭触点已氧化或开路。再测量常开触点间的电阻，正常应 ∞，如图 4-11b 所示，若常开触点阻值为 0Ω，说明常开触点短路。

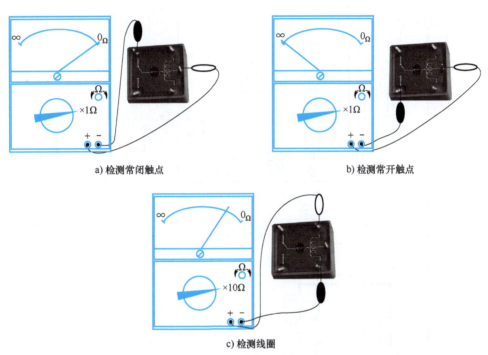

a) 检测常闭触点　　b) 检测常开触点

c) 检测线圈

图 4-11　检测继电器的触点和线圈

在检测继电器的线圈时，万用表选择 R×10Ω 或 R×100Ω 档，测量线圈两引脚之间的电阻，正常阻值应为 25Ω~2kΩ，如图 4-11c 所示。一般继电器线圈额定电压越高，线圈电阻越大。若线圈电阻为 ∞，则线圈开路；若线圈电阻小于正常值或为 0Ω，则线圈存在短路故障。

(2) 吸合能力检测

在检测继电器时，如果测量触点和线圈的电阻基本正常，还不能完全确定继电器就能正常工作，还需要通电检测线圈控制触点的吸合能力。

在检测继电器吸合能力时，给继电器线圈端加额定工作电压，如图 4-12 所示，再将万用

图 4-12　继电器吸合能力检测

表置于 R×1Ω 档，测量常闭触点的阻值，正常应为 ∞（线圈通电后常闭触点应断开），再测量常开触点的阻值，正常应为 0Ω（线圈通电后常开触点应闭合）。若测得常闭触点阻值为 0Ω，常开触点阻值为 ∞，则可能是线圈因局部短路而导致产生的吸合力不够，或者继电器内部触点切换部件损坏。

4.3.2 单片机继电器的电路

ESP32 单片机使用 ULN2003 芯片控制继电器的电路如图 4-13 所示。

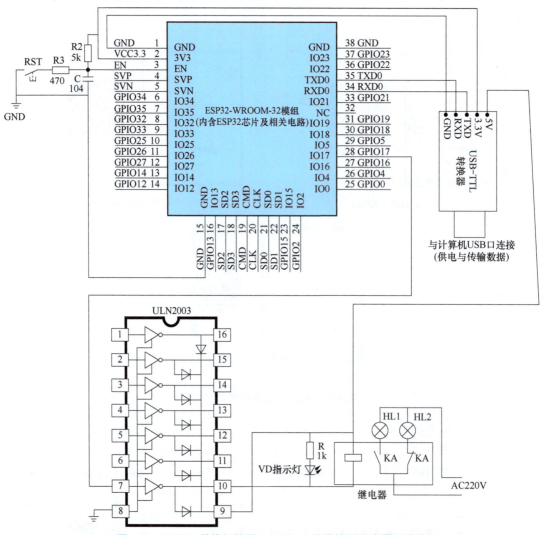

图 4-13　ESP32 单片机使用 ULN2003 芯片控制继电器的电路

4.3.3 单片机控制继电器电路的程序及说明

单片机控制继电器电路如前图 4-13 所示，其程序如图 4-14 所示。程序写入 ESP32 单片机运行时，让单片机 GPIO17 引脚交替输出高、低电平，两种电平切换时间间隔为 2s，该电平送到 ULN2003 的 7 号引脚，让 7、10 号引脚内部放大电路的晶体管交替导通、关断，继电器线圈反复通断电，线圈通电时常开触点闭合、常闭触点断开，HL1 灯泡亮、HL2 灯泡灭，线圈断电时常开触点断开、常闭触点闭合，HL1 灯泡灭、HL2 灯泡亮，每隔 4s 重复一次。

```python
#继电器通断控制：让GPIO17引脚 每隔2s切换一次输出电平,继电器随之发生通断状态转变#
from machine import Pin      #从machine模块中导入Pin类
import time                   #导入time模块

kapin=Pin(17,Pin.OUT)         #用Pin类将GPIO17引脚设为输出模式,再用kapin代表该对象

if __name__=="__main__":      #如果当前程序文件为主程序(顶层模块),则执行冒号下方缩进代码块,否则从代码块
                              #之后的无缩进代码开始执行,若程序运行时从其他文件开始,本文件就不是主程序文件
    i=0                       #将变量i赋初值0
    while True:               #while为循环语句,若右边的值为真或表达式成立,反复执行下方的
                              #循环体(缩进相同的代码),否则执行循环体之后的内容
        i=not i               #将i值取反
        kapin.value(i)        #将kapin对象(GPIO17引脚)的输出值设为i值
        time.sleep(2)         #执行time模块中的sleep_us函数,延时2s,让GPIO17引脚输出电平持续2s
```

图 4-14 继电器控制的程序

第 5 章 直流电动机、步进电动机与舵机驱动电路及编程实例

5.1 直流电动机的驱动电路及编程实例

5.1.1 直流电动机介绍

直流电动机是一种采用直流电源供电的电动机。直流电动机具有起动转矩大、调速性能好和磁干扰少等优点，不但可用在小功率设备中，还可用在大功率设备中，如大型可逆轧钢机、卷扬机、电力机车、电车等设备常用直流电机作为动力源。

1. 工作原理

直流电动机是根据通电导体在磁场中受力旋转来工作的。直流电动机的基本结构与工作原理如图 5-1 所示。电动机的换向器与转子绕组连接，换向器再与电刷接触，电动机在工作时，换向器与转子绕组同步旋转，而电刷静止不动。当直流电源通过导线、电刷、换向器为转子绕组供电时，通电的转子绕组在磁铁产生的磁场作用下会旋转起来。

直流电动机工作过程分析如下：

1）当转子绕组处于图 5-1a 所示的位置时，流过转子绕组的电流方向是电源正极→电刷 A→换向器 C→转子绕组→换向器 D→电刷 B→电源负极，根据左手定则可知，转子绕组上导线受到的作用力方向为左，下导线受力方向为右，于是转子绕组按逆时针方向旋转。

2）当转子绕组转至图 5-1b 所示的位置时，电刷 A 与换向器 C 脱离断开，电刷 B 与换向器 D 也脱离断开，转子绕组无电流通过，不受磁场作用力，但由于惯性作用，转子绕组会继续逆时针旋转。

3）在转子绕组由图 5-1b 位置旋转到图 5-1c 位置期间，电刷 A 与换向器 D 接触，电刷 B 与换向器 C 接触，流过转子绕组的电流方向是电源正极→电刷 A→换向器 D→转子绕组→换向器 C→电刷 B→电源负极，转子绕组上导线（即原下导线）受到的作用力方向为左，下导线（即原上导线）受力方向为右，转子绕组按逆时针方向继续旋转。

4）当转子绕组转至图 5-1d 所示的位置时，电刷 A 与换向器 D 脱离断开，电刷 B 与换向器 C 也脱离断开，转子绕组无电流通过，不受磁场作用力，由于惯性作用，转子绕组会继续逆时针旋转。

直流电动机、步进电动机与舵机驱动电路及编程实例 第5章

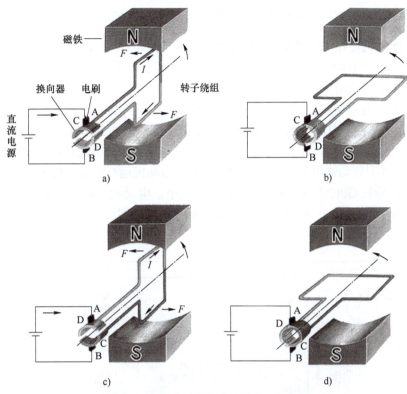

图 5-1 直流电动机基本结构与工作原理

以后会不断重复上述过程，转子绕组也连续地不断旋转。**直流电动机中的换向器和电刷的作用是当转子绕组转到一定位置时能及时改变转子绕组中电流的方向，这样才能让转子绕组连续不断地运转。**

2. 外形与结构

图 5-2 是一种小型直流电动机的外形与结构。直流电动机主要由磁铁、转子线圈、换向器、电刷和外壳组成，直流电源通过一对电刷和换向器提供给转子线圈，线圈产生的磁场与磁铁产生的磁场相互作用而转动起来，由于线圈绕在转子上，转子随之发生转动。

图 5-2 一种小型直流电动机的外形与结构

5.1.2 单片机使用 ULN2003 芯片驱动直流电动机的电路

ESP32 单片机使用 ULN2003 芯片驱动直流电动机的电路如图 5-3 所示。当按下 k1 键时，单片机 GPIO14 引脚输入低电平，内部程序运行后从 GPIO2、GPIO4 引脚输出高电平，GPIO2 引脚输出的高电平使 ULN2003 芯片 7 号引脚内部的晶体管导通，10、8 号引脚内部接通，有电流流过电动机（电流途径：+5V →直流电动机 M → ULN2003 芯片 10 号引脚流入→芯片内部导通的晶体管 C、E 极→芯片 8 号引脚输出→地），电动机运转，与此同时 GPIO4 引脚输出的高电平使 led 点亮，指示电动机运行；再次按下 k1 键时，GPIO2、GPIO4 引脚均输出低电平，电动机停转，电动机运行指示灯熄灭。当按 k2 键时，内部程序运行后从 GPIO2、GPIO4 引脚输出高电平，电动机运转、指示灯亮，同时开始 10s 延时，10s 后，GPIO2、GPIO4 引脚输出低电平，电动机停转、指示灯熄灭。

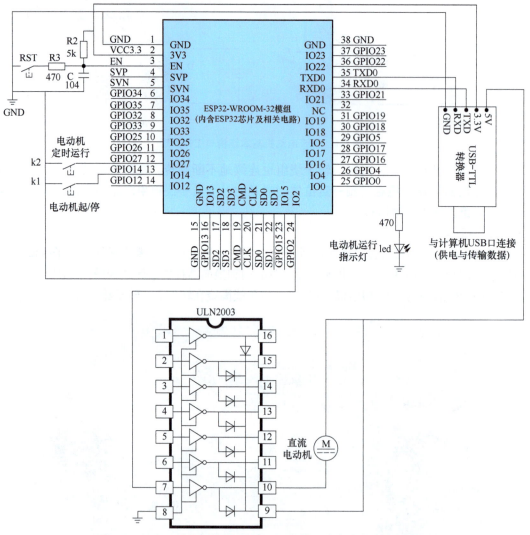

图 5-3　ESP32 单片机使用 ULN2003 芯片驱动直流电动机的电路

5.1.3 按键控制直流电动机起停和定时运行的程序及说明

按键控制直流电动机起停和定时运行的程序及说明如图 5-4 所示。程序先导入 Pin 类和 time 模块，然后用 Pin 类将 GPIO14、GPIO27 引脚配置为输入上拉模式，分别用作 k1、k2 键的输入引脚，将 GPIO15、GPIO2 引脚配置为输出模式，用作控制电动机和电动机运行指示灯的输出引脚，再执行主程序中 while 语句，反复检测 k1、k2 键的状态，如果 k1 键按下（1s<按下时间<2s），将 GPIO2、GPIO4 引脚输出值取反，控制电动机运转或停转、电动机运行指示灯亮或灭，如果 k2 键按下，让 GPIO2、GPIO4 引脚均输出高电平，电动机运转、电动机运行指示灯亮，延时 10s 后，让 GPIO2、GPIO4 引脚均输出低电平，电动机停转、电动机运行指示灯灭。

```
#按键控制电动机起停和定时运行:按一次k1键电动机运转,再次按则停转,按k2键起动电动机运转,持续10s后停转#
from machine import Pin        #从machine模块中导入Pin类
import time                    #导入time模块

#用Pin类将GPIO14、GPIO27引脚都设为输入上拉模式,分别用作k1、k2键的输入端口#
k1=Pin(14,Pin.IN,Pin.PULL_UP)  #用Pin类将GPIO14引脚设为输入模式且内接上拉电阻,再用k1代表该对象
k2=Pin(27,Pin.IN,Pin.PULL_UP)  #用Pin类将GPIO27引脚设为输入模式且内接上拉电阻,再用k2代表该对象

#用Pin类将GPIO15、GPIO2引脚都设为输出模式,分别用作电动机控制和电动机运行指示灯的输出控制引脚#
motor=Pin(15,Pin.OUT)          #用Pin类将GPIO15引脚设为输出模式,再用motor代表该对象
led=Pin(2,Pin.OUT)             #用Pin类将GPIO2引脚设为输出模式,再用led代表该对象

'''主程序:先将电动机控制引脚的输出值im清0,再执行k_scan函数检测按键状态,若k1键按下,将im值取反变为1,
电动机控制引脚输出高电平,电动机运转,同时led的控制引脚也输出高电平,led点亮,指示电动机运转,如果按下k2键,
则让电动机控制和led控制引脚均输出高电平,电动机运行且指示灯亮,然后延时10s,再控制电动机停转且熄灭指示灯'''
if __name__=="__main__":       #如果当前程序文件为main主程序(顶层模块),则执行冒号下方缩进代码块
    im=0                       #声明变量im并初赋0,im为电动机控制输出值(电平)
    while True:                #while为循环语句,若右边的值为真或表达式成立,反复执行下方的
                               #循环体(缩进相同的代码),否则执行循环之后的内容
        if k1.value()==0:      #如果按下k1键,k1.value()==0成立(True),执行下方缩进代码
            time.sleep_ms(1000) #执行time模块中的sleep_ms函数,延时1s,k1键闭合1s以上才有效
            if k1.value()==0:  #如果k1键仍处于闭合,k1.value()==0成立(True),执行下方缩进代码
                im=not im      #将im值取反
                motor.value(im) #让电动机控制引脚(GPIO15)输出im值,起动或停止电动机运行
                led.value(im)   #让led控制引脚(GPIO2)输出im值,点亮或熄灭电动机运行指示灯
        if k2.value()==0:      #如果按下k2键,k2.value()==0成立(True),执行下方缩进代码
            time.sleep_ms(15)  #延时15ms,避开按键通断时产生抖动干扰信号
            if k2.value()==0:  #如果k2键仍处于闭合,k2.value()==0成立(True),执行下方缩进代码
                motor.value(1)  #让电动机控制引脚(GPIO15)输出高电平,起动电动机运行
                led.value(1)    #让led控制引脚(GPIO2)输出高电平,点亮电动机运行指示灯
                time.sleep(10)  #延时10s,让电动机运转10s
                motor.value(0)  #让电动机控制引脚(GPIO15)输出低电平,停止电动机运行
                led.value(0)    #让led控制引脚(GPIO2)输出低电平,熄灭电动机运行指示灯
```

图 5-4 按键控制直流电动机起停和定时运行的程序及说明

5.2 步进电动机的驱动电路及编程实例

5.2.1 步进电动机基本结构与工作原理

步进电动机是一种用电脉冲控制运转的电动机，每输入一个电脉冲，就会旋转一定的角度，因此步进电动机又称为脉冲电动机。 步进电动机的转速与脉冲频率成正比，脉冲频率越高，单位时间内输入电动机的脉冲个数越多，旋转角度越大，即转速越快。步进电动机广泛用在雕刻机、激光制版机、贴标机、激光切割机、喷绘机、数控机床、机器手等各种中大型自动化设备和仪器中。

1. 外形

步进电动机的外形如图 5-5 所示。

图 5-5　步进电动机的外形

2. 步进电动机工作原理

在说明步进电动机工作原理前，先来分析图 5-6 所示的实验现象。

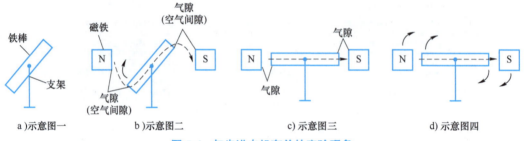

图 5-6　与步进电机有关的实验现象

在图 5-6 所示实验中，一根铁棒斜放在支架上，若将一对磁铁靠近铁棒，N 极磁铁产生的磁力线会通过气隙、铁棒和气隙到达 S 极磁铁，如图 5-6b 所示。由于磁力线总是力图通过磁阻最小的途径，它对铁棒产生作用力，使铁棒旋转到水平位置，如图 5-6c 所示，此时磁力线所经磁路的磁阻最小（磁阻主要由 N 极与铁棒的气隙和 S 极与铁棒间的气隙大小决定，气隙越大，磁阻越大，铁棒处于图 5-6c 位置时的气隙最小，因此磁阻也最小）。这时若顺时针旋转磁铁，为了保持磁路的磁阻最小，磁力线对铁棒产生作用力使之也顺时针旋转，如图 5-6d 所示。

步进电动机种类很多，根据运转方式可分为旋转式、直线式和平面式，其中旋转式应用最为广泛。旋转式步进电动机又分为永磁式和反应式，永磁式步进电动机的转子采用永久磁铁制成，反应式步进电动机的转子采用软磁性材料制成。由于反应式步进电动机具有反应快、惯性小和速度高等优点，因此应用很广泛。下面以图 5-7 所示的三相六极式步进电动机为例进行说明，其工作方式有单三拍、双三拍和单双六拍。

（1）单三拍工作方式

图 5-7 是一种三相六极式步进电动机，它主要由凸极式定子、定子绕组和带有 4 个齿的转子组成。

直流电动机、步进电动机与舵机驱动电路及编程实例 第 5 章

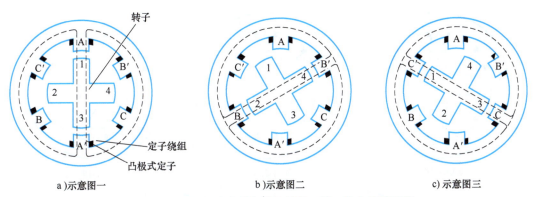

a)示意图一　　　　　　　b)示意图二　　　　　　　c)示意图三

图 5-7　三相六极式步进电动机的单三拍工作方式说明图

三相六极式步进电动机的单三拍工作方式说明如下：

1）当 A 相定子绕组通电时，如图 5-7a 所示，A 相绕组产生磁场，由于磁场磁力线力图通过磁阻最小的路径，在磁场的作用下，转子旋转使齿 1、3 分别正对 A、A′ 极。

2）当 B 相定子绕组通电时，如图 5-7b 所示，B 相绕组产生磁场，在绕组磁场的作用下，转子旋转使齿 2、4 分别正对 B、B′ 极。

3）当 C 相定子绕组通电时，如图 5-7c 所示，C 相绕组产生磁场，在绕组磁场的作用下，转子旋转使 3、1 齿分别正对 C、C′ 极。

从图中可以看出，当 A、B、C 相按 A→B→C 顺序依次通电时，转子逆时针旋转，并且转子齿 1 由正对 A 极运动到正对 C′；若按 A→C→B 顺序通电，转子则会顺时针旋转。给某定子绕组通电时，步进电动机会旋转一个角度；若按 A→B→C→A→B→C→…顺序依次不断给定子绕组通电，转子就会连续不断地旋转。

图 5-7 为三相单三拍反应式步进电动机，其中"三相"是指定子绕组为三组，"单"是指每次只有一相绕组通电，"三拍"是指在一个通电循环周期内绕组有 3 次供电切换。**步进电动机的定子绕组每切换一相电源，转子就会旋转一定的角度，该角度称为步进角**。在图 5-7 中，步进电动机定子圆周上平均分布着 6 个凸极，任意两个凸极之间的角度为 60°，转子每个齿由一个凸极移到相邻的凸极需要前进两步，因此该转子的步进角为 30°。**步进电动机的步进角可用下面的公式计算：**

$$\theta = \frac{360°}{ZN}$$

式中，Z 为转子的齿数；N 为一个通电循环周期的拍数。

图 5-7 中的步进电动机的转子齿数 $Z=4$，一个通电循环周期的拍数 $N=3$，则步进角 $\theta=30°$。

（2）单双六拍工作方式

三相六极式步进电动机以单三拍方式工作时，步进角较大，转矩小且稳定性较差；如果以单双六拍方式工作，步进角较小，转矩较大，稳定性更好。三相六极式步进电动机的单双六拍工作方式说明如图 5-8 所示。

三相六极式步进电动机的单双六拍工作方式说明如下：

1）当 A 相定子绕组通电时，如图 5-8a 所示，A 相绕组产生磁场，由于磁场磁力线力图通过磁阻最小的路径，在磁场的作用下，转子旋转使齿 1、3 分别正对 A、A′ 极。

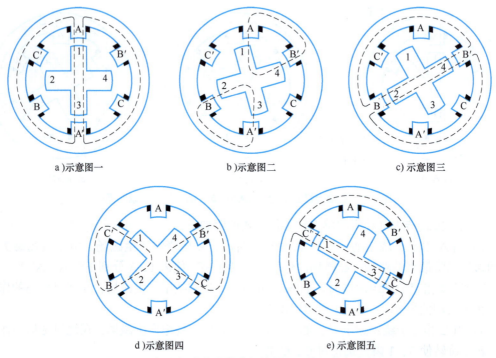

a) 示意图一　　　　　　　b) 示意图二　　　　　　　c) 示意图三

d) 示意图四　　　　　　　e) 示意图五

图 5-8　三相六极式步进电动机的单双六拍工作方式说明图

2) 当 A、B 相定子绕组同时通电时，A、B 相绕组产生图 5-8b 所示的磁场，在绕组磁场的作用下，转子旋转使齿 2、4 分别向 B、B′ 极靠近。

3) 当 B 相定子绕组通电时，如图 5-8c 所示，B 相绕组产生磁场，在绕组磁场的作用下，转子旋转使 2、4 齿分别正对 B、B′ 极。

4) 当 B、C 相定子绕组同时通电时，如图 5-8d 所示，B、C 相绕组产生磁场，在绕组磁场的作用下，转子旋转使齿 3、1 分别向 C、C′ 极靠近。

5) 当 C 相定子绕组通电时，如图 5-8e 所示，C 相绕组产生磁场，在绕组磁场的作用下，转子旋转使 3、1 齿分别正对 C、C′ 极。

从图中可以看出，当 A、B、C 相按 A→AB→B→BC→C→CA→A…顺序依次通电时，转子逆时针旋转，每一个通电循环分 6 拍，其中 3 个单拍通电，3 个双拍通电，因此这种工作方式称为三相单双六拍。三相单双六拍步进电动机的步进角为 15°。

三相六极式步进电动机还有一种双三拍工作方式，每次同时有两个绕组通电，按 AB→BC→CA→AB…顺序依次通电切换，一个通电循环分 3 拍。

3. 结构

三相六极式步进电动机的步进角比较大，若用它们作为传动设备动力源时往往不能满足精度要求。为了减小步进角，实际中通常在步进电动机定子凸极和转子上开很多小齿，这样可以大大减小步进角。步进电动机的结构示意图如图 5-9

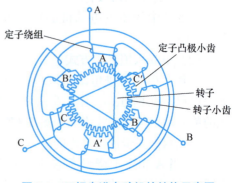

图 5-9　三相步进电动机的结构示意图

所示。步进电动机的实际结构如图 5-10 所示。

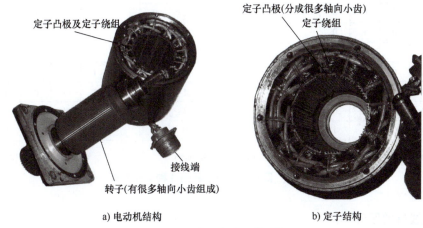

图 5-10 步进电动机的结构

5.2.2 一种五线四相步进电动机介绍

1. 外形、内部结构与接线图

图 5-11 是一种较常见的小功率 5V 五线四相步进电动机，A、B、C、D 四相绕组，对外接出 5 根线（4 根相线与 1 根接 5V 的电源线，在电动机上通常会标示电源电压。

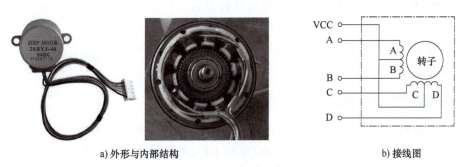

图 5-11 五线四相步进电动机

2. 工作方式

四相步进电动机有 3 种工作方式，分别是单四拍方式、双四拍方式和单双八拍方式，其通电规律如图 5-12 所示。其中，"1"表示通电，"0"表示断电。以单双八拍为例，进行步 0 时 A 相线圈通电，B、C、D 相线圈不通电，电机旋转一定的角度，接着进行步 1（A、B 相线圈通电，C、D 相线圈不通电），进行步 7 时，A、D 相线圈通电，B、C 相线圈不通电，然后又返回进行步 0，从步 0 到步 7，电机会旋转一周，每步时间越长，电动机旋转一周的时间越长，转速越慢。步进电动机按步 0、步 1、…、步 7 的顺序通电时正转，按步 7、步 6、…、步 0 的顺序通电时反转。

步	A	B	C	D
0	1	0	0	0
1	0	1	0	0
2	0	0	1	0
3	0	0	0	1
4	1	0	0	0
5	0	1	0	0
6	0	0	1	0
7	0	0	0	1

a) 单四拍(1相励磁)

步	A	B	C	D
0	1	1	0	0
1	0	1	1	0
2	0	0	1	1
3	1	0	0	1
4	1	1	0	0
5	0	1	1	0
6	0	0	1	1
7	1	0	0	1

b) 双四拍(2相励磁)

步	A	B	C	D
0	1	0	0	0
1	1	1	0	0
2	0	1	0	0
3	0	1	1	0
4	0	0	1	0
5	0	0	1	1
6	0	0	0	1
7	1	0	0	1

c) 单双八拍(1-2相励磁)

图 5-12 四相步进电动机的 3 种工作方式

3. 接线端的区分

五线四相步进电动机对外有 5 个接线端，分别是电源端、A 相端、B 相端、C 相端和 D 相端。五线四相步进电动机可通过查看导线颜色来区分各接线，其颜色规律如图 5-13 所示。

4. 检测

五线四相步进电动机有四组相同的绕组，故每相绕组的阻值基本相等，电源端与每相绕组的一端均连接，故电源端与每相绕组接线端之间的阻值基本相等，除电源端外，其他 4 个接线端中的任意两接线端之间的电阻均相同，为每相绕组阻值的两倍，为几十至几百欧。了解这些特点后，只要用万用表测量电源端与其他各接线端之间的电阻，正常四次测得的阻值基本相等，若某次测量阻值无穷大，则为该接线端对应的内部绕组开路。

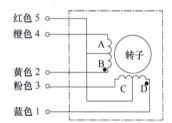

图 5-13 五线四相步进电动机接线端的一般颜色规律

5.2.3 按键控制单片机驱动步进电动机的电路

按键控制单片机驱动步进电动机的驱动电路如图 5-14 所示。单片机电路通电后，内部程序运行，从 GPIO15、GPIO2、GPIO0 和 GPIO4 引脚按步 0、步 1、…、步 7 的顺序输出 A、B、C、D 脉冲，通过 ULN2003 芯片驱动步进电动机正向旋转，当按 k1 键（正/反转键）时，则按步 7、步 6、…、步 0 的顺序输出脉冲，步机电动机反转，当按 k2 键（加速键）时，各步的 A、B、C、D 脉冲持续时间缩短，电动机转速变快，当按 k3 键（减速键）时，各步的 A、B、C、D 脉冲持续时间延长，电动机转速变慢。

5.2.4 按键控制步进电动机转向和加减速的程序及说明

按键控制步进电动机转向和加减速的程序及说明如图 5-15 所示。程序先导入 Pin 类和 time 模块，然后用 Pin 类将 GPIO14、GPIO27、GPIO26 和 GPIO25 引脚都配置为输入上拉模式，分别作为 k1~k4 键的输入引脚，将 GPIO15、GPIO2、GPIO0 和 GPIO4 引脚都配置为输出模式，分别用作发送 A、B、C、D 脉冲，再定义 k_scan 和 sendpulse_12 函数，

k_scan 函数用于检测按键状态，sendpulse_12 函数用于发送步 0~步 7 的 A、B、C、D 脉冲，之后执行主程序。

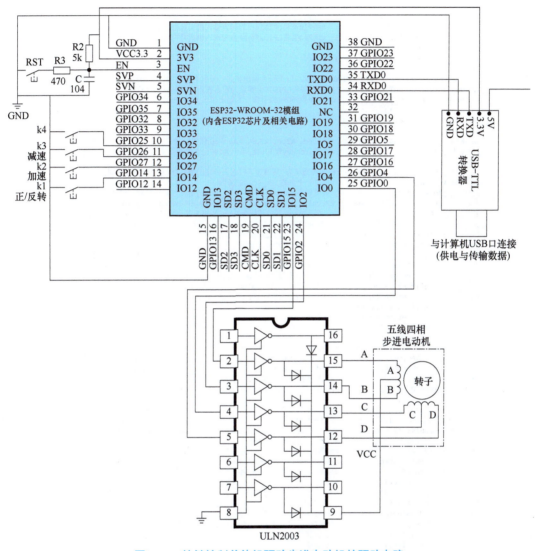

图 5-14 按键控制单片机驱动步进电动机的驱动电路

在执行主程序时，先给一些变量赋初值进行初始化，然后反复执行 while 语句中的循环体。在循环体中先用 k_scan 函数检测按键状态，无键按下时反复执行 sendpulse_12 函数及之后的代码，按初始值（正转、最高速度）和步 0→步 7 的顺序发送脉冲，步进电动机按最高速度正转；首次检测到 k1 键按下时，将 fx 取反为 0，再反复执行 sendpulse_12 函数及之后的代码，按步 7→步 0 的顺序发送脉冲，步进电动机以最高速度反转；当检测 k2 键按下时，将步时减小，再执行 sendpulse_12 函数及之后的代码，由于步时缩短，电动机旋转一周（步 0~步 7）所需的时间短，转速变快；当检测 k3 键按下时，将步时增加后反复执行 sendpulse_12 函数及之后的代码，电动机转速变慢。

```
main.py
1   '''按键控制步进电动机转向和加、减速:k1键控制电动机的转向,每按一次切换一次转向,k2键控制电动机加速,
2   每按一次提速一级,直至最高转速,k3键控制电动机减速,每按一次降速一级,直至最低转速'''
3   from machine import Pin        #从machine模块中导入Pin类
4   import time                    #导入time模块
5
6   #用Pin类将GPIO14、GPIO27、GPIO26和GPIO25引脚都设为输入上拉模式,分别用作k1~k4键的输入引脚#
7   k1=Pin(14,Pin.IN,Pin.PULL_UP)   #用Pin类将GPIO14引脚设为输入模式且内接上拉电阻,再用k1代表该对象
8   k2=Pin(27,Pin.IN,Pin.PULL_UP)   #用Pin类将GPIO27引脚设为输入模式且内接上拉电阻,再用k2代表该对象
9   k3=Pin(26,Pin.IN,Pin.PULL_UP)
10  k4=Pin(25,Pin.IN,Pin.PULL_UP)
11
12  #用Pin类将GPIO15、GPIO2、GPIO0和GPIO4引脚都设为输出模式,分别用作A、B、C、D脉冲的输出引脚#
13  pa=Pin(15,Pin.OUT)              #用Pin类将GPIO15引脚设为输出模式,再用pa代表该对象
14  pb=Pin(2,Pin.OUT)               #用Pin类将GPIO2引脚设为输出模式,再用pb代表该对象
15  pc=Pin(0,Pin.OUT)
16  pd=Pin(4,Pin.OUT)
17
18  k1pr,k2pr,k3pr,k4pr=1,2,3,4     #将k1pr、k2pr、k3pr、k4pr分别赋值1、2、3、4,k*pr用作键值(代号)
19  enkey=1                         #将变量enkey赋初值1,该值为1时允许检测按键,为0时不会检测按键
20
21  #定义按键检测函数k_scan(),用于检测按键状态,某按下时返回该键的键值(代号),无键按下时返回0#
22  def k_scan():                   #定义一个名称为k_scan的函数
23      global enkey                #用关键字global将函数内部的enkey定义为全局变量,函数外部可访问该变量
24      kpress=(k1.value()==0 or k2.value()==0 or k3.value()==0 or k4.value()==0)
25      #or为或运算,or两侧只要有一个为True,其结果就为True,当按下某个键时,k*.value()==0成立(True),
26      #3个or结果为真,kpress值为True(1),例如:(True or 0 or 1 or Flase)=True
27      if enkey==1 and kpress:     #如果enkey值为1且kpress值也为True(有键按下),执行下方缩进代码
28          time.sleep_ms(10)       #延时10ms,避免按键通断时产生抖动干扰信号
29          enkey=0                 #按键按下时将变量enkey赋0,这样在松开(enkey=1)前不会再检测按键
30          if k1.value()==0:       #如果按下k1键,k1.value()==0成立(True),执行下行的"return k1pr"
31              return k1pr         #将k1pr值返回给k_scan函数,k_scan()=k1pr=1
32          elif k2.value()==0:     #如果按下k2键,k2.value()==0成立(True),执行下行的"return k2pr"
33              return k2pr         #将k2pr值返回给k_scan函数,k_scan()=k2pr=2
34          elif k3.value()==0:
35              return k3pr
36          elif k4.value()==0:
37              return k4pr
38      elif k1.value()==1 and k2.value()==1 and k3.value()==1 and k4.value()==1:
39          #and为与运算,and两侧只有全为True,其结果才为True,按键未按下时,k*.value()==1成立(True),
40          #k1~k4均为按下时,3个and运算结果为True,elif判断为真,执行"enkey=1",否则执行"return 0"
41          enkey=1                 #无按键按下或按键已松开,将变量enkey赋1
42          return 0                #将0返回给k_scan函数,k_scan()=0,表示未按下任何键
43
44  '''sendpulse_12函数的功能是按fx值指定的方向发送step步的A、B、C、D脉冲,若fx=1,以单双四拍方式按
45  步0(单相脉冲)、步1(双相脉冲)、步2(单相脉冲)、...顺序发送脉冲,如果fx=0,则按步7、步6、...顺序发送'''
46  def sendpulse_12(step,fx):      #定义sendpulse_12函数,step(步号)、fx(方向)为输入参数,调用函数时赋值
47      temp=step                   #将step值赋给变量temp
48      if fx==0:                   #如果fx=0(0-反转,1-正转),执行冒号下方的缩进代码"temp=7-step"
49          temp=7-step             #将7-step值赋给temp,即fx=0时为反转,按步7、步6...顺序发送脉冲
50      if temp==0:                 #如果temp值(步号)为0,执行下方的缩进代码,发送步0的脉冲
51          pa.value(1)             #从GPIO15引脚输出高电平,发送A脉冲
52          pb.value(0)             #从GPIO2引脚输出低电平,不发送B脉冲
53          pc.value(0)             #从GPIO0引脚输出低电平,不发送C脉冲
54          pd.value(0)             #从GPIO4引脚输出低电平,不发送D脉冲
55      elif temp==1:               #如果temp值(步号)为1,执行下方的缩进代码,发送步1的脉冲
56          pa.value(1)             #发送A脉冲
57          pb.value(1)             #发送B脉冲
58          pc.value(0)             #不发送C脉冲
59          pd.value(0)             #不发送D脉冲
```

图 5-15 按键控制步进电动机转向和加减速的程序及说明

5.3 舵机的电路及编程实例

5.3.1 舵机的外形、结构与工作原理

舵机是一种位置(角度)伺服的驱动器,用于需要角度不断变化并可以保持的控制系统。舵机是伺服电动机的一种,最早用于船舶上实现转向功能,一些小型的舵机常用

在高档遥控玩具中，例如飞机、潜艇模型、遥控机器人等。舵机在航天方面也应用广泛，例如导弹姿态变换的俯仰、偏航、滚转运动都是靠舵机相互配合完成的。除此之外，舵机在许多其他工程设备上也有应用。

1. 外形

舵机可分为模拟式和数字式，其外形如图 5-16 所示，使用时将舵盘用螺钉固定在舵机的转轴上，再给舵机接通电源并送入角度控制信号，转轴带动舵盘旋转指定的角度。

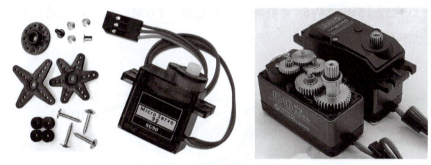

图 5-16　舵机外形与配件

2. 结构与工作原理

舵机的结构与组成框图如图 5-17 所示。在工作时，从外部将角度信号与电源提供给

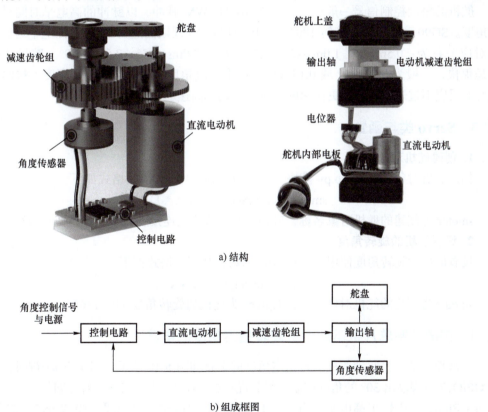

图 5-17　舵机的结构与组成框图

控制电路，控制电路驱动直流电动机旋转，经减速齿轮组减速后带动输出轴慢速转动，舵盘、角度传感器与输出轴同步转动，角度传感器（多采用环形旋转式电位器，旋转角度越大，电阻越大或越小）将转动的角度转换成对应的电信号送到控制电路，如果转动的角度与外部提供的角度控制信号相一致，控制电路控制直流电动机停转。

5.3.2 SG90 型舵机介绍

SG90 型舵机是一种模拟式的 180° 舵机，有三根线，分别是棕色线（GND，接地线，电源负）、红色线（5V，4.6~6.0V 电源）和黄色线（PWM，脉宽调制角度信号线），如图 5-18 所示。

图 5-18　SG90 型舵机

舵机的角度控制信号一般是周期为 20ms 的 PWM 脉冲，以脉冲的高电平时间对应旋转角度。SG90 型舵机可以旋转 180°，其 PWM 脉冲（周期固定为 20ms）高电平与旋转角度对应关系为：0.5ms-0°，1.0ms-45°，1.5ms-90°，2.0ms-135°，2.5ms-180°。舵机的转速不是很快，一般为 0.22s/60° 或 0.18s/60°，如果更改角度控制 PWM 脉冲宽度太快时，舵机可能反应不过来，若需要更快速的反应，可选择高速舵机。

5.3.3 Servo 类与函数

1. 创建舵机对象

创建舵机对象使用 servo.py 模块文件中的 Servo 类，其语法格式如下：

smotor=servo.Servo（Pin（*））

smotor 为创建的舵机对象名称，Pin（*）为单片机连接舵机 PWM 引脚的编号。

2. 设置舵机的旋转角度

设置舵机的旋转角度使用 write_angle 函数，其语法格式如下：

smotor.write_angle（degrees）

smotor 为创建的舵机对象名称，degrees 为舵机的旋转角度（0°~180°）。

5.3.4 按键控制单片机驱动舵机旋转指定角度的电路

按键控制单片机驱动舵机旋转指定角度的电路如图 5-19 所示。当按下 k1 键时，单片机 GPIO17 引脚输出 30° 的角度控制信号到舵机的 PWM 引脚，舵机旋转到时 30° 的位置，同时 GPIO15 引脚输出高电平，点亮 led1，GPIO2 引脚输出低电平，熄灭 led2，如果 k2 键按下，GPIO17 引脚输出 150° 的角度控制信号，同时熄灭 led1，点亮 led2。

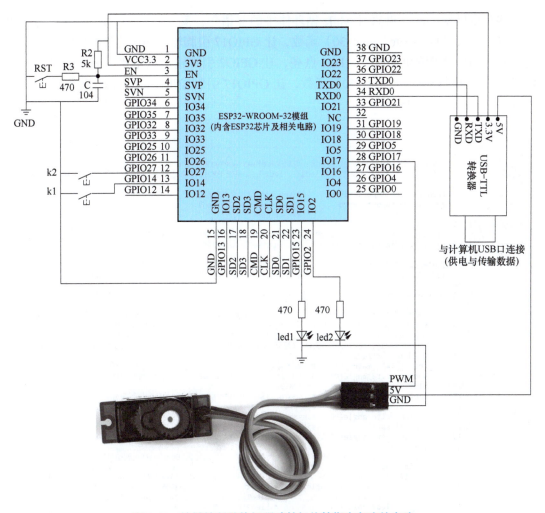

图 5-19 按键控制单片机驱动舵机旋转指定角度的电路

5.3.5 舵机自动和手动控制旋转指定角度的程序及说明

舵机自动和手动控制旋转指定角度的程序及说明如图 5-20 所示。程序中的 Servo 类与函数的代码在 servo.py 模块文件中，这个文件不是内置模块，要从外部获得（可在网上搜索下载，也可以从本书提供的源代码中找到），将该文件复制到主程序 main.py 文件的同一文件夹中，再将其上传到 ESP32 单片机（闪存）中，如果不上传 servo.py 文件到单片机，仅 main.py 文件是不能正常运行的。

程序先导入 Pin 类、Servo 类和 time 模块，然后用 Pin 类将 GPIO14、GPIO27 引脚都设配置为输入上拉模式，分别用作 k1、k2 键的输入引脚，将 GPIO15、GPIO2 引脚配置为输出模式，分别用作控制 led1 和 led2，再用 Servo 类将 GPIO17 引脚创建为 smotor 对象，该对象输出舵机所需的角度控制信号，之后执行主程序。在主程序中，先按顺序依次执行 5 次 write_angle 函数，每执行一次该函数后会延时一定时间再执行该函数（参数值有变化），让 GPIO17 引脚依次输出 0°、45°、90°、135° 和 180° 的角度控制信号，控制舵机按这些角度转动一次，再执行 while 循环体中的 if 语句，反复检测 k1、k2 键的状态，如果 k1 键按下，执行 write_angle（30）函数，让 GPIO17 引脚输出 30°的角度控制信号，同时让 GPIO15 引脚输出高电平，led1 点亮，让 GPIO2 引脚输出低电平，led2 熄灭，如果 k2 键按下，执行 write_angle（150）函数，让 GPIO17 引脚输出 150°的角度控制信号，同时 led1 熄灭，led2 点亮。

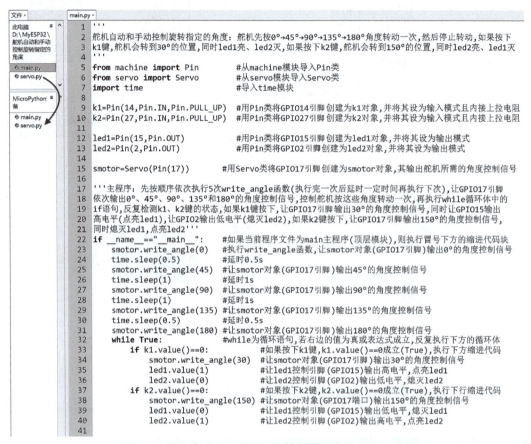

图 5-20　舵机自动和手动控制旋转指定角度的程序及说明

第 6 章 中断、定时器与 PWM 功能的使用及编程实例

6.1 中断的使用及编程实例

6.1.1 中断与中断处理函数

1. 什么是中断

在生活中经常会遇到这样的情况：正在书房看书时，突然客厅的电话响了，人们会停止看书，转而去接电话，接完电话后又回书房接着看书。这种停止当前工作，转而去做其他工作，做完后又返回来做先前工作的现象称为中断。

单片机也有类似的中断现象，当单片机正在执行某程序时，如果突然出现意外情况，就需要停止当前正在执行的程序，转而去执行处理意外情况的程序（中断子程序或中断函数），执行处理完后再接着执行原来的程序。

2. 中断处理函数

ESP32 单片机使用 Pin 类中的 Pin.irq()函数处理外部引脚的中断输入。

Pin.irq()函数说明如下：

	语法格式	Pin.irq（handler, trigger, priority=1, wake=None, hard=False）
Pin.irq()函数	参数	handler 为发生中断时要调用的函数 trigger 用于配置中断触发的输入方式，有 4 种方式，分别为 Pin.IRQ_FALLING（下降沿中断）、Pin.IRQ_RISING（上升沿中断）、Pin.IRQ_LOW_LEVEL（低电平中断）、Pin.IRQ_HIGH_LEVEL（高电平中断），这些值可以通过或运算来连接多个中断事件触发输入 priority 用于设置中断的优先级，可以采用的值是特定于端口的，高值代表更高的优先级 wake 用于选择此中断可以唤醒系统的电源模式，可以是 machine.IDLE、machine.SLEEP 或 machine.DEEPSLEEP，也可以将这些值进行或运算，可使一个引脚在一种以上的电源模式下产生中断 hard 用于设置是否使用硬件中断，若为 True 则使用硬件中断，这样可减少引脚更改和被调用的处理程序之间的延迟。硬中断处理程序可能不分配内存，并非所有端口都支持此参数

6.1.2 按键中断输入控制 LED 的电路

图 6-1 为按键中断输入控制 LED 的电路，k1、k2 键分别控制 led1、led2 的亮灭，当 k1 键按下，GPIO14 引脚输入一个下降沿，触发该引脚产生中断而执行相应的中断函数，中断函数执行的结果让 led1 亮，再次按下 k1 键时，GPIO14 引脚又输入一个下降沿，再次触发该引脚产生中断去执行中断函数，led1 灭，led3 以 1s 的频率一直闪烁（0.5s 亮、0.5s 灭），不受按键控制。按下 k2 键时，GPIO27 引脚输入一个下降沿，触发执行相应的中断函数，GPIO2 引脚输出电平取反，led2 点亮或熄灭。

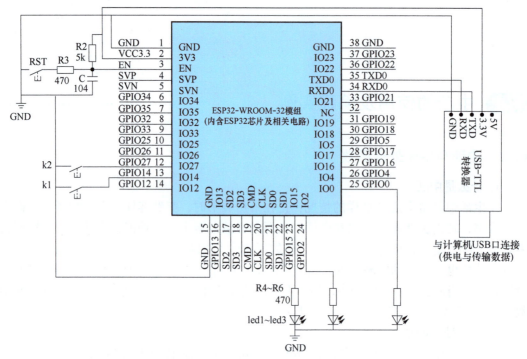

图 6-1 按键中断输入控制 LED 的电路

6.1.3 按键中断输入控制 LED 的程序及说明

按键中断输入控制 LED 的程序及说明如图 6-2 所示。程序先导入 Pin 类和 time 模块，然后用 Pin 类将 GPIO14、GPIO27 引脚配置为都设为输入上拉模式，分别用作 k1、k2 键的输入引脚，将 GPIO15、GPIO2、GPIO0 引脚配置为输出模式，分别用作 led1、led2、led3 的控制引脚，再定义 k1_irq 和 k2_irq 函数，这两个键分别是 k1 键（GPIO14 引脚）、k2 键（GPIO27 引脚）发生中断输入时执行的中断函数，然后执行主程序。

在主程序中，先让 led1、led2 的控制引脚输出低电平，两个 LED 初始处于熄灭状态，接着执行 Pin 类中的 irq 函数（方法），配置并开启 GPIO14、GPIO27 引脚的输入中断，然后执行 while 循环语句，让 led3 的端口间隔 0.5s 反复输出高、低电平，led3 闪烁发光，如果 k1 键按下，GPIO14 引脚输入下降沿，触发该引脚产生中断，马上执行该中断对应的 k1_irq 函数，将 GPIO15 引脚（led1 的控制引脚）输出电平取反，外接 led1 点亮或熄灭，执行完中断函数后又返回执行 while 循环语句,按下 k2 键会触发 GPIO27 引脚产生中断而执行 k2_irq 函数,将 GPIO2 引脚(led2 的控制引脚)输出电平取反,外接 led2 点亮或熄灭。

```
1   '''按键中断输入控制LED:程序运行时led3以1s的频率闪烁发光,按k1键时led1亮,再次按时led1灭,
2   与k1键一样,按k2键可控制led2的状态在亮、灭之间反复切换'''
3   from machine import Pin        #从machine模块中导入Pin类
4   import time                    #导入time模块
5
6   #用Pin类将GPIO14、GPIO27引脚设为输入上拉模式,分别用作k1、k2键的输入引脚#
7   k1=Pin(14,Pin.IN,Pin.PULL_UP)   #用Pin类将GPIO14引脚设为输入模式且内接上拉电阻,再用k1代表该对象
8   k2=Pin(27,Pin.IN,Pin.PULL_UP)
9
10  #用Pin类将GPIO15、GPIO2和GPIO0引脚都设为输出模式,分别用作led1、led2、led3的控制引脚#
11  led1=Pin(15,Pin.OUT)           #用Pin类将GPIO15引脚设为输出模式,再用led1代表该对象
12  led2=Pin(2,Pin.OUT)
13  led3=Pin(0,Pin.OUT)
14
15  led1state,led2state=0,0        #将变量led1state(用于反映led1的亮灭状态)、led2state均赋初值0(熄灭)
16
17  #定义k1键(GPIO14引脚)、k2键(GPIO27引脚)发生中断输入时执行的中断函数#
18  def k1_irq(k1):                #定义一个名称为k1_irq的函数,该函数每执行一次,GPIO15引脚输出值取反一次
19      global led1state           #用关键字global将函数内部的led1state定义为全局变量,函数外部可访问该变量
20      time.sleep_ms(10)          #延时10ms,避开按键通断时产生抖动干扰信号
21      if k1.value()==0:          #如果k1的值为0(即k1键按下,GPIO14引脚输入值为0),执行下方缩进代码
22          led1state=not led1state    #将led1state值取反
23          led1.value(led1state)  #让led1的值(即GPIO15引脚输出值)为led1state,点亮或熄灭外接led1
24
25  def k2_irq(k2):                #定义一个名称为k2_irq的函数,该函数每执行一次,GPIO27引脚输出值取反一次
26      global led2state           #用关键字global将函数内部的led2state定义为全局变量,函数外部可访问该变量
27      time.sleep_ms(10)          #延时10ms,避开按键通断时产生抖动干扰信号
28      if k2.value()==0:          #如果k2的值为0(即k2键按下,GPIO27引脚输入值为0),执行下方缩进代码
29          led2state=not led2state    #将led2state值取反
30          led2.value(led2state)  #让led2的值(即GPIO2引脚输出值)为led2state,点亮或熄灭外接led2
31
32  '''主程序:先让led1、led2的控制引脚输出低电平,上电有2个led处于熄灭状态,接着执行irq函数(方法),配置并开启
33  GPIO14、GPIO27引脚的输入中断,然后执行while循环语句,让led3的控制引脚间隔0.5s反复输出高、低电平,led3闪烁
34  发光,如果k1键按下,GPIO14引脚输入下降沿,触发该引脚产生中断,马上执行该中断对应的k1_irq函数,将GPIO15
35  引脚(led1的控制引脚)输出电平取反,点亮或熄灭外接led1,执行完中断函数后又返回执行while循环语句'''
36  if __name__=="__main__":       #如果当前程序文件为main主程序(顶层模块),则执行冒号下方的缩进代码块
37      led1.value(0)              #将led1的值(即GPIO15引脚输出值)设为0,熄灭外接led1
38      led2.value(0)              #将led2的值(即GPIO27引脚输出值)设为0,熄灭外接led2
39      k1.irq(k1_irq,Pin.IRQ_FALLING)   #用irq函数配置k1对象(GPIO14引脚)的外部中断,发生中断时执行
40                                  #k1_irq函数,中断触发方式为下降沿触发(Pin.IRQ_FALLING)
41      k2.irq(k2_irq,Pin.IRQ_FALLING)   #用irq函数配置k2对象(GPIO27引脚)的外部中断
42      while True:                #while为循环语句,若右边的值为真或表达式成立,反复执行下方的
43                                  #循环体(缩进相同的代码),否则执行循环体之后的内容
44          led3.value(1)          #将led3对象的值(即GPIO0引脚的输出值)设为1,点亮外接led3
45          time.sleep_ms(500)     #执行time模块中的sleep_ms函数,延时500ms(即0.5s)
46          led3.value(0)          #将led3的值设为0,熄灭外接led3
47          time.sleep_ms(500)     #延时0.5s
48
```

图 6-2 按键中断输入控制 LED 的程序及说明

6.2 定时器的使用及编程实例

6.2.1 定时器的类与函数

ESP32 单片机定时器的功能是在设定的时间后产生中断,以触发执行指定的操作。定时器使用 machine 模块中的 Timer 类及其内部函数。

1. 构建定时器对象

在使用定时器时,要先用 Timer 类构建定时器对象,构建定时器的语法格式如下:

$$\text{machine.Timer}(id)$$

id 为定时器的编号，编号可为 0、1、2、3。例如，T0=machine.Timer(0)，该代码的功能是使用 Timer 类构建一个定时器 T0。

2. 定时器的初始化（配置）

定时器的初始化使用 Timer 类中的 init() 函数。定时器初始化的语法格式如下：

$$\text{定时器对象名 .init(period, mode, callback)}$$

period 为定时器的计时时间，数值范围为 0~3435973836，单位为 ms；mode 为定时器的工作模式，有两种模式：Timer.ONE_SHOT（执行一次）和 Timer.PERIODIC（周期性执行）；callback 为定时器计时时间到达后执行的函数。

3. 取消初始化定时器

取消初始化定时器（停止定时器并禁用定时器外设）使用 Timer 类中的 deinit() 函数。取消定时器初始化的语法格式如下：

$$\text{Timer.deinit()}$$

定时器的编程使用举例如图 6-3 所示。

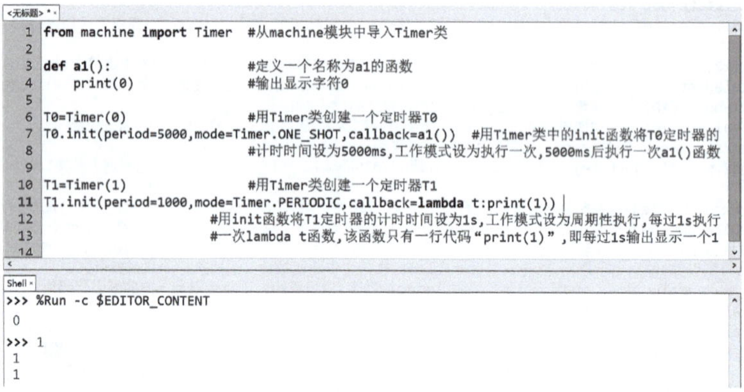

图 6-3　定时器的编程使用举例

6.2.2　定时器中断方式控制 LED 的电路

定时器中断方式控制 LED 的电路如图 6-4 所示，上电后，GPIO15、GPIO2 引脚的输出电平均以 0.5s 高、0.5s 低的方式反复，led1、led2 以 1s 的频率闪烁发光。

6.2.3　定时器中断方式控制 LED 的程序及说明

定时器中断方式控制 LED 的程序及说明如图 6-5 所示。程序先导入 Pin 类、Timer 类和 time 模块，接着用 Pin 类将 GPIO15、GPIO2 引脚都设为输出模式，分别用作 led1、led2 的控制引脚，然后定义 T0 定时器计时时间到达发生中断而执行的定时器中断函数，之后执行主程序。

在主程序中，先让 led1 的控制引脚输出低电平（上电后 led1 处于熄灭状态），接着用 Timer 类创建一个 T0 定时器，然后用 init 函数配置并启动 T0 定时器，定时器按配置开始 500ms 计时，在此期间程序会执行 while 循环语句中的代码，一旦 T0 定时器计时到达

中断、定时器与 PWM 功能的使用及编程实例 第 6 章

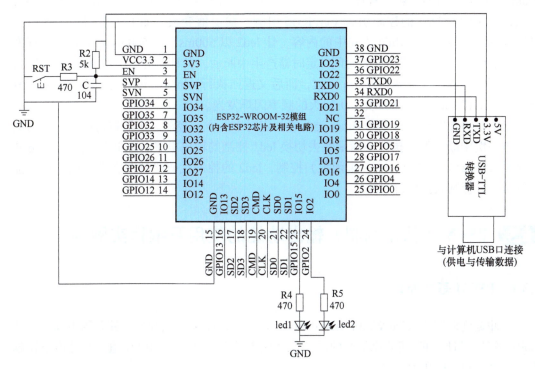

图 6-4 定时器中断方式控制 LED 的电路

```
1   '''定时器中断控制LED:用定时器中断方式控制led1以0.5s亮、0.5s灭的频率闪烁,在while循环语句中
2   使用time模块中的sleep_ms函数控制led2以0.5s亮、0.5s灭的频率闪烁'''
3   from machine import Pin,Timer    #从machine模块中导入Pin和Timer类
4   import time                      #导入time模块
5
6   #用Pin类将GPIO15、GPIO2引脚都设为输出模式,分别用作led1、led2的控制引脚#
7   led1=Pin(15,Pin.OUT)             #用Pin类将GPIO15引脚设为输出模式,再用led1代表该对象
8   led2=Pin(2,Pin.OUT)
9
10  led1st=0                         #将变量led1st(用于反映led1的亮灭状态)赋初值0(熄灭)
11
12  #定义T0定时器计时时间到达后发生中断而执行的定时器中断函数#
13  def T0irq(t0):                   #定义一个名称为T0irq的函数,t0为输入参数
14      global led1st                #用关键字global将函数内部的led1st定义为全局变量,函数外部可访问该变量
15      led1st=not led1st            #将led1st值取反
16      led1.value(led1st)           #让led1的值(即GPIO15引脚输出值)为led1st,点亮或熄灭外接led1
17
18  '''主程序:先让led1的控制引脚输出低电平,上电后led1处于熄灭状态,接着用Timer类创建一个T0定时器,然后用
19  init函数配置并启动T0定时器,定时器按配置开始500ms计时,在此期间程序会执行while循环语句中的代码,
20  一旦T0定时器计时到达500ms会产生定时器中断,程序会退出while语句转而去执行该中断对应的T0irq函数,
21  让led1的控制引脚(GPIO15引脚)输出值变反,led1变亮(暗),执行完T0irq函数后又返回执行while语句中的
22  内容,让led2以500ms亮、500ms灭的频率闪烁发光'''
23  if __name__=="__main__":         #如果当前程序文件为main主程序(顶层模块),则执行冒号下方的缩进代码块
24      led1.value(led1st)           #让led1的值(即GPIO15引脚输出值)为led1st(初值为0),熄灭外接led1
25      T0=Timer(0)                  #用Timer类创建一个定时器T0
26      T0.init(period=500,mode=Timer.PERIODIC,callback=T0irq) #用Timer类的init函数将T0定时器
27                                   #计时时间设为500ms,工作模式设为周期性执行,计时每到500ms执行一次T0irq函数
28      while True:                  #while为循环语句,若右边的值为真或表达式成立,反复执行下方的
29                                   #循环体(缩进相同的代码),否则执行循环体之后的内容
30          led2.value(1)            #将led2对象的值(即GPIO2引脚的输出值)设为1,点亮外接led2
31          time.sleep_ms(500)       #执行time模块中的sleep_ms函数,延时500ms(即0.5s)
32          led2.value(0)            #将led2对象的值设为0,熄灭外接led2
33          time.sleep_ms(500)       #延时0.5s
34
```

图 6-5 定时器中断方式控制 LED 的程序及说明

500ms 会产生定时器中断，程序会退出 while 语句转而去执行 T0 定时器中断对应的 T0irq 函数，该函数让 led1 的控制引脚（GPIO15 引脚）输出值变反，led1 变亮（暗），执行完 T0irq 函数后返回执行 while 语句中的内容，让 led2 以 500ms 亮、500ms 灭的频率闪烁发光，当 T0 定时器再次到达计时时间（定时器产生中断后，其计时时间会清 0 并重新计时）产生中断时，程序又去执行 T0irq 函数，而后又返回执行 while 语句中的内容，如此反复进行，led1 和 led2 均以 0.5s 亮、0.5s 灭的频率闪烁发光。

led1 使用硬件定时器（用 Timer 类配置）定时中断方式控制，定时器每隔设定的时间会产生一次中断，触发执行中断函数去切换 led1 控制的输出电平，而 led2 使用软件方式延时（用 time 模块中的 sleep_ms 函数）控制，led2 的控制代码必须写在循环语句中才能反复执行，否则只会执行一次。

6.3 PWM（脉宽调制）输出功能的使用及编程实例

6.3.1 PWM 基本原理

脉冲宽度调制（Pulse Width Modulation，PWM），简称脉宽调制，其采用不同占空比（高电平时间与周期时间的比值）的脉冲信号代表模拟信号不同的电压值，脉冲占空比越大，代表的模拟电压值越高。

PWM 基本原理说明如图 6-6 所示。若脉冲信号的最高电压为 5V、最低电压为 0V，当脉冲信号的占空比为 75% 时，平均值相当于 3.75V 电压，当脉冲信号的占空比为 50% 时，平均值相当于 2.5V 电压，当脉冲信号的占空比为 20% 时，平均值相当于 1V 电压。如果单片机某端口输出 3 个脉冲的 PWM 信号到负载 R，这 3 个脉冲占空比依次为 20%、50% 和 75%，那么对于 R 来说，两端相当依次施加 1V、2.5V 和 3.75V 电压。

由于图 6-6 中的 PWM 信号的脉冲占空比变化较大，所以等效信号的电压变化也很大，如果脉冲占空比以 1% 的间隔从 0 递增到 100%，那么等效信号电压就以 0.05 的间隔从 0V 递增到 5V，相邻的电压变化坡度小，整个等效电压近似一条斜直线。

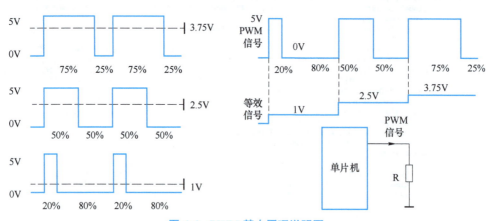

图 6-6　PWM 基本原理说明图

6.3.2 PWM 的类与函数

ESP32 单片机可以在所有输出端口启用 PWM 功能，PWM 信号的频率范围可达 1Hz~40MHz，但随着频率的增加，占空比分辨率会降低（信号频率高时周期时间短，占空比变化不能太小）。PWM 功能可使用 PWM 类及其内部函数（又称方法）来配置。

1. 构建 PWM 对象

要使用 PWM 功能须先构建 PWM 对象，其语法格式如下：

$$machine.PWM(dest, freq, duty)$$

dest 设置 PWM 输出引脚，通常为 machine.Pin 对象，如 Pin(10)；freq 设置 PWM 信号的基本频率（Hz），频率范围为 1~40MHz；duty 设置 PWM 信号的占空比，duty 范围为 0~1023。

2. PWM 初始化

PWM 初始化使用 PWM.init() 函数，其语法格式如下：

$$PWM.init(freq, duty)$$

freq 设置 PWM 信号的基本频率（Hz），duty 设置 PWM 信号的占空比（0~1023）。如果在构建 PWM 对象时已设置了频率和占空比，再执行本函数会将这两个参数修改为当前新值。

3. 获取或设置 PWM 频率

获取或设置 PWM 频率使用 PWM.freq() 函数，其语法格式如下：

$$PWM.freq([value])$$

不带参数（value）时返回 PWM 信号的频率值，带参数时将 PWM 信号频率设为 value 值。

4. 获取或设置 PWM 占空比

获取或设置 PWM 占空比使用 PWM.duty() 函数，其语法格式如下：

$$PWM.duty([value])$$
$$PWM.duty\_u16([value])$$
$$PWM.duty\_ns([value])$$

不带参数（value）时返回 PWM 信号的占空比，带参数时将 PWM 信号的占空比设为 value 值。

PWM.duty([value]) 函数的 value 值范围为 0~1023，表示占空比 0~100%；PWM.duty_u16([value]) 函数的 value 值为 16 位无符号数，范围为 0~65535；PWM.duty_ns([value]) 函数的 value 值以纳秒为单位表示占空比，对于频率为 1MHz（周期为 1000ns）的 PWM 信号，如果执行 "PWM.duty_ns([500])"，则将 PWM 信号的占空比设为 50%。在构建或初始化 PWM 对象时，除了可使用 duty 参数外，也可以使 duty_u16 和 duty_ns 参数来设置占空比。

5. 禁用 PWM 输出功能

禁用 PWM 输出功能使用 PWM.deinit() 函数，其语法格式如下：

$$PWM.deinit()$$

PWM 类与函数的使用举例如图 6-7 所示。

```
1  from machine import Pin,PWM       #从machine模块导入Pin类和PWM类
2
3  pwm0=PWM(Pin(0))                  #用PWM类将GPIO0引脚设为PWM输出对象,该对象用pwm0表示
4  f=pwm0.freq()                     #将pwm0对象的PWM脉冲频率值赋给变量f,未设置频率时默认为5kHz
5  pwm0.freq(1000)                   #将pwm0对象的PWM脉冲频率设为1kHz,可设频率范围为1Hz~40MHz
6
7  d=pwm0.duty()                     #将pwm0的PWM脉冲duty格式占空比值赋给变量d,未设置占空比时默认为512(即50%)
8  pwm0.duty(256)                    #将pwm0的PWM脉冲占空比设为256,duty格式占空比范围为0~1023(对应0~100%)
9
10 d_u16 = pwm0.duty_u16()           #将pwm0的PWM脉冲的duty_u16格式占空比值(0~65535)赋给变量d_u16
11 pwm0.duty_u16(32768)              #将pwm0的PWM脉冲的duty_u16格式占空比设为32768,该值对应占空比为50%
12 d_ns=pwm0.duty_ns()               #将pwm0的PWM脉冲的duty_ns格式占空比值赋给变量d_ns
13 pwm0.duty_ns(250_000)             #将pwm0的PWM脉冲的duty_ns格式占空比设为250000,该值对应占空比为25%
14
15 pwm0.deinit()                     #关闭pwm0对象的PWM输出功能
16 pwm2=PWM(Pin(2),freq=20000,duty=512) #用PWM类创建名称为pwm2的PWM对象,该对象使用GPIO2引脚,
17                                      #频率为20kHz,duty格式占空比为512(即50%)
18
```

图 6-7　PWM 类与函数的使用举例

6.3.3　PWM 输出控制两个 LED 的电路

PWM 输出控制两个 LED 的电路如图 6-8 所示。上电后，GPIO15 引脚先输出频率为 1kHz、占空比（脉冲宽度）逐渐增大的 PWM 脉冲，led1 逐渐变亮，达到最亮时，再逐渐减小 PWM 脉冲占空比，led1 逐渐变暗，之后不断重复该过程，led1 亮暗类似呼吸式变化；另外，如果未按下 k1 键，GPIO2 引脚输出频率为 1Hz、占空比为 50% 的 PWM 脉冲，led2 慢速闪烁，若按下 k1 键不放，GPIO2 引脚输出频率为 5Hz、占空比为 50% 的 PWM 脉冲，led2 快速闪烁，松开 k1 键后，led2 又以 1Hz 频率慢速闪烁。

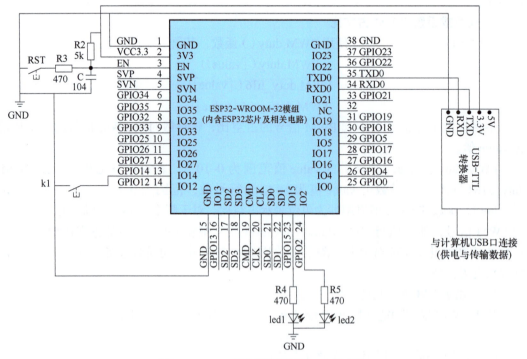

图 6-8　PWM 输出控制两个 LED 的电路

6.3.4 PWM 控制一个 LED 呼吸灯和一个 LED 快慢闪烁灯的程序及说明

PWM 控制一个 LED 呼吸灯和一个 LED 快慢闪烁灯的程序及说明如图 6-9 所示。程序先导入 Pin 类、PWM 类和 time 模块，接着用 Pin 类将 GPIO15、GPIO2 引脚都设为输出模式，分别用作 led1、led2 的控制引脚。将 GPIO14 引脚设为输入模式且内接上拉电阻，用作 k1 键的输入引脚，之后执行主程序。

```
1  '''PWM输出控制LED呼吸灯和LED快慢闪烁:led1逐渐变亮,之后又逐渐变暗,不断反复,其亮暗变化类似
2  呼吸,未按下k1键时,led2以1Hz频率慢速闪烁,如果按下k1键,led2以5Hz频率快速闪烁,松开k1键时,
3  led2恢复1Hz频率慢速闪烁'''
4  from machine import Pin,PWM        #从machine模块导入Pin类和PWM类
5  import time                         #导入time模块
6
7  #用Pin类将GPIO15、GPIO2设为输出模式,分别用作led1、led2的控制引脚#
8  led1=PWM(Pin(15),freq=1000,duty=0)  #用PWM类创建名称为led1的对象,该对象使用GPIO15引脚,
9                                      #输出PWM脉冲频率为1kHz,占空比为0(0~1023对应0~100%)
10 led2=PWM(Pin(2),freq=1,duty=512)    #用PWM类创建名称为led2的对象,该对象使用GPIO2引脚,
11                                     #输出PWM脉冲频率为1Hz,占空比为512(即50%)
12
13 #用Pin类将GPIO14设为输入模式且内接上拉电阻,用作k1键的输入引脚#
14 k1=Pin(14,Pin.IN,Pin.PULL_UP)       #用Pin类将GPIO14引脚设为输入上拉模式,再用k1代表该对象
15
16 '''主程序:先让led1最暗,然后反复执行while循环语句中的代码,让led1的控制引脚输出PWM脉冲占空比逐渐增大,
17 led1逐渐变亮,达到最亮时再逐渐减小占空比,led1逐渐变暗,之后又逐渐增大占空比让led1逐渐变亮,反复
18 重复该过程,led1亮暗类似呼吸式变化;另外,如果未按下k1键,led2引脚输出频率为1Hz、占空比为50%的PWM
19 脉冲,led2慢速闪烁,若按下k1键不放,led2引脚输出频率为5Hz、占空比为50%的PWM脉冲,led2快速闪烁,
20 松开k1键后,led2又以1Hz频率慢速闪烁'''
21 if __name__=="__main__":            #如果当前程序文件为main主程序(顶层模块),则执行冒号下方的缩进代码块
22     duty1value=0                    #将变量duty1value(用来存放占空比值)的初值赋0
23     fx=1                            #将变量fx(反映led亮暗变化方向)的初值赋1(1:暗→亮,0:亮→暗)
24     while True:                     #while为循环语句,若右边的值为真或表达式成立,反复执行下方的
25                                     #循环体(缩进相同的代码),否则执行循环体之后的内容
26         if fx==1:                   #如果fx值等于1,执行冒号下方缩进代码,否则执行else语句
27             duty1value+=10          #将duty1value值加10,每执行一次,占空比值增大10
28             if duty1value>1010:     #若duty1value值(占空比)大于1010,执行"fx=0",否则执行else语句
29                 fx=0                #将fx值清0,即PWM脉冲占空比达到大于1010时让fx由1变为0
30         else:                       #如果fx值不等于1,执行冒号下方缩进代码,否则执行"led1.duty()"
31             duty1value-=10          #将duty1value值减10,每执行一次,占空比值减10
32             if duty1value<10:       #若duty1value值(占空比)小于10,执行"fx=1",否则执行之后的代码
33                 fx=1                #将fx值赋1,即PWM脉冲占空比小于10时让fx值由0变为1
34         led1.duty(duty1value)       #让led1对象输出占空比为duty1value值的PWM脉冲
35         time.sleep_ms(15)           #延时15ms,占空比值每增大或减小10都停15ms,可让led1渐亮和渐暗
36
37         if k1.value()==0:           #如果k1值为0(即k1键按下),执行下方缩进代码,否则执行else语句
38             freq2value=5            #k1键按下时,将PWM信号频率(freq2value)设为5Hz
39         else:                       #如果k1值不为0(即k1键未按下),执行下方缩进代码"freq2value=1"
40             freq2value=1            #k1键未按下时,让PWM信号频率(freq2value)为1Hz
41         led2.freq(freq2value)       #让led2对象(GPIO2引脚)输出频率为freq2value值的PWM脉冲
42
```

图 6-9 PWM 控制一个 LED 呼吸灯和一个 LED 快慢闪烁灯的程序及说明

在主程序中，先让 duty1value=0（对应 led1 最暗）、fx=1（led1 由暗往亮方向变化），然后反复执行 while 循环语句中的代码。在 while 语句中，先执行第 1 个 if else 语句，如果 fx=1，将 led1 的 PWM 脉冲占空比值（duty1value）加 10，再执行 "led1.duty(duty1value)" 输出该占空比的 PWM 脉冲去驱动 led1 发光，如果 fx=0，将 PWM 脉冲占空比值（duty1value）减 10，再执行 "led1.duty（duty1value）"，然后执行第 2 个 if else 语

句，如果 k1 键按下，将 led2 的 PWM 脉冲频率设为 5Hz，再执行"led2.freq(freq2value)"输出 5Hz 频率的 PWM 脉冲去驱动 led2 发光，如果 k1 键未按下，将 led2 的 PWM 脉冲频率设为 1Hz，再执行"led2.freq(freq2value)"，输出 1Hz 频率的 PWM 脉冲。之后又返回执行第 1 个 if else 语句。

程序运行现象：led1 逐渐变亮，达到最亮时又逐渐变暗，达到最暗时又逐渐变亮，该过程不断反复，其亮暗变化类似呼吸，未按下 k1 键时，led2 以 1Hz 频率慢速闪烁，如果按下 k1 键，led2 以 5Hz 频率快速闪烁，松开 k1 键时，led2 恢复 1Hz 闪烁频率。

第 7 章 ADC 与声/光/热/火/雨/烟传感器的使用及编程实例

7.1 ADC（模数转换器）的使用及编程实例

ADC（Analog to Digital Converter）为模数转换器，又称 A/D 转换器，其功能是将模拟信号转换成数字信号。ESP32 单片机可使用 ADC1、ADC2 两组 ADC，每组有多路 ADC 输入端，每路 ADC 可以看作是一个单独的 ADC，ADC1 组的 ADC 输入端有 GPIO32~GPIO39 引脚，ADC2 组的 ADC 输入端有 GPIO（0、2、4、12~15）和 GPIO（25~27）引脚。ESP32 单片机的 ADC 默认可以将 0~1.0V 电压转换成 0~4095（即 0~1111 1111 1111）。

7.1.1 ADC 的类与函数

ESP32 单片机的 ADC 使用 machine 模块中的 ADC 类及其内部函数来配置。

1. 构建 ADC 对象

在使用 ADC 时，要先用 ADC 类构建串行通信对象，构建 ADC 的语法格式如下：

$$\text{machine.ADC（Pin（id））}$$

id 为 ADC 使用的引脚，ADC1 组可使用 GPIO32~GPIO39 引脚，ADC2 组可使用 GPIO（0、2、4、12~15）和 GPIO（25~27）引脚。

2. ADC 衰减

ADC 默认只能输入转换 0~1.0V 电压，要测量其他范围内的电压可对输入电压进行衰减。ADC 衰减使用 ADC 类中的 atten（）函数。ADC 衰减的语法格式如下：

$$\text{ADC.atten（atten）}$$

atten 用于指定衰减量，其选项有：① ADC.ATTN_0DB（无衰减，测量范围 0~1.0V）；② ADC.ATTN_2_5DB（2.5dB 衰减，测量范围 0~1.34V）；③ ADC.ATTN_6DB（6dB 衰减，测量范围 0~2.00V）；④ ADC.ATTN_11DB（11dB 衰减，测量范围 0~3.6V）。

3. ADC 分辨率

ADC 分辨率指 ADC 值的位数，位数越多，ADC 值反映的模拟电压值越精确。ADC 分辨率使用 ADC 类中的 width（）函数。ADC 分辨率的语法格式如下：

$$\text{ADC.width（bits）}$$

bits 用于指定分辨率，其选项有：① ADC.WIDTH_9BIT（9 位，ADC 值范围 0~511）；② ADC.WIDTH_10BIT（10 位，ADC 值范围 0~1023）；③ ADC.WIDTH_11BIT（11 位，ADC 值范围 0~2047）；④ ADC.WIDTH_12BIT（12 位，ADC 值范围 0~4095）。

4. 读取 ADC 值

读取 ADC 值使用 ADC 类中的 read() 函数。读取 ADC 值的语法格式如下：

ADC.read()

该函数返回指定分辨率范围的模拟电压转换成的 ADC 值，默认分辨率为 12 位，ADC 值范围为 0~4095。此外还有 ADC.read_uv() 函数和 ADC.read_u16() 函数，ADC.read_uv() 函数读取并返回毫伏（1000μV）为单位的 ADC 值，ADC.read_u16() 函数读取并返回 0~65535 范围内的整数值。

ADC 的类与函数使用举例如图 7-1 所示。

图 7-1 ADC 的类与函数使用举例

7.1.2 单片机检测输入电压并用 4 位数码管显示电压值的电路

单片机检测输入电压用 4 位数码管显示电压值的电路如图 7-2 所示。调节电位器 RP 给 GPIO32 引脚输入 0~3.3V 电压，单片机内部 ADC 将其转换成 0~4095（12 位二进制数），程序将其处理成 0~3.30，再通过 GPIO16、GPIO17 引脚送相应的显示信号至 TM1637 芯片，使之驱动 4 位数码管显示 0~3.30 范围的电压值。

7.1.3 单片机检测输入电压并用数码管显示电压值的程序及说明

1. 上传 tm1637.py 文件到单片机

由于程序控制 TM1637 芯片驱动 4 位数码管显示时须调用 tm1637.py 文件中的代码，故需要先将该文件上传到单片机供主程序调用，否则仅 main.py 主程序是无法正常运行的。

在 Thonny 软件文件管理区的 MyESP32 文件夹中建立一个"ADC 检测输入电压并用数码管显示电压值"的文件夹，在该文件夹中新建一个 main.py 文件，然后将前面章节学习时创建的"4 位 LED 数码管秒表"中的 tm1637.py 模块文件复制到该文件夹中，如图 7-3a 所示，再在 Thonny 软件文件管理区右键单击 tm1637.py 文件，在弹出的右键菜单中选择"上传到"，将 tm1637.py 文件上传到 ESP32 单片机（MicroPython 设备）中，如图 7-3b 所示。

ADC 与声 / 光 / 热 / 火 / 雨 / 烟传感器的使用及编程实例 第 7 章

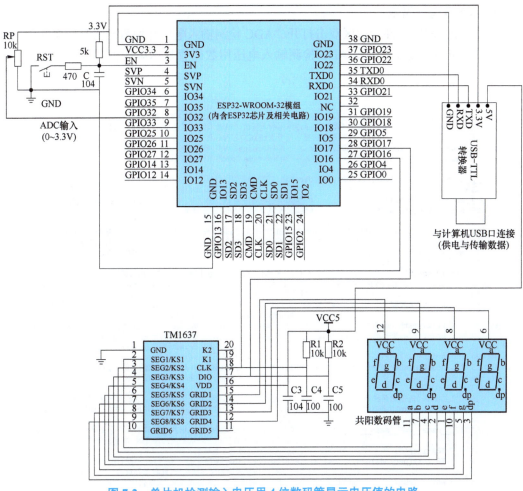

图 7-2　单片机检测输入电压用 4 位数码管显示电压值的电路

a) 复制 tm1637.py 到当前 main.py 同一文件夹中　　b) 将 tm1637.py 文件上传到单片机闪存

图 7-3　复制 tm1637.py 文件并将其上传到单片机

2. 程序及运行显示

在 Thonny 软件文件管理区双击打开 "ADC 检测输入电压并用数码管显示电压值" 文件夹中的 main.py 文件，编写 ADC 检测输入电压用数码管显示电压值的程序，如图 7-4a 所示。

```python
'''ADC检测输入电压并用数码管显示电压值：将GPIO32引脚配置为ADC输入端,输入电压经ADC转换成
0~4095范围内的值,再经计算转换得到0~3.3范围内的电压值,该电压值除了在本软件Shell区输出显示外,
程序还通过GPIO16、GPIO17引脚送相应显示信号去tm1637芯片,使之驱动4位数码管显示电压值'''
from machine import Pin,ADC,Timer   #从machine模块中导入Pin、ADC和Timer类
import time,math,tm1637              #导入time、math和tm1637模块

lednt=tm1637.TM1637(clk=Pin(16),dio=Pin(17)) #用TM1637类将GPIO16、GPIO17引脚分别设为时钟
                                             #输出和数据IO引脚,再用lednt代表该实例对象
adc1=ADC(Pin(32))                    #用ADC类创建名为adc1的对象,该对象使用GPIO32引脚作为输入端
adc1.atten(ADC.ATTN_11DB)            #将ADC衰减量设为11db,此衰减量下可输入的电压为0.0v~3.6V

'''定义定时器T0产生中断时执行的中断函数,在函数中先用adc1.read函数读取输入电压经ADC转换成的
0~4095范围内的值,再经计算转换得到0~3.3范围内的值并赋给av,然后执行print函数在本软件的Shell区
输出显示av值,还执行lednt.numbers函数,通过GPIO16、GPIO17引脚送相应信号去TM1637芯片,使之
驱动4位数码管显示av值'''
def T0irq(t0):                       #定义名称为T0irq的定时器中断函数,t0为输入参数
    av=3.3*adc1.read()/4095          #先执行adc1.read函数,返回输入电压转换成的ADC值(0~4095),
                                     #再计算"3.3×ADC值÷4095",结果(0~3.3)赋给变量av
    print("ADC输入电压：%.2fV" %av)   #输出显示"ADC输入电压：av值V",%.2f用于指示该处显示后面
                                     #同样带%的av值且小数点后保留2位
    xs,zs=math.modf(av)              #执行math模块的modf函数,取av的小数值赋给xs,整数值赋给zs
    print(f"av整数部分:{zs},小数部分:{xs}")  #输出显示"av整数部分:zs值,小数部分:xs值",
                                     #f为格式化字符,用于指定{}中的对象显示其值
    print("----------------")        #输出显示"----------"
    lednt.numbers(int(zs),int(xs*100))  #执行numbers函数,让lednt对象输出信号,驱动数码管整数
                                     #部分显示zs值,小数部分显示xs值×100

'''主程序：先创建名称为T0的定时器对象,再设置该定时器的定时时间为1000ms、工作模式为周期性执行、
定时器产生中断时执行的中断函数为T0irq函数,这样每隔1s定时器T0会产生一个中断,去执行T0irq中断函数,
用ADC检测输入电压并输出到Shell区和数码管显示'''
if __name__=="__main__":             #如果当前程序文件为主程序(顶层模块),则执行冒号下方缩进相同的代码块,否则
                                     #执行代码块之后的内容,若程序运行时从其他文件开始,本文件就不是主程序文件
    T0=Timer(0)                      #用Timer类创建名称为T0的定时器对象
    T0.init(period=1000,mode=Timer.PERIODIC,callback=T0irq)  #用Timer类的init函数将T0定时器
                                     #计时时间设为1000ms,工作模式设为周期性执行,计时每到1s执行一次T0irq函数
    while True:                      #while为循环语句,若右边的值为真或表达式成立,反复执行下方的
                                     #循环体(缩进相同的代码),否则执行循环体之后的内容
        pass                         #pass表示不进行任何操作,若删pass留空,程序运行会出错,可删pass写其他程序
```

a) 程序

```
Shell
>>> %Run -c $EDITOR_CONTENT
ADC输入电压：1.46V
av整数部分:1.0,小数部分:0.4578022
----------------
ADC输入电压：1.46V
av整数部分:1.0,小数部分:0.4586081
----------------
```

b) 程序运行时Shell区的显示

c) 程序运行时4位数码管的显示

图 7-4 单片机检测输入电压用数码管显示电压值的程序及运行显示

程序说明：程序先导入需要用到的 Pin、ADC、Timer 类和 time、math、tm1637 模块，接着用 tm1637 模块中的 TM1637 类将 GPIO16、GPIO17 引脚分别设为控制 TM1637 芯片的时钟输出和数据 IO 的引脚，然后用 ADC 类创建 adc1 对象并使用 GPIO32 引脚作为 ADC 输入端，再定义一个名称为 T0irq 的定时器中断函数，之后执行主程序。

在主程序中,先用 Timer 类创建名称为 T0 的定时器对象,再用 Timer 类的 init 函数将 T0 定时器计时时间设为 1s,工作模式设为周期性执行,计时每到 1s 执行一次 T0irq 函数,然后反复执行 while 循环语句中的代码 "pass(不进行任何操作)"。

程序下载到单片机后,定时器 T0 每隔 1s 会自动产生一次中断去执行 T0irq 函数。在 T0irq 函数中,先用 adc1.read 函数读取 ADC 值(GPIO32 引脚输入电压经 ADC 转换成的 0~4095 范围的值),再将该值计算转换得到 0~3.3 范围的值并赋给 av,然后执行 print 函数在 Thonny 软件的 Shell 区输出显示 av 值(计算机需通过下载器与 ESP32 单片机保持连接),如图 7-4b 所示。另外,执行 lednt.numbers 函数,通过 GPIO16、GPIO17 引脚送相应信号到 TM1637 芯片,使之驱动 4 位数码管显示 av 值(当前显示为 "01.45"),如图 7-4c 所示。ADC 值会随输入电压变化而变化,T0 定时器每隔 1s 产生一次中断去执行 T0irq 函数读取 ADC 值,故 Shell 区和 4 位数码管每隔 1s 输出显示一次新 av 值。

7.2 声音传感器模块的使用与编程实例

7.2.1 声音传感器模块介绍

1. 外形和引脚功能

声音传感器模块的功能是检测声音强度并转换成相应的电信号。图 7-5 是两种常见的声音传感器模块,3 引脚的传感器模块只有数字信号输出(DO 或 OUT)引脚,当声音达到一定强度时该引脚输出高电平或低电平信号;4 引脚的传感器模块除了有数字信号输出(DO)引脚,还有一个模拟信号输出(AO)引脚,输出随声音大小变化的音频信号。

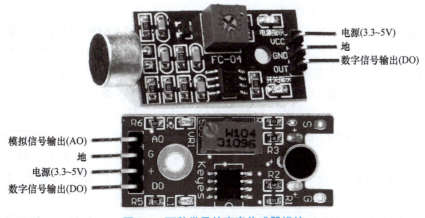

图 7-5 两种常见的声音传感器模块

2. 电路及工作原理

图 7-6 是一种 4 引脚声音传感器模块的电路原理图。MIC 为驻极体电容式话筒(标准术语为拾音器),可以将声音转换成电信号;LM393 是一个双运放电压比较器,当比较器的 + 端电压 V+ 大于 – 端电压 V–(即 V+>V–)时,输出高电平,当 V–>V+ 时,输出低电平;RP11 为声音阈值调节电位器,led12 为电源指示灯,led11 为传感器模块起控指示

灯，当声音达到设定的阈值时，DO 引脚输出高电平，同时 led11 点亮。

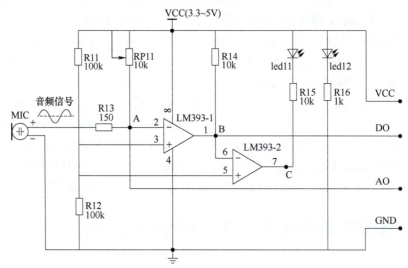

图 7-6　一种 4 引脚声音传感器模块的电路原理

（1）AO 引脚信号输出工作过程说明

话筒 MIC 将声音转换成音频信号，经 R13、A 点到达 AO 引脚输出，调节电位器 RP11 可以改变 A 点电压。音频信号是一种具有正、负半周的信号，当正半周信号送到 A 点时，与 A 点原有的直流电压（静态电压）叠加，A 点升高，当负半周信号到达 A 点时，与 A 点原有的直流电压叠加，A 点电压降低，即 AO 引脚输出的音频信号电压在 A 点的静态电压上下波动。

（2）DO 引脚信号输出工作过程说明

3.3V 电压经 R11、R12 分压后得到 1.65V 电压提供给 LM393 的 3 号引脚（比较器 1 的 + 端）和 5 号引脚（比较器 2 的 + 端），3.3V 电压还经 RP11 为 LM393 的 2 号引脚（比较器 1 的 – 端）提供电压，如果 2 号引脚电压（V1-）大于 3 号引脚电压（V1+），LM393 的 1 号引脚（比较器 1 的输出端 V1o）输出低电平，该低电平一方面从 DO 引脚输出，还送到 LM393 的 6 号引脚（比较器 2 的 – 端），6 号引脚电压（V2-）小于 5 号引脚电压（V2+），7 号引脚（比较器 2 的输出端 V2o）输出高电平，led11 无法导通而不亮。话筒送来的音频信号可使 A 点电压上下波动，如果音频信号的幅度较大，其负半周使 A 点电压（V1-）下降而小于 V1+ 电压（固定为 1.65V）时，V1o 输出高电平，DO 引脚输出高电平，比较器 2 的 V2->V2+，V2o 输出低电平，led11 导通点亮。

如果调节电位器 RP11 使 A 点电压（V1-）较 V1+（固定为 1.65V）高出很多，那么需要很大的声音才能使 A 点电压低于 V1+ 电压，从而点亮 led11。声音大时话筒产生的音频信号正、负半周幅度都很大，正半周使 A 点电压升高，V1o、DO 仍输出低电平，只有负半周使 A 点电压下降才有可能出现 V1o 输出高电平，从而通过比较器 2 点亮 led11。

如果不使用声音传感器模块的 AO 引脚输出，仅检测声音强度让 DO 引脚输出时，先在安静环境中调节 RP11 将起控指示灯 led11 由亮调灭，然后给传感器模块施加希望产生起控强度的声音（如对传感器模块吹口哨），led11 会变亮，再调节 RP11 将 led11 调到刚刚熄灭,这样传感器模块在安静环境中 led11 会熄灭,一旦出现超过起控强度的声音,led11 会变亮,同时 DO 引脚输出高电平。

7.2.2 单片机连接声音传感器模块、LED 和 4 位数码管的电路

ESP32 单片机连接声音传感器模块、LED 和 4 位数码管的电路如图 7-7 所示。接通电源后,声音传感器模块 AO 引脚输出随音大小变化的音频信号,经 GPIO34 引脚送入单片机,在内部先由 ADC 电路转换成 0~4095 范围内的 ADC 值,再经程序计算得到 0~100 音量值,然后单片机从 GPIO16、GPIO17 引脚输出相应的信号到 TM1637 芯片,使之驱动 4 位数码管显示该音量值。另外,如果音量值大于 25,单片机会从 GPIO15 引脚输出高电平,点亮 led1。

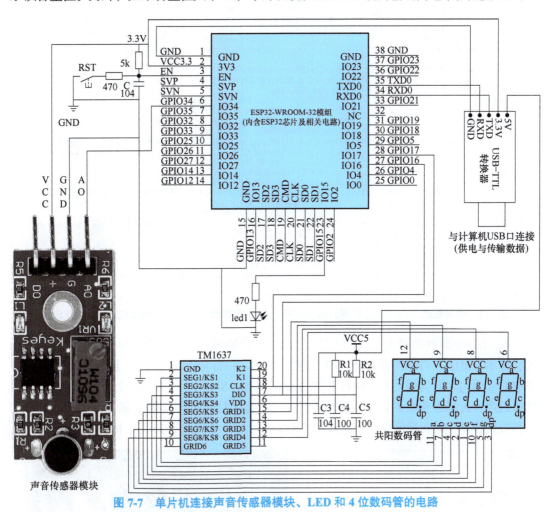

图 7-7 单片机连接声音传感器模块、LED 和 4 位数码管的电路

7.2.3 声音传感器模块检测声音、数码管显示音量值及控制 LED 的程序及说明

单片机通过声音传感器模块检测声音、数码管显示音量值及控制 LED 的程序及说明如图 7-8 所示。在程序中将无声时声音传感器模块输出的 AO 电压(AOmin)设为 1.7V,该电压对应的音量值应为 0,若音量不为 0 则是因为声音传感器模块的输出的 AOmin 电

压并不是 1.7V，此时需要调节 RP11 电位器将 AOmin 电压调到 1.7V。

```python
main.py
1    '''声音传感器检测声音显示音量值及产生的控制：数码管和Shell区均显示声音传感器检测的声音音量值(0~100)，如果
2    音量值大于25，点亮led1，并累计音量值大于25的次数，在Shell区显示"音量累计超出指定值次数:count值"和"LED1亮！"
3    '''
4    from machine import Pin,ADC    #从machine模块中导入Pin和ADC类
5    import tm1637,time              #导入tm1637和time模块
6
7    led1=Pin(15,Pin.OUT)                    #用Pin类将GPIO15引脚创建为led1对象，并将其设为输出模式
8    lednt=tm1637.TM1637(clk=Pin(16),dio=Pin(17))  #用TM1637类创建名称为lednt的控制TM1637芯片的对象，该对象
9                                            #使用GPIO16、GPIO17引脚分别连接TM1637的CLK、DIO引脚
10   soundADC=ADC(Pin(34))                   #用ADC类创建名称为soundADC的ADC对象，该对象使用GPIO34引脚作为ADC输入端
11   soundADC.atten(ADC.ATTN_11DB)           #将ADC衰减量设为11db，此衰减量下ADC可输入的电压为0.0~3.6V
12
13   '''Vvaluator函数功能是根据AOmin值将AOadc值转换成0~100范围的音量值，AOmin为无声时声音传感器送来的AO电压，
14   AOadc为AO电压经ADC转换成0~4095范围内的ADC值，音频负半周信号可能会使AO电压值低于AOmin值，计算获得音量值为
15   负值，故需取绝对值，这样音量值只能为正值，其大小与声音幅度有关'''
16   def Vvaluator(AOadc,AOmin):             #定义Vvaluator函数，AOadc、AOmin为输入变量，调用执行函数时赋值
17       vv1=(3.3*AOadc/4095-AOmin)/(3.3-AOmin)*100  #根据AOmin值将AOadc值转换成≤100的音量值，并赋给vv1
18       vv1=abs(round(vv1))                 #先用round函数对vv1值四舍五入，再用abs函数对其取绝对值
19       return vv1                          #将vv1值(0~100)返回给Vvaluator函数作为输出值
20
21   '''主程序:先将变量count赋初值1，再执行while语句的read函数，将声音传感器送来的AO电压转换成0~4095的AOadc值，
22   然后执行Vvaluator函数将该值转换成0~100音量值，如果音量值大于25，则点亮led1并累计音量值大于25次数1，同时在
23   Shell区显示相关信息，如果音量值小于或等于25，熄灭led1'''
24   if __name__ == '__main__':              #如果当前程序文件为main主程序(顶层模块)，则执行冒号下方的缩进代码块
25       count=1                             #将变量count赋初值1，count用于存放音量超出指定值的次数
26       while True:                         #while为循环语句，若右边的值为真或表达式成立，反复执行下方的
27                                           #循环体(缩进相同的代码)，否则执行循环体之后的内容
28           Vvalue=Vvaluator(soundADC.read(),1.7)  #先执行read函数，将GPIO34引脚输入的AO电压转换成0~4095的
29                                           #ADC值，该值与1.7分别作为AO、AOmin值赋给并执行Vvaluator
30                                           #函数，得到0~100范围的音量值赋给Vvalue
31           if Vvalue:                      #如果Vvalue值不为0(非0即为真)，则执行下方的缩进代码
32               print ("音量值:",Vvalue)     #在Shell区显示"音量值:Vvalue值"
33               lednt.number(Vvalue)         #执行numbers函数，让lednt对象输出控制TM1637，驱动数码管显示Vvalue值
34               if Vvalue>25:                #如果Vvalue>25，执行下方缩进代码
35                   led1.value(1)            #将led1的值(即GPIO15端口输出值)设为1，点亮外接led1
36                   print ("音量累计超出指定值次数:", count) #在Shell区显示"音量累计超出指定值次数:count值"
37                   print("LED1亮！")         #在Shell区显示"LED1亮！"
38                   count += 1               #将count值加1
39               else:                        #否则(即音量值≤25)，执行下方缩进代码
40                   led1.value(0)            #将led1的值设为0，熄灭led1
41           time.sleep(0.3)                  #执行time模块中的sleep函数，延时0.3s，即每隔0.3s获取一次音量值
42
```

图 7-8　单片机通过声音传感器模块检测声音、数码管显示音量值及控制 LED 的程序及说明

在 Thonny 软件中单击工具栏上的 ⏵ 工具，程序被写入单片机的内存并开始运行，Shell 区会显示音量值，再保持在安静环境下调节 RP11，将音量值调到 1（音量值 Vvalue=0 时程序中的 if 语句判断为假，不会执行下方的 print 函数，Shell 区不会显示音量值 0），然后将手机靠近声音传感器模块的话筒并播放音乐（也可直接对话筒吹口哨），随着声音增大，Shell 区和数码管显示的音量值也增大，如图 7-9 所示，当音量值大于 25 时，led1 会被点亮。

```
Shell
>>> %Run -c $EDITOR_CONTENT
音量值: 1
音量值: 5
音量值: 51
音量累计超出指定值次数: 1
LED1亮！
音量值: 9
音量值: 58
音量累计超出指定值次数: 2
LED1亮！
音量值: 100
音量累计超出指定值次数: 3
LED1亮！
```

a) 程序运行时Shell区的显示内容　　　　　　b) 程序运行时数码管显示的音量值

图 7-9　程序运行时的显示内容

7.3 光敏传感器模块的使用与编程实例

7.3.1 光敏传感器模块介绍

1. 外形和引脚功能

光敏传感器模块的功能是检测光线亮度并转换成相应的电信号。图 7-10 是两种常见的光敏传感器模块，3 引脚的传感器模块只有数字信号输出（DO 或 OUT）引脚，当光线达到一定亮度时该引脚输出高电平或低电平信号；4 引脚的传感器模块除了有数字信号输出（DO）引脚，还有一个模拟信号输出（AO）引脚，输出随光线亮度变化的信号。

图 7-10　两种常见的光敏传感器模块

2. 电路及工作原理

图 7-11 是一种 4 引脚光敏传感器模块的电路原理图。R13 为光敏电阻，其阻值变化与受光亮度相反，受光亮度越强，阻值越小，A 点电压越低，传感器模块从 AO 引脚输出的信号电压也就越低，光敏电阻的阻值变化范围为几十欧至几百千欧，与 10kΩ 电阻 R12 对 3.3V 分压后在 A 点得到近似 0~3.3V 的电压。LM393 是一个采用运放电路的电压比较器，当比较器的 + 端电压大于 − 端电压（即 V+>V−）时，比较器输出高电平，DO 引脚也输出高电平，led11（传感器模块起控指示灯）不会导通，当 V−>V+ 时，输出低电平，led11 导通变亮。RP11 为亮度起控阈值调节电位器，滑动端上移时 B 点电压上升，比较器的 V− 电压升高，滑动端下移时 V− 电压下降。

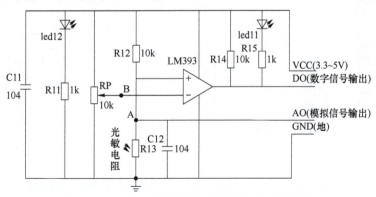

图 7-11　一种 4 引脚光敏传感器模块的电路原理

在使用光敏传感器模块 DO 引脚输出控制时通常需要调节亮度起控阈值。将起控亮度的光照射光敏电阻，先调节电位器 RP 将 led11 调亮，然后反方向调节 RP 将 led11 调到刚刚熄灭（V+ 略高于 V−），这样只要光线亮度稍微超过起控亮度（V+ 降低，出现 V+<V−），led11 会被点亮，DO 引脚输出低电平控制信号。

7.3.2 单片机连接光敏传感器模块、数码管和 LED 的电路

ESP32 单片机连接光敏传感器模块、数码管和 LED 的电路如图 7-12 所示。接通电源后，光敏传感器模块 AO 引脚输出随光线亮度变化的 AO 信号，经 GPIO34 引脚送入单片机，在内部先由 ADC 电路转换成 0~4095 范围内的 ADC 值，再经程序计算得到 0~100 亮度值，然后单片机从 GPIO16、GPIO17 引脚输出相应的信号到 TM1637 芯片，使之驱动 4 位数码管显示该亮度值，如果亮度值小于 5，单片机会从 GPIO15 引脚输出高电平，点亮 led1。

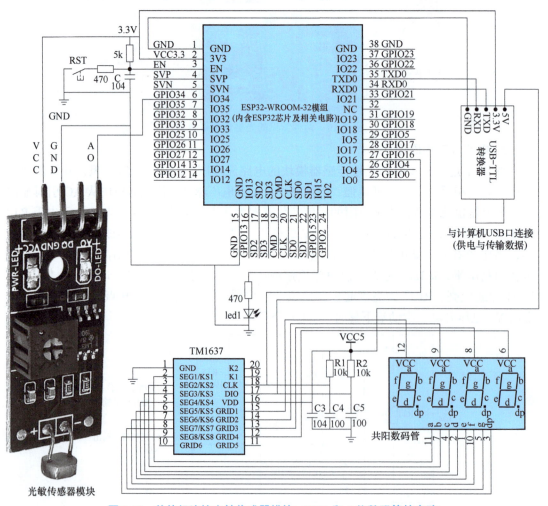

图 7-12 单片机连接光敏传感器模块、LED 和 4 位数码管的电路

7.3.3 光敏传感器模块检测光亮度、数码管显示亮度值及控制 LED 的程序及说明

单片机通过光敏传感器模块检测光亮度、数码管显示亮度值及控制 LED 的程序及说明如图 7-13a 所示。在 Thonny 软件中单击工具栏上的 ▶ 工具,程序被写入单片机的内存并开始运行,Shell 区和数码管会显示光敏传感器模块检测的亮度值,将光源逐渐靠近光敏传感器模块的光敏电阻(如用手电筒照射并逐渐靠近光敏电阻),Shell 区和数码管显示的亮度值会逐渐增大,如图 7-13b 所示,如果遮住光敏电阻使亮度值小于 5 时,led1 会被点亮。

```python
'''光敏传感器测光亮度、数码管显示亮度值及LED控制:数码管和Shell区均显示光敏传感器检测的光线亮度值(0~100),
若亮度值<5,点亮led1并累计亮度值小于5的时间,在Shell区显示"亮度低于指定值累计时间(秒):count*2"和"LED1亮!"
'''
from machine import Pin,ADC      #从machine模块中导入Pin类和ADC类
import tm1637,time               #导入tm1637和time模块

led1=Pin(15,Pin.OUT)             #用Pin类将GPIO15引脚创建为led1对象,并将其设为输出模式
lednt=tm1637.TM1637(clk=Pin(16),dio=Pin(17))  #用TM1637类创建名称为lednt的控制TM1637芯片的对象,该对象
                                              #使用GPIO16、GPIO17引脚分别连接TM1637的CLK、DIO引脚
lightADC=ADC(Pin(34))            #用ADC类创建名称为lightADC的ADC对象,该对象使用GPIO34引脚作为ADC输入端
lightADC.atten(ADC.ATTN_11DB)    #将ADC衰减量设为11db,此数减量下ADC可输入的电压为0.0~3.6V

'''Lvaluator函数功能是根据AOmin值将AOadc值转换成0~100范围的亮度值,AOmin为光敏传感器送来的最小AO电压,
AOadc为AO电压经ADC转换成0~4095范围内的ADC值,由于光线越亮,光敏传感器送来的AO电压越低,转换得到的ADC值低,
计算得到的Lv1亮度值也低,故用Lv1=100-Lv1使Lv1亮度值变化与光亮度变化方向相同(即光线越亮,亮度值越大)'''
def Lvaluator(AOadc,AOmin):      #定义Lvaluator函数,AOadc、AOmin为输入参数,调用时执行函数时赋值
    Lv1=(3.3*AOadc/4095-AOmin)/(3.3-AOmin)*100  #根据AOmin值将AOadc值转换成0~100的亮度值,并赋给Lv1
    Lv1=100-round(Lv1)           #先用round函数对Lv1值四舍五入,再计算100-Lv1结果赋给Lv1
    return Lv1                   #将Lv1值(0~100)返回给Lvaluator函数作为函数的返回值

'''主程序:先将变量count赋初值1,再执行while语句的read函数,将光敏传感器送来的AO电压转换成0~4095的AOadc值,
然后执行Lvaluator函数将该值转换成0~100的亮度值,如果亮度值小于5,则点亮led1并累计亮度值小于5的时间,同时在
Shell区显示相关信息,如果亮度值大于或等于5,熄灭led1'''
if __name__ == '__main__':       #如果当前程序文件为main主程序(顶层模块),则执行冒号下方的缩进代码块
    count=1                      #将变量count赋初值1,count用于存放亮度超出指定值的次数
    while True:                  #while为循环语句,若右边的值为真或表达式成立,反复执行下方的
                                 #循环体(缩进相同的代码),否则执行循环体之后的内容
        Lvalue=Lvaluator(lightADC.read(),0)  #先执行read函数,将GPIO34引脚输入的AO电压转换为0~4095的
                                 #ADC值,该值与0分别作为AO、AOmin值赋给并执行Lvaluator函数,
                                 #得到0~100范围的亮度值赋给Lvalue
        print ("亮度值:",Lvalue)  #在Shell区显示"亮度值:Lvalue值"
        lednt.number(Lvalue)     #执行numbers函数,让lednt对象输出控制TM1637,驱动数码管显示Lvalue值
        if Lvalue<5:             #如果亮度值<5,执行下方缩进代码
            led1.value(1)        #将led1的值(即GPIO15引脚输出值)设为1,点亮外接led1
            print ("亮度低于指定值累计时间(秒): ", count*(2))   #2为2个sleep函数延时时间(1.5+0.5)
                                 #在Shell区显示"亮度低于指定值累计时间(秒):",count值*2
            print("LED1亮! ")     #在Shell区显示"LED1亮!"
            count += 1           #将count值加1
            time.sleep(1.5)      #执行time模块中的sleep函数,延时1.5s
        else:                    #否则(即亮度值≤25),执行下方缩进代码
            led1.value(0)        #将led1的值设为0,熄灭led1
        time.sleep(0.5)          #执行time模块中的sleep函数,延时0.5s
        print("------")          #在Shell区显示"------",视觉上分隔两次测量显示
```

a) 程序

```
>>> %Run -c $EDITOR_CONTENT
亮度值: 31
------
亮度值: 71  ⎫
------      ⎬ 光源逐渐靠近光敏传感器
亮度值: 85  ⎭
------
亮度值: 0
亮度低于指定值累计时间(秒): 2  ⎫ 遮住光敏传感器
LED1亮!                        ⎭
------
亮度值: 20  ← 移开光敏传感器遮挡物
------
亮度值: 0
亮度低于指定值累计时间(秒): 4  ⎫ 遮住光敏传感器
LED1亮!                        ⎭
```

b) 程序运行时 Shell 区的显示内容

图 7-13 单片机通过光敏传感器模块检测光亮度、数码管显示亮度值及控制 LED 的程序及运行显示

7.4 热敏传感器模块的使用与编程实例

7.4.1 热敏传感器模块介绍

1. 外形和引脚功能

热敏电阻是一种对温度敏感的电阻，主要有 NTC 和 PTC 两种类型。NTC 型热敏电阻具有温度升高阻值变小的特性，而 PTC 型热敏电阻具有温度升高阻值变大的特性。热敏传感器模块使用 NTC 型热敏电阻检测环境的冷热程度，环境温度越高，其阻值越小。图 7-14 是两种常见的热敏传感器模块外形及引脚功能。

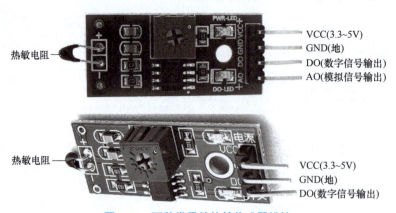

图 7-14 两种常见的热敏传感器模块

2. 电路及工作原理

图 7-15 是一种 4 引脚热敏传感器模块的电路原理图。RT 为 NTC 型热敏电阻，其阻值变化与温度变化相反，当环境温度升高时，RT 阻值变小，A 点电压下降，AO 引脚输出电压下降，当环境温度下降时，RT 阻值变大，A 点电压上升，AO 引脚输出电压上升，即环境温变化时 AO 引脚输出与之变化相反的 AO 电压。如果环境温度上升使 A 点电压（也即 V+ 电压）下降，低于 B 点电压（也即 V− 电压），LM393 比较器出现 V−>V+，马上输出低电平，指示灯 led11 导通点亮，DO 引脚输出低电平控制信号。RP 为阈值调节电位器，滑动端下移时 B 点电压上升，比较器的 V− 电压下降，这样需要 RT 阻值很小才能使 V+ 电压下降到低于 V−，让比较器输出低电平，而让 RT 阻值很小则需更高的温度，即 RP 滑动端下移时，调高亮度起控的阈值。

在使用热敏传感器模块时，如果希望环境冷热程度超过某温度时从 DO 引脚输出低电平控制信号，可以调节阈值电位器。将热敏传感器模块置于某温度的环境中，先调节电位器 RP 将 led11 调亮（V+<V−），然后反方向调节 RP 将 led11 调到刚刚熄灭（V+ 略高于 V−），这样当环境温度略高于当前温度时，热敏电阻 RT 的阻值变小，V+ 电压下降，出现 V+>V−，比较器输出低电平，led11 点亮，DO 引脚输出低电平控制信号。如果将 RP 反向多调节一些，则环境温度需要高出当前温度更多时才能让 led11 点亮，DO 引脚才会输出控制信号。

ADC 与声/光/热/火/雨/烟传感器的使用及编程实例　第 7 章

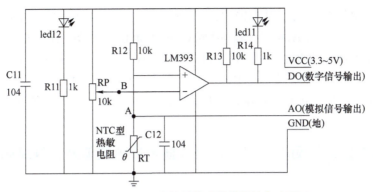

图 7-15　一种 4 引脚热敏传感器模块的电路原理

7.4.2　单片机连接热敏传感器模块、数码管和蜂鸣器的电路

ESP32 单片机连接热敏传感器模块、数码管和蜂鸣器的电路如图 7-16 所示。接通电

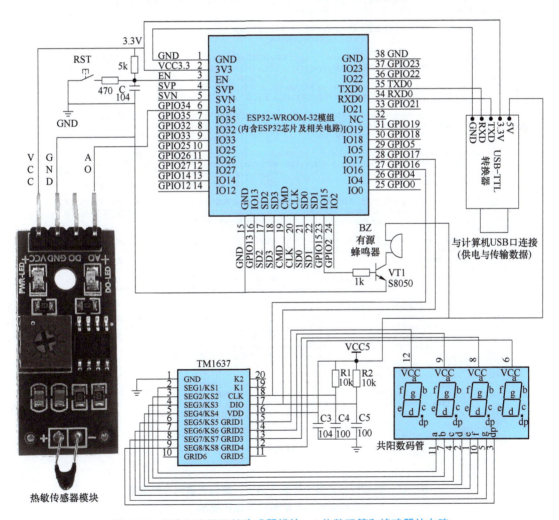

图 7-16　单片机连接热敏传感器模块、4 位数码管和蜂鸣器的电路

137

源后,热敏传感器模块 AO 引脚输出随环境温度变化的 AO 信号,经 GPIO34 引脚送入单片机,在内部先由 ADC 电路转换成 0~4095 范围的 ADC 值,再经程序计算得到 0~100 范围的冷热程度值,然后单片机从 GPIO16、GPIO17 引脚输出相应的信号到 TM1637,使之驱动 4 位数码管显示该冷热程度值,如果冷热程度值大于 60,单片机会从 GPIO15 引脚输出高电平,晶体管 VT 导通,5V 电源加到有源蜂鸣器 BZ 两端,蜂鸣器发声报警。

7.4.3 热敏传感器检测冷热度、数码管显示冷热度值及控制蜂鸣器的程序及说明

单片机通过热敏传感器模块检测冷热度、数码管显示冷热度值及控制蜂鸣器的程序及说明如图 7-17a 所示。在 Thonny 软件中单击工具栏上的 ⊙ 工具,程序被写入单片机的

```
'''热敏传感器检测冷热度、数码管显示冷热度值及控制蜂鸣器:NTC热敏电阻具有温度升高阻值变小的特性,热敏传感器
使用NTC热敏电阻检测环境冷热度,程序运行时数码管和Shell区均显示热敏传感器检测的冷热度值(0~100),若该值大于
60,则让蜂鸣器发声报警,并累计冷热度值大于60的时间
'''
from machine import Pin,ADC    #从machine模块中导入Pin类和ADC类
import tm1637,time             #导入tm1637和time模块

yyBeep=Pin(15,Pin.OUT)         #用Pin类将GPIO15引脚创建为yyBeep对象,并将其设为输出模式
lednt=tm1637.TM1637(clk=Pin(16),dio=Pin(17))  #用TM1637类创建名称为lednt的控制TM1637芯片的对象,该对象
                               #使用GPIO16、GPIO17引脚分别连接TM1637芯片的CLK、DIO引脚
hot=ADC(Pin(34))               #用ADC类创建名称为hot的ADC对象,该对象使用GPIO34引脚作为ADC输入端
hot.atten(ADC.ATTN_11DB)       #将ADC衰减量设为11db,此衰减量下ADC可输入的电压0.0~3.6V

'''Hvaluator函数功能是根据AOmin值将AOadc值转换成0~100范围的冷热度值,AOmin为热敏传感器送来的最小AO电压,
AOadc为AO电压经ADC转换成0~4095范围内的ADC值,由于冷热度越大,热敏传感器送来的AO电压越低,转换得到的ADC值
也低,计算得到的Hv1值同样低,用Hv1=100-Hv1可使Hv1值变化与冷热度变化方向相同(即冷热度越大,Hv1值越大)
'''
def Hvaluator(AOadc,AOmin):    #定义Hvaluator函数,AOadc、AOmin为输入变量,调用执行函数时赋值
    Hv1=(3.3*AOadc/4095-AOmin)/(3.3-AOmin)*100  #根据AOmin值将AOadc值转换成0~100范围的亮度值,并赋给Hv1
    Hv1=100-round(Hv1)         #先用round函数对Hv1值四舍五入,再计算100-Hv1结果赋给Hv1
    return Hv1                 #将Hv1值(0~100)返回给Hvaluator函数作为函数的返回值

'''主程序:先将变量count赋初值1,再执行while语句中的read函数,将热敏传感器送来的AO电压转换成0~4095范围内的
AOadc值,然后执行Hvaluator函数将该值转换成0~100的冷热度值,如果冷热度值大于60,则让蜂鸣器发声报警,并累计
冷热度值大于60的时间,Shell区显示相关信息,如果冷热度值小于或等于60,关闭蜂鸣器
'''
if __name__ == '__main__':     #如果当前程序文件为main主程序(顶层模块),则执行冒号下方的缩进代码块
    count=1                    #将变量count赋初值1,count用于存放冷热度超出指定值的次数
    while True:                #while为循环语句,若右边的值为真或表达式成立,反复执行下方的
                               #循环体(缩进相同的代码),否则执行循环体之后的内容
        Hvalue=Hvaluator(hot.read(),0)  #先执行read函数,将GPIO34引脚输入的AO电压转换成0~4095的
                               #ADC值,该值与0分别作为AO、AOmin值赋给并执行Hvaluator函数,
                               #得到0~100范围的冷热度值赋给Hvalue
        print ("冷热度:",Hvalue)     #在Shell区显示"冷热度:Hvalue值"
        lednt.number(Hvalue)   #执行numbers函数,让lednt对象输出控制TM1637,驱动数码管显示Hvalue值
        if Hvalue>60:          #如果冷热度值大于60,执行下方缩进代码
            yyBeep.value(1)    #将yyBeep(即GPIO15引脚输出值)设为1,让蜂鸣器发声报警
            print("冷热度超出指定值累计时间(秒):",count*0.5)
                               #在Shell区显示"冷热度超出指定值累计时间(秒):count值*0.5"
            print("蜂鸣器报警!")     #在Shell区显示"蜂鸣器报警!"
            count += 1         #将count值加1
        else:                  #否则(即冷热度值≤60),执行下方缩进代码
            yyBeep.value(0)    #将yyBeep值设为0,关闭蜂鸣器
        time.sleep(0.5)        #执行time模块中的sleep函数,延时0.5s
        print("-------")       #在Shell区显示"-------",视觉上分隔两次测量显示
```

a) 程序

图 7-17 热敏传感器模块检测冷热度、数码管显示冷热度值及控制蜂鸣器的程序及运行显示

```
Shell
>>> %Run -c $EDITOR_CONTENT
冷热度：58
--------
冷热度：58      环境温度约30℃时的冷热度值
--------
冷热度：66
冷热度超出指定值累计时间(秒)：0.5
蜂鸣器报警！
--------
冷热度：64                              用电吹风对热敏传感器吹热风
冷热度超出指定值累计时间(秒)：1.0
蜂鸣器报警！
```

b）程序运行时Shell区的显示内容

图 7-17 热敏传感器模块检测冷热度、数码管显示冷热度值
及控制蜂鸣器的程序及运行显示（续）

内存并开始运行，Shell 区和数码管会显示当前环境的冷热度值，如图 7-17b 所示。用电吹风对热敏传感器模块的热敏电阻吹热风，Shell 区和数码管会显示的此时的冷热度值，当冷热度值大于 60，蜂鸣器会发声报警。

7.5 火焰传感器模块的使用与编程实例

7.5.1 火焰传感器模块介绍

1. 外形和引脚功能

发热体发热时会往周围发射红外线，温度越高，发射的红外线越强。火焰传感器模块使用红外线接收管（又称红外线光敏晶体管/光电晶体管）检测火焰发出的红外线强度来判断火焰强度。图 7-18 是两种常见的火焰传感器模块，3 引脚的传感器模块只有数字信号输出（DO 或 OUT）引脚，当红外线达到一定强度时该端输出高电平或低电平信号；4 引脚的传感器模块除了有数字信号输出（DO）引脚，还有一个模拟信号输出（AO）引脚，输出随红外线强度变化的电信号。

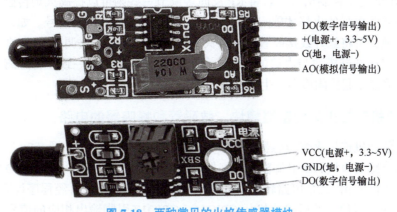

图 7-18 两种常见的火焰传感器模块

2. 电路及工作原理

图 7-19 是一种 4 引脚火焰传感器模块的电路原理图。VT 为红外线接收管，无红外线照射时截止（不导通），A 点电压约为 3.3V，有红外线照射时会导通，光线越强导通越深，A 点电压越低，传感器模块从 AO 引脚输出的信号电压范围为 0~3.3V。LM393 是一个采用运放电路的电压比较器，当比较器的 + 端电压大于 - 端电压（即 V+>V-）时，比较器输出高电平，DO 引脚也输出高电平，led11（传感器模块起控指示灯）不会导通，当 V->V+ 时，输出低电平，led11 导通变亮。RP 为阈值调节电位器，滑动端上移时 B 点电压上升，比较器的 V- 电压升高，滑动端下移时 V- 电压下降。

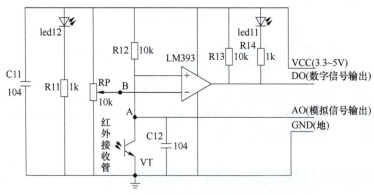

图 7-19　一种 4 引脚火焰传感器模块的电路原理

红外线接收管导通程度除了与照射的红外线强度有关外，还与接收角度有关。当接收管头部正对红外线时灵敏度最高，导通最深，以接收管头部为轴将接收管旋转一定角度，其灵敏度会下降，导通程度会变浅，旋转角度越大，接收管灵敏度越低，导通越浅。

在使用火焰传感器模块检测火焰强度时，如果希望火焰超过某强度时从 DO 引脚输出控制，可以调节阈值电位器。将火焰传感器模块的红外线接收管头部正对且靠近火焰，先调节电位器 RP 将 led11 调亮，然后反方向调节 RP 将 led11 调到刚刚熄灭（V+ 略高于 V-），这样只要火焰强度稍微超过当前强度（V+ 降低，出现 V+<V-），led11 会被点亮，DO 引脚输出低电平控制信号，若将 RP 反向多调节一些则可以提高火焰传感器模块的起控阈值，即需要更强的火焰才能点亮 led11，让 DO 引脚输出控制信号。如果火焰传感器模块过于灵敏，可将红外线接收管斜对着火焰，再用同样的方法调节 RP。在调节好起控阈值后，火焰传感器模块与火焰的距离和角度应保持与调节时一致，若距离和角度发生变化，则火焰强度起控阈值会发生变化。

7.5.2　单片机连接火焰传感器模块、数码管和蜂鸣器的电路

ESP32 单片机连接火焰传感器模块、数码管和蜂鸣器的电路如图 7-20 所示。接通电源后，火焰传感器模块 AO 引脚输出随红外线强度变化的 AO 信号，经 GPIO34 引脚送入单片机，在内部先由 ADC 电路转换成 0~4095 范围的 ADC 值，再经程序计算得到 0~100 范围的红外线强度值，然后单片机从 GPIO16、GPIO17 引脚输出相应的信号到 TM1637，

使之驱动 4 位数码管显示该红外线强度值，如果红外线强度值大于 90，单片机会从 GPIO15 引脚输出高电平，晶体管 VT 导通，5V 电源加到有源蜂鸣器 BZ 两端，蜂鸣器发声报警。

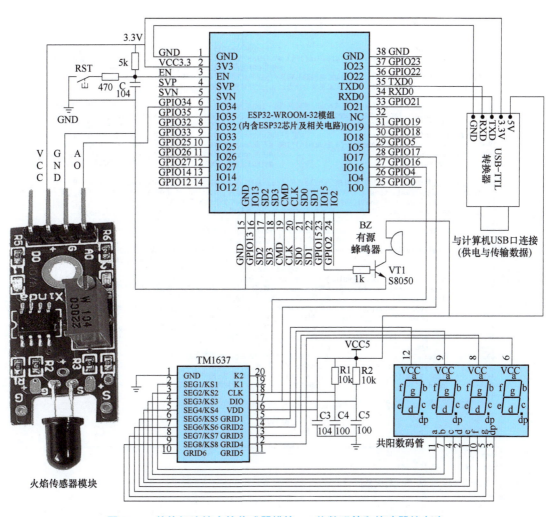

图 7-20　单片机连接火焰传感器模块、4 位数码管和蜂鸣器的电路

7.5.3　检测火焰强度、数码管显示强度值及控制蜂鸣器的程序及说明

单片机通过火焰传感器模块检测火焰强度、数码管显示强度值及控制蜂鸣器的程序及说明如图 7-21a 所示。在 Thonny 软件中单击工具栏上的 ⏵ 工具，程序被写入单片机的内存并开始运行，将火焰（如点燃的打火机和蜡烛）逐渐靠近火焰传感器模块的红外线接收管，Shell 区和数码管会显示的红外线强度值，火焰越近，红外线强度值越大，如图 7-21b 所示。如果红外线强度值大于 90，蜂鸣器会发声报警，在距离不变时转动火焰传感器模块，红外线强度值也会发生变化。

```python
'''火焰传感器检测火焰强度、数码管显示强度值及控制蜂鸣器：火焰燃烧时会发出红外线,火焰越强发出的红外线也
越强,火焰传感器通过检测火焰发出的红外线强度判断火焰强度,程序运行时数码管和Shell区均显示火焰传感器检测
红外线强度值(0~100),若该值大于90,则蜂鸣器发声报警,并累计红外线强度值大于90的时间'''

from machine import Pin,ADC      #从machine模块中导入Pin类和ADC类
import tm1637,time               #导入tm1637和time模块

yyBeep=Pin(15,Pin.OUT)            #用Pin类将GPIO15引脚创建为yyBeep对象,并将其设为输出模式
lednt=tm1637.TM1637(clk=Pin(16),dio=Pin(17))  #用TM1637类创建名称为lednt的控制TM1637芯片的对象,该对象
                                  #使用GPIO16、GPIO17引脚分别连接TM1637芯片的CLK、DIO引脚
flame=ADC(Pin(34))                #用ADC类创建名称为flame的ADC对象,该对象使用GPIO34引脚作为ADC输入端
flame.atten(ADC.ATTN_11DB)        #将ADC衰减量设为11db,此衰减量下ADC可输入的电压为0.0~3.6V

'''Fvaluator函数功能是根据AOmin值将AOadc值转换成0~100范围的红外线强度值,AOmin为火焰传感器送来的最小AO
电压,AOadc为AO电压经ADC转换成0~4095范围内的ADC值,由于火焰越强,火焰传感器送来的AO电压越低,转换得到的ADC
值也低,计算得到的Fv1值同样低,则Fv1=100-Fv1可使Fv1值变化与火焰强度变化方向相同(即火焰越强,Fv1值越大)'''
def Fvaluator(AOadc,AOmin):       #定义Fvaluator函数,AOadc、AOmin为输入变量,调用执行函数时赋值
    Fv1=(3.3*AOadc/4095-AOmin)/(3.3-AOmin)*100  #根据AOmin值将AOadc值转换成0~100的亮度值,并赋给Fv1
    Fv1=100-round(Fv1)            #先用round函数对Fv1值四舍五入,再计算100-Fv1结果赋给Fv1
    return Fv1                    #将Fv1值(0~100)返回给Fvaluator函数作为函数的返回值

'''主程序:先将变量count赋初值1,再执行while语句的read函数,将火焰传感器送来的AO电压转换成0~4095范围内的
AOadc值,然后执行Fvaluator函数将该值转换成0~100的红外线强度值,如果强度值大于90,则让蜂鸣器发声报警,并累计
红外线强度值大于90的时间,Shell区显示相关信息,如果红外线强度值小于或等于90,关闭蜂鸣器'''
if __name__ == '__main__':       #如果当前程序文件为main主程序(顶层模块),则执行冒号下方的缩进代码块
    count=1                       #将变量count赋初值1,count用于存放红外线强度超出指定值的次数
    while True:                   #while为循环语句,若右边的值为真或表达式成立,反复执行下方的
                                  #循环体(缩进相同的代码),否则执行循环体之后的内容
        Fvalue=Fvaluator(flame.read(),0)   #先执行read函数,将GPIO34引脚输入的AO电压转换成0~4095的
                                  #ADC值,该值与0分别作为AO、AOmin值赋给并执行Fvaluator函数,
                                  #得到0~100范围的红外线强度值赋给Fvalue
        print ("红外线强度:",Fvalue)         #在Shell区显示"红外线强度:Fvalue值"
        lednt.number(Fvalue)       #执行numbers函数,让lednt对象输出控制TM1637,驱动数码管显示Fvalue值
        if Fvalue>90:              #如果红外线强度值大于90,执行下方缩进代码
            yyBeep.value(1)        #将yyBeep的值(即GPIO15引脚输出值)设为1,让蜂鸣器发声报警
            print("红外线强度超出指定值累计时间(秒): ",count*0.5)
                                   #在Shell区显示"红外线强度超出指定值累计时间(秒):count值*0.5"
            print("蜂鸣器报警！ ")  #在Shell区显示"蜂鸣器报警！"
            count += 1             #将count值加1
        else:                      #否则(即红外线强度值≤90),执行下方缩进代码
            yyBeep.value(0)        #将yyBeep的值设为0,关闭蜂鸣器
        time.sleep(0.5)            #执行time模块中的sleep函数,延时0.5s
        print("-------")          #在Shell区显示"-------",视觉上分隔两次测量显示
```

a) 程序

```
>>> %Run -c $EDITOR_CONTENT
红外线强度: 0   ←无火焰
-------
红外线强度: 67  ⎫
-------         ⎬ 火焰传感器的红外接收管逐渐接近火焰
红外线强度: 86  ⎭
-------
红外线强度: 100
红外线强度超出指定值累计时间(秒): 0.5  ⎫
蜂鸣器报警！                           ⎬
-------                                ⎬ 火焰强度超出指定值90
红外线强度: 99                         ⎬
红外线强度超出指定值累计时间(秒): 1.0  ⎭
蜂鸣器报警！
-------
红外线强度: 25  ←火焰传感器的红外线接收管从正对火焰到偏转一定的角度
```

b) 程序运行时Shell区的显示内容

图 7-21　单片机通过火焰传感器模块检测火焰、数码管显示红外线强度值
及控制 LED 的程序及运行显示

7.6 雨滴传感器模块的使用与编程实例

7.6.1 雨滴传感器模块介绍

雨滴传感器模块主要用于检测是否下雨及雨量的大小，常见的应用如汽车自动刮水系统、智能灯光系统和智能天窗系统等。

1. 外形和引脚功能

水是非绝缘体，具有导电性，其电阻与接触面、水量等因素有关。雨滴传感器模块通过检测滴落在感应板上的雨水的电阻来判断雨量大小，感应板上的雨水越多，雨水与感应板接触面积越大，电阻就越小。图 7-22 是一种常见的 4 引脚雨滴传感器模块。此外，还有一种 3 引脚的雨滴传感器模块，除电源（VCC）和接地（GND）引脚外，只有数字信号输出（DO 或 OUT）引脚，无模拟信号输出（AO）引脚。

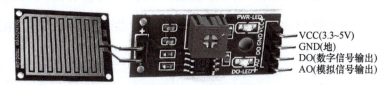

图 7-22 常见的雨滴传感器模块

雨滴传感器模块需要连接雨滴感应板使用，雨滴感应板类似于互相绝缘的两个金属导电梳子，梳齿之间交叉排列，同一个导电梳的梳齿之间是连通的，但其梳齿与另一个导电梳的各梳齿之间是绝缘的，当雨滴落在感应板两个导电梳的梳齿上时，梳齿之间通过雨水导通，雨量小时两个导电梳只有少量梳齿之间有水，两导电梳之间的电阻大，雨量大时有更多梳齿之间有水覆盖，导电梳之间的电阻变小。

2. 电路及工作原理

图 7-23 是一种 4 引脚雨滴传感器模块的电路原理图。未下雨时雨滴感应板电极 1、2 之间处于开路状态，A 点电压约为 3.3V，当下雨时雨滴落到感应板上，感应板电极 1、2 之间通过水导通，A 点电压下降，感应板上的雨滴越多，其电极 1、2 之间的电阻越小，A 点电压越低。LM393 是一个采用运放电路的电压比较器，未下雨时比较器的 + 端电压大于 – 端电压（即 V+>V–）时，比较器输出高电平，DO 引脚也输出高电平，led11（传感器模块起控指示灯）截止熄灭，下雨时雨滴落到感应板上，V+ 电压下降，当 V–>V+ 时，比较器输出低电平，led11 导通变亮。RP 为阈值调节电位器，滑动端上移时 B 点电压上升，比较器的 V– 电压升高，感应板上只要少量的雨水就能使 V+ 下降且小于 V–，比较器输出低电平，led11 点亮，DO 引脚输出控制信号。

雨滴传感器模块在

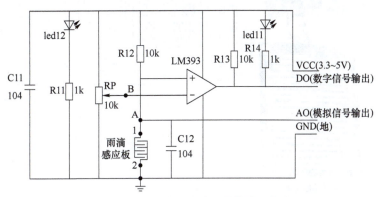

图 7-23 一种 4 引脚雨滴传感器模块的电路原理

使用时应先调节雨量阈值，比如希望感应板上的雨滴数量超过 2 个时输出控制信号，可以在感应板上滴 2 滴水，然后调节阈值电位器 RP 使 led11 变亮，再反向调节 RP 让 led11 刚刚熄灭，这样当感应板上再滴 1 滴水时，V+ 电压进一步会下降，从而出现 V->V+，led11 点亮，DO 引脚输出低电平控制信号。在使用雨滴传感器模块检测雨量时，雨滴感应板应倾斜放置，让落到感应板上的雨水及时流走，这样可避免雨量检测错误，若感应板水平放置，即使是长时间的小雨也可使感应板上积累大量的雨水，从而出现雨量大的误判。

7.6.2 单片机连接雨滴传感器模块、数码管和蜂鸣器的电路

ESP32 单片机连接雨滴传感器模块、数码管和蜂鸣器的电路如图 7-24 所示。接通电

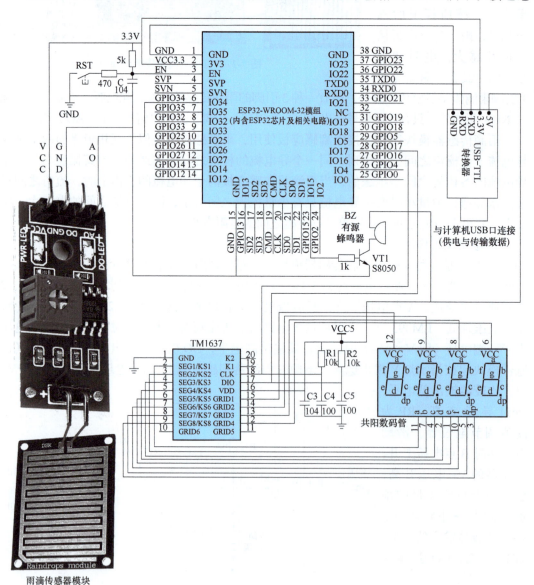

图 7-24 单片机连接雨滴传感器模块、4 位数码管和蜂鸣器的电路

源后,雨滴传感器模块 AO 引脚输出随雨量变化的 AO 信号,经 GPIO34 引脚送入单片机,在内部先由 ADC 电路转换成 0~4095 范围的 ADC 值,再经程序计算得到 0~100 范围的雨量值,然后单片机从 GPIO16、GPIO17 引脚输出相应的信号到 TM1637,使之驱动 4 位数码管显示雨量值。如果雨量值大于指定值,单片机会从 GPIO15 引脚输出高电平,晶体管 VT 导通,5V 电源加到有源蜂鸣器 BZ 两端,蜂鸣器发声报警。

7.6.3 雨滴传感器模块检测雨量、数码管显示雨量值及控制蜂鸣器的程序及说明

雨滴传感器模块检测雨量、数码管显示雨量值及控制蜂鸣器的程序及说明如图 7-25a 所示。在 Thonny 软件中单击工具栏上的 ▶ 工具,程序被写入单片机的内存并开始运行,将滴几滴水在水滴感应板上,Shell 区和数码管会显示的雨量值,雨量值大于 30 会让蜂鸣器发声,用纸擦掉一部分水,雨量值会减小,感应板上的水完全被擦干后,雨量值变为 0,如图 7-25b 所示。

```python
'''雨滴传感器检测雨量、数码管显示雨量值及控制蜂鸣器:水具有导电性,下雨时雨滴落到雨滴感应板上会使感应板两极
间的电阻变小,感应板上的雨滴越多,电阻越小,雨滴传感器通过检测感应板的电阻大小判断雨量大小,程序运行时数码管和
Shell区均显示雨滴传感器检测的雨量值(0~100),若该值大于30,让蜂鸣器发声报警,并累计雨量值大于30的时间
'''
from machine import Pin,ADC     #从machine模块中导入Pin类和ADC类
import tm1637,time              #导入tm1637和time模块

yyBeep=Pin(15,Pin.OUT)          #用Pin类将GPIO15引脚创建为yyBeep对象,并将其设为输出模式
lednt=tm1637.TM1637(clk=Pin(16),dio=Pin(17))  #用TM1637类创建名称为lednt的控制TM1637芯片的对象,该对象
                                #使用GPIO16、GPIO17引脚 分别连接TM1637芯片的CLK、DIO引脚
rain=ADC(Pin(34))               #用ADC类创建名称为rain的ADC对象,该对象使用GPIO34引脚作为ADC输入端
rain.atten(ADC.ATTN_11DB)       #将ADC衰减设为11dB,此衰减量下ADC可输入的电压为0.0~3.6V

'''Rvaluator函数功能是根据AOmin值将AOadc值转换成0~100范围的雨量值,AOmin为雨滴传感器送来的最小AO电压,
AOadc为AO电压经ADC转换成0~4095范围内的ADC值,由于雨量越大,雨滴传感器送来的AO电压越低,转换得到的ADC值
也低,计算得到的Rv1值同样低,用Rv1=100-Rv1可使Rv1值变化与雨量变化方向相同(即雨量越大,Rv1值越大)
'''
def Rvaluator(AOadc,AOmin):     #定义Rvaluator函数,AOadc、AOmin为输入变量,调用执行函数时赋值
    Rv1=(3.3*AOadc/4095-AOmin)/(3.3-AOmin)*100  #根据AOmin值将AOadc值转换成0~100的亮度值,并赋给Rv1
    Rv1=100-round(Rv1)          #先用round函数对Rv1值四舍五入,再计算100-Rv1结果赋给Rv1
    return Rv1                  #将Rv1值(0~100)返回给Rvaluator函数作为函数的返回值

'''主程序:先将变量count赋初值1,再执行while语句中的read函数,将雨滴传感器送来的AO电压转换成0~4095范围内的
AOadc值,然后执行Rvaluator函数将该值转换成0~100的雨量值,如果雨量值大于30,则让蜂鸣器发声报警,并累计雨量值
大于30的时间,Shell区显示相关信息,如果雨量值小于或等于30,关闭蜂鸣器
'''
if __name__ == '__main__':      #如果当前程序文件为main主程序(顶层模块),则执行冒号下方的缩进代码块
    count=1                     #将变量count赋初值1,count用于存放雨量超出指定值的次数
    while True:                 #while为循环语句,若右边的值为真或表达式成立,反复执行下方的
                                #循环体(缩进相同的代码),否则执行循环体之后的内容
        Rvalue=Rvaluator(rain.read(),0)  #先执行read函数,将GPIO34引脚输入的AO电压转换成0~4095的
                                #ADC值,该值与0分别作为AO、AOmin值赋给并执行Rvaluator函数,
                                #得到0~100范围的雨量值赋给Rvalue
        print ("雨量:",Rvalue)  #在Shell区显示"雨量:Rvalue值"
        lednt.number(Rvalue)    #执行numbers函数,让lednt对象输出控制TM1637,驱动数码管显示Rvalue值
        if Rvalue>30:           #如果雨量值大于30,执行下方缩进代码
            yyBeep.value(1)     #将yyBeep的值(即GPIO15引脚输出值)设为1,让蜂鸣器发声报警
            print("雨量超出指定值累计时间(秒): ",count*0.5)
                                #在Shell区显示"雨量超出指定值累计时间(秒): count值*0.5"
            print("蜂鸣器报警!")  #在Shell区显示"蜂鸣器报警!"
            count += 1          #将count加1
        else:                   #否则(即雨量值≤30),执行下方缩进代码
            yyBeep.value(0)     #将yyBeep的值设为0,关闭蜂鸣器
        time.sleep(0.5)         #执行time模块中的sleep函数,延时0.5s
        print("-------")        #在Shell区显示"-------",视觉上分隔两次测量显示
```

a) 程序

图 7-25 雨滴传感器模块检测雨量、数码管显示雨量值及控制蜂鸣器的程序及运行显示

```
Shell
>>> %Run -c $EDITOR_CONTENT
雨量：36
雨量超出指定值累计时间(秒)：0.5
蜂鸣器报警！
------
雨量：36
雨量超出指定值累计时间(秒)：1.0
蜂鸣器报警！
------
雨量：15  ←用纸擦掉感应板上的一些水
------
雨量：0   ←感应板上无水
```

} 雨滴传感器的感应板上有较多的水

b) 程序运行时Shell区的显示内容

图 7-25　雨滴传感器模块检测雨量、数码管显示雨量值及控制蜂鸣器的程序及运行显示（续）

7.7　烟雾传感器模块的使用与编程实例

7.7.1　烟雾传感器模块介绍

烟雾传感器模块由气体传感器和检测电路组成，其中气体传感器用于检测烟雾浓度，当烟雾浓度发生变化时，气体传感器的电阻会发生变化，经检测电路处理后输出随烟雾浓度变化的电压，当烟雾浓度超过一定值时，烟雾传感器模块还会输出控制信号。

1. 气体传感器

气体传感器也称气敏传感器模块，其外形与符号如图 7-26 所示。典型的气敏传感器模块结构及特性曲线如图 7-27 所示。气体传感器的气敏特性主要由内部的气敏元件来决

a) 实物外形

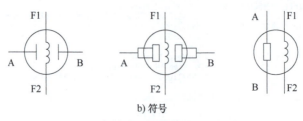

b) 符号

图 7-26　气敏传感器模块的外形与符号

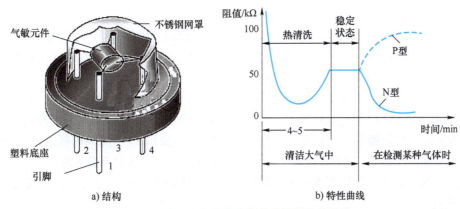

图 7-27　典型的气体传感器的结构及特性曲线

定的。气敏元件有 F1、F2、A、B 4 个引脚，分别与外部 1 号、2 号、3 号、4 号引脚相连，当在清洁的大气中给 1 号、2 号引脚内部的灯丝通电（对气敏元件加热）时，3 号、4 号引脚之间的气敏元件电阻先减小再升高（约几分钟），升高到一定值时电阻值保持稳定，若此时某种气体接触气敏元件，气敏元件的电阻值会发生变化（P 型气敏元件在接触某种气体时的电阻值会增大，N 型气敏元件的电阻值会变小），该气体浓度越高，电阻值变化越大。

气体传感器种类很多，其中 MQ 系列较为常用。MQ2 型适合检测可燃气体、烟雾、液化气、丙烷和氢气；MQ3 型适合检测酒精蒸气；MQ4 适合检测甲烷、天然气、丙烷和丁烷；MQ5 型适合检测丁烷、丙烷和甲烷；MQ6 型适合检测丙烷、丁烷、丙烷和甲烷；MQ7 型适合检测一氧化碳；MQ8 型适合检测氢气；MQ9 型适合检测液化石油气、一氧化碳和甲烷；MQ135 型适合检测空气质量，对氨气、硫化物、苯系蒸气的灵敏度较高。

2. 烟雾传感器模块

（1）外形及引脚功能

烟雾传感器模块由气体传感器和检测电路组成，图 7-28 是一种常见的 4 引脚烟雾传感器模块。此外，还有一种 3 引脚的烟雾传感器模块，除电源（VCC）和接地（GND）引脚外，其只有数字信号输出（DO 或 OUT）引脚，无模拟信号输出（AO）引脚。

图 7-28　烟雾传感器模块的外形及引脚功能

（2）电路及工作原理

图 7-29 是一种 4 引脚烟雾传感器模块的电路原理图。电路通电后，MQ2 气体传感器的 F1、F2 引脚内部灯丝有电流流过，灯丝发热对 A、B 引脚内部的气敏元件加热，气敏元件的电阻 R_{AB} 先减小再增大，几分钟后 R_{AB} 达到稳定值，LM393 比较器 V– 引脚电压和 AO 引脚输出电压均由电源电压经 R_{AB} 降压获得。当气体传感器接触烟雾时，其 R_{AB} 阻值减小，烟雾浓度越高，R_{AB} 阻值越小，V–、AO 电压则越高，如果烟雾浓度超过一定值出现 V–>V+ 时，比较器输出低电平，led11 导通点亮，同时 DO 引脚输出低电平控制信号。RP 为阈值调节电位器，滑动端上移时比较器 V+ 电压上升，这时需要烟雾浓度较大让 R_{AB} 阻值更小，V– 更高才能出现 V–>V+ 而点亮 led11，即 RP 滑动端上移时将烟雾浓度起控的阈值调高。

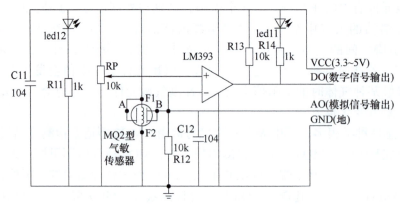

图 7-29　一种 4 引脚烟雾传感器模块的电路原理

在使用烟雾传感器模块的 DO 引脚输出控制功能时应先调节烟雾浓度阈值。如果希望只要空气中有烟雾时 DO 引脚就能输出低电平控制信号（同时 led11 亮），可将烟雾传感器模块放置在无烟环境中，然后调节阈值电位器 RP 使 led11 变亮，再反向调节 RP 让 led11 刚刚熄灭，这样只要一有烟雾，led11 就会点亮，DO 引脚同时输出低电平控制信号。如果希望空气中烟雾浓度超过一定程度时 DO 引脚才输出控制信号，可以将 RP 反向调节多一些，调节越多则需要更高的烟雾浓度才能起控。

7.7.2　单片机连接烟雾传感器模块、数码管和蜂鸣器的电路

ESP32 单片机连接烟雾传感器模块、数码管和蜂鸣器的电路如图 7-30 所示。接通电源后，烟雾传感器模块 AO 引脚输出随烟雾浓度变化的 AO 电压，经 GPIO34 引脚送入单片机，在内部先由 ADC 电路转换成 0~4095 范围的 ADC 值，再经程序计算得到 0~100 范围的烟雾浓度值，然后单片机从 GPIO16、GPIO17 引脚输出相应的信号到 TM1637 芯片，使之驱动 4 位数码管显示该烟雾浓度值，如果烟雾浓度值大于指定值，单片机会从 GPIO15 引脚输出高电平，晶体管 VT 导通，5V 电源加到有源蜂鸣器 BZ 两端，蜂鸣器发声报警。

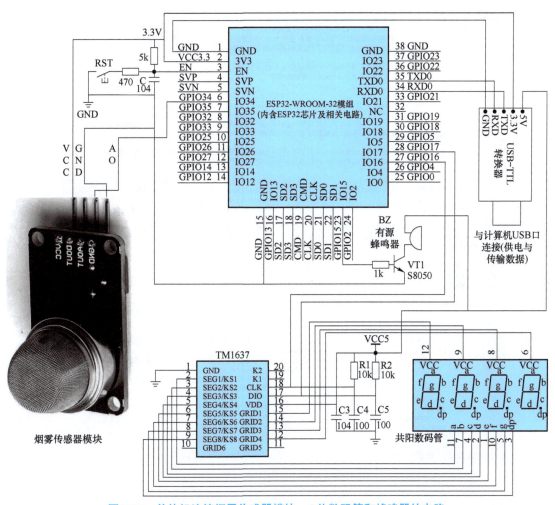

图 7-30 单片机连接烟雾传感器模块、4 位数码管和蜂鸣器的电路

7.7.3 烟雾传感器模块检测烟雾浓度、数码管显示烟雾浓度值及控制蜂鸣器的程序及说明

烟雾传感器模块检测烟雾浓度、数码管显示烟雾浓度值及控制蜂鸣器的程序及说明如图 7-31a 所示。在 Thonny 软件中单击工具栏上的 ⬤ 工具,程序被写入单片机的内存并开始运行,Shell 区和数码管会显示的烟雾浓度值,再点燃一支香烟,猛吸一口并喷入气体传感器的金属罩内。此时,Shell 区显示的烟雾浓度值马上增大,若大于 15 蜂鸣器会发声,如图 7-31b 所示。

由于气体传感器在刚通电时电阻值较大,AO 电压可能低于程序中 AOmin 值,Shell 区显示的烟雾浓度值会为负值,几分钟后气体传感器的电阻值会达到稳定,如果烟雾浓度值还是达不到 0,可以更改程序中的 AOmin 值,烟雾浓度值小于 0 时调小 AOmin 值,烟雾浓度值大于 0 时调大 AOmin 值。调整 AOmin 值后再运行程序查看 Shell 区显示的浓度值是否变为 0,不为 0 可反复进行调整运行,直到烟雾浓度值为 0 或接近 0 为止。

```python
'''烟雾传感器检测烟雾浓度、数码管显示烟雾浓度值及控制蜂鸣器：气体传感器在烟雾中导电性增强，其电阻变小，烟雾
浓度越高，电阻越小，烟雾传感器通过检测气体传感器电阻大小判断烟雾浓度高低，程序运行时数码管和Shell区均显示烟雾
传感器检测的烟雾浓度值(0~100)，若该值大于15，则让蜂鸣器发声报警，并累计烟雾浓度值大于15的时间
'''
from machine import Pin,ADC        #从machine模块中导入Pin类和ADC类
import tm1637,time                 #导入tm1637和time模块

yyBeep=Pin(15,Pin.OUT)              #用Pin类将GPIO15引脚创建为yyBeep对象，并将其设为输出模式
lednt=tm1637.TM1637(clk=Pin(16),dio=Pin(17))  #用TM1637类创建名称为lednt的控制TM1637芯片的对象，该对象
                                    #使用GPIO16、GPIO17引脚分别连接TM1637芯片的CLK、DIO引脚
gas=ADC(Pin(34))                    #用ADC类创建名称为gas的ADC对象，该对象使用GPIO34引脚作为ADC输入端
gas.atten(ADC.ATTN_11DB)            #将ADC衰减量设为11db，此衰减量下ADC可输入的电压为0.0~3.6V

'''Gvaluator函数功能是根据AOmin值将AOadc值转换成0~100范围的烟雾浓度值，AOmin为烟雾传感器送来的最小AO电压，
对应转换成的浓度值为0，AOadc为AO电压经ADC转换成0~4095范围内的ADC值
'''
def Gvaluator(AOadc,AOmin):         #定义Gvaluator函数，AOadc、AOmin为输入变量，调用执行函数时赋值
    Gv1=(3.3*AOadc/4095-AOmin)/(3.3-AOmin)*100  #根据AOmin值将AOadc值转换成0~100的亮度值，并赋给Gv1
    Gv1=round(Gv1)                  #用round函数对Gv1值四舍五入
    return Gv1                      #将Gv1值(0~100)返回给Gvaluator函数作为函数的返回值

'''主程序：先将变量count赋初值1，再执行while语句中的read函数，将烟雾传感器送来的AO电压转换成0~4095范围内的
AOadc值，然后执行Gvaluator函数将该值转换成0~100的烟雾浓度值，如果烟雾浓度值大于15，则让蜂鸣器发声报警，并累计
烟雾浓度值大于15的时间，Shell区显示相关信息，如果烟雾浓度值小于或等于15，关闭蜂鸣器
'''
if __name__ == '__main__':          #如果当前程序文件为main主程序(顶层模块)，则执行冒号下方的缩进代码块
    count=1                         #将变量count赋初值1，count用于存放烟雾浓度超出指定值的次数
    while True:                     #while为循环语句，若右边的值为真或表达式成立，反复执行下方的
                                    #循环体(缩进相同的代码)，否则执行循环体之后的内容
        Gvalue=Gvaluator(gas.read(),1.1)  #先执行read函数，将GPIO34引脚输入的AO电压转换成0~4095的
                                    #ADC值，该值与1.1分别作为AO、AOmin值赋给并执行Gvaluator函数，
                                    #得到0~100范围的烟雾浓度值赋给Gvalue
        print ("烟雾浓度:",Gvalue)     #在Shell区显示"烟雾浓度:Gvalue值"
        lednt.number(Gvalue)        #执行numbers函数，让lednt对象输出控制TM1637，驱动数码管显示Gvalue值
        if Gvalue>15:               #如果烟雾浓度值大于15，执行下方缩进代码
            yyBeep.value(1)         #将yyBeep的值(即GPIO15引脚输出值)设为1，让蜂鸣器发声报警
            print("烟雾浓度超出指定值累计时间(秒)：",count*0.5)
                                    #在Shell区显示"烟雾浓度超出指定值累计时间(秒)：count值*0.5"
            print("蜂鸣器报警！")      #在Shell区显示"蜂鸣器报警！"
            count += 1              #将count值加1
        else:                       #否则(即烟雾浓度值≤15)，执行下方缩进代码
            yyBeep.value(0)         #将yyBeep的值设为0，关闭蜂鸣器
        time.sleep(0.5)             #执行time模块中的sleep函数，延时0.5s
        print("-------")            #在Shell区显示"------"，视觉上分隔两次测量显示
```

a) 程序

```
Shell
-------
烟雾浓度: 0
-------
烟雾浓度: 1    } 无烟雾
-------
烟雾浓度: 37
烟雾浓度超出指定值累计时间(秒)： 0.5
蜂鸣器报警！
-------
烟雾浓度: 23                              } 烟雾浓度值大于15
烟雾浓度超出指定值累计时间(秒)： 1.0
蜂鸣器报警！
-------
烟雾浓度: 14
-------
烟雾浓度: 11   } 烟雾浓度值小于15
```

b) 程序运行时Shell区的显示内容

图 7-31　烟雾传感器模块检测烟雾浓度、数码管显示烟雾浓度值及控制蜂鸣器的程序及运行显示

第 8 章 常用传感器模块的使用及编程实例

8.1 倾斜传感器模块的使用与编程实例

8.1.1 倾斜传感器模块介绍

1. 外形和引脚功能

倾斜传感器模块使用倾斜开关检测小角度的倾斜,当倾斜开关(又称角度开关)往引脚一侧倾斜(一般大于 15°)时,内部的金属小球接触引脚内部的触头,两个引脚内部导通,如图 8-1a 所示。倾斜传感器模块外形如图 8-1b 所示,有 VCC(3.3~5V)、GND(地)和 DO(数字信号输出)3 个引脚。

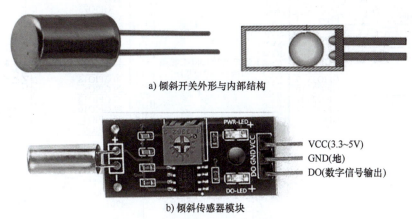

a) 倾斜开关外形与内部结构

b) 倾斜传感器模块

图 8-1 倾斜开关与倾斜传感器模块

2. 电路及工作原理

图 8-2 是倾斜传感器模块的电路原理图。QXsw 为倾斜开关,当 QXsw 往引脚一侧倾斜时内部触头接通,LM393 电压比较器的 V+=0,V+<V−,比较器输出低电平,led11 点亮,DO 引脚输出低电平控制信号;当 QXsw 处于水平位置或往引脚另一侧倾斜时,其内部触头断开,V+=VCC,V+>V−,比较器输出高电平,led11 熄灭,DO 引脚输出高电平。RP 用于调节起控灵敏度,倾斜开关倾斜到一定角度时内部金属球会使内部触头接通,倾斜角度较小时,金属球与触头接触不紧密,触点导通电阻较大,V+ 电压会高一些,RP

151

滑动端上移时 V− 电压升高，这样在倾斜开关倾斜角度较小（导通电阻较大）时就会出现 V−>V+ 而输出控制信号。

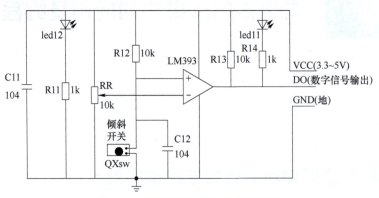

图 8-2　倾斜传感器模块的电路原理

8.1.2　单片机连接倾斜传感器模块和 LED 的电路

ESP32 单片机连接倾斜传感器模块和 LED 的电路如图 8-3 所示。当倾斜开关向引脚一侧倾斜时，内部触头接通，传感器的 DO 引脚输出低电平去单片机的 GPIO25 引脚，单

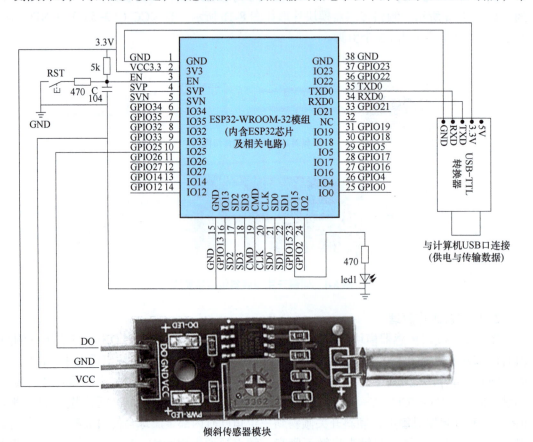

图 8-3　单片机连接倾斜传感器模块和 LED 的电路

片机内部程序运行会从 GPIO15 引脚输出高电平，led1 点亮，当倾斜开关往引脚另一侧倾斜时，内部触头通开，传感器的 DO 引脚输出高电平去单片机的 GPIO25 引脚，单片机从 GPIO15 引脚输出低电平，led1 熄灭。

8.1.3　倾斜传感器模块检测倾斜控制 LED 的程序及说明

倾斜传感器模块检测倾斜控制 LED 的程序及说明如图 8-4 所示。在 Thonny 软件中单击工具栏上的 ▶ 工具，程序被写入单片机的内存并开始运行，将倾斜传感器模块向倾斜开关引脚一侧倾斜，达到一定角度时 led1 会被点亮，将倾斜传感器模块平放或往倾斜开关引脚另一侧倾斜时，led1 熄灭。

```
'''倾斜传感器控制LED：倾斜开关往引脚一侧倾斜时开关闭合,led1亮,往引脚另一侧倾斜时开关断开,led1灭'''
from machine import Pin    #从machine模块中导入Pin类
import time                #导入time模块

QXsw=Pin(25,Pin.IN,Pin.PULL_UP)   #用Pin类将GPIO25引脚设为输入模式且内接上拉电阻,再用QXsw代表该对象
led1=Pin(15,Pin.OUT)              #用Pin类将GPIO15引脚设为输出模式,再用led1代表该对象

'''QXsw_irq为中断函数,在QXsw对象(GPIO25引脚)出现下降沿时触发执行本函数'''
def QXsw_irq(QXsw):                #定义一个名称为QXsw_irq的函数
    time.sleep_ms(20)              #延时20ms,避开开关通断时产生的抖动干扰信号
    if QXsw.value()==0:            #如果QXsw的值为0(即倾斜开关闭合,GPIO25引脚输入值为0),执行下方缩进代码
        led1.value(1)              #将led1的值(即GPIO15引脚的输出值)设为1,点亮led1
    else:                          #否则(即QXsw的值不为0)
        led1.value(0)              #熄灭led1

'''主程序:先让led1引脚输出低电平,上电后led1处于熄灭状态,接着执行irq函数配置并开启GPIO25引脚的输入中断,
然后反复执行while循环语句中的内容(pass),如果倾斜开关闭合,GPIO25引脚输入下降沿,触发该引脚产生中断,马上
退出while语句,执行该中断对应的QXsw_irq函数,如果GPIO25引脚为低电平,点亮led1,如果GPIO25引脚不为
低电平,熄灭led1,执行完中断函数后又返回执行while语句中的内容'''
if __name__=="__main__":           #如果当前程序文件为main主程序(顶层模块),则执行冒号下方的缩进代码块
    led1.value(0)                  #将led1的值(即GPIO15引脚的输出值)设为0,熄灭外接led1(初始状态)
    QXsw.irq(QXsw_irq,Pin.IRQ_FALLING)  #用irq函数配置QXsw对象(GPIO25引脚)的外部中断,发生中断时执行
                                        #QXsw_irq函数,中断触发方式为下降沿触发(Pin.IRQ_FALLING)
    while True:                    #while为循环语句,若右边的值为真或表达式成立,反复执行下方的
                                   #循环体(缩进相同的代码),否则执行循环体之后的内容
        pass                       #不执行任何操作,可删除pass写其他代码,无pass也无其他代码则会出错
```

图 8-4　倾斜传感器模块检测倾斜控制 LED 的程序及说明

8.2　振动传感器模块的使用与编程实例

8.2.1　振动传感器模块介绍

1. 外形和引脚功能

振动传感器（也称震动传感器）模块使用振动开关检测是否发生振动。振动开关外形与内部结构如图 8-5a 所示。振动开关的一个引脚与内部的导电弹簧连接，另一个引脚与内部导电棒连接，当振动开关振动时，导电弹簧会产生晃动，从而与导电棒接触，相当于开关内部的两个触头接通。振动开关可分为常开型和常闭型，常开型是指无振动时开关处于断开状态，振动时开关闭合，常闭型则正好相反。

振动传感器模块由振动开关和检电路组成，如图 8-5b 所示，有 VCC（3.3~5V）、GND（地）和 DO（数字信号输出）3 个引脚。

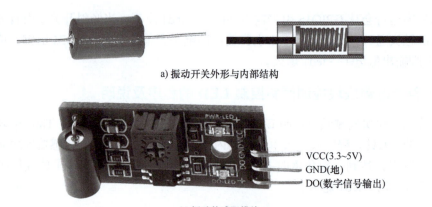

图 8-5 振动开关与振动传感器模块

2. 电路及工作原理

图 8-6 是振动传感器模块的电路原理图。ZDsw 为振动开关，当 ZDsw 未振动时内部触头断开，LM393 电压比较器的 V+=VCC，V+>V−，比较器输出高电平，led11 熄灭，DO 引脚输出高电平；当 ZDsw 发生振动时内部触点闭合，V+=0，V+<V−，比较器输出低电平，led11 点亮，DO 引脚输出低电平控制信号。RP 用于调节起控灵敏度，振动开关振动内部导电弹簧会与导电棒接触，振动幅度小时，两者接触不紧密，导通电阻较大，V+ 电压会高些，RP 滑动端上移时 V− 电压升高，这样在振动开关振动幅度较小（导通电阻较大）时就会出现 V−>V+ 而输出控制信号。

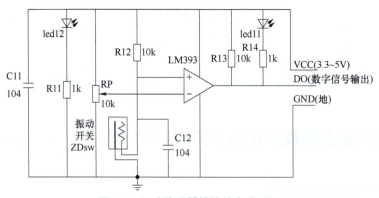

图 8-6 振动传感器模块的电路原理

8.2.2 单片机连接振动传感器模块和 LED 的电路

ESP32 单片机连接振动传感器模块和 LED 的电路如图 8-7 所示。当振动开关检测到发生振动时，其内部触头接通，传感器的 DO 引脚输出低电平去单片机的 GPIO25 引脚，单片机内部程序运行会从 GPIO15 引脚输出高电平，led1 点亮，当振动开关停止振动时，内部触头通开，传感器的 DO 引脚输出高电平去单片机的 GPIO25 引脚，单片机从 GPIO15 引脚输出低电平，led1 熄灭。

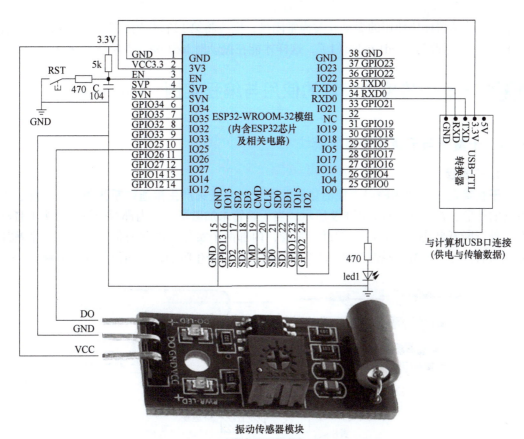

图 8-7 单片机连接振动传感器模块和 LED 的电路

8.2.3 振动传感器模块检测振动控制 LED 的程序及说明

振动传感器模块检测振动控制 LED 的程序及说明如图 8-8 所示。在 Thonny 软件中单击工具栏上的 ▶ 工具，程序被写入单片机的内存并开始运行，再晃动振动传感器模块（振动开关随之产生振动），led1 被点亮；振动传感器模块检测到停止振动时，led1 熄灭。

图 8-8 振动传感器模块检测振动控制 LED 的程序及说明

如果振动传感器模块使用的振动开关为常闭型，则应将第 12 行代码改为 "led1.value（0）"，将第 14 行代码改为 "led1.value（1）"，这样才能在振动时 led1 亮，不振动时 led1 灭。

8.3 干簧管传感器模块的使用与编程实例

8.3.1 干簧管与干簧管传感器模块

1. 干簧管

干簧管是一种利用磁场直接磁化触头而让触点开关产生接通或断开动作的器件。干簧管的外形、符号和结构如图 8-9 所示。当干簧管未加磁场时，内部两个簧片触头不带磁性，处于断开状态，若将磁铁靠近干簧管，内部两个簧片被磁化而带上磁性，一个簧片磁性为 N，另一个簧片磁性为 S，两个簧片磁性相异产生吸引，从而使两簧片接触。

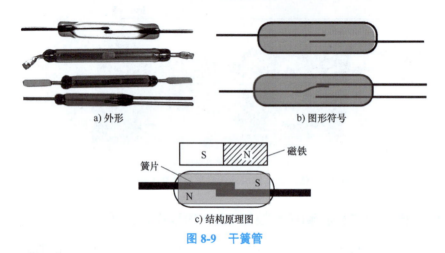

图 8-9 干簧管

2. 干簧管传感器模块

（1）外形和引脚功能

干簧管传感器（也称振动传感器）模块使用干簧管检测磁场的有无。干簧管传感器模块如图 8-10 所示，有 VCC（3.3~5V）、GND（地）和 DO（数字信号输出）3 个引脚。

图 8-10 干簧管传感器模块

（2）电路及工作原理

图 8-11 是干簧管传感器模块的电路原理图。GHGsw 为干簧管，当 GHGsw 周围无磁

常用传感器模块的使用及编程实例 第 8 章

场时内部触点断开,LM393 电压比较器的 V+=VCC,V+>V−,比较器输出高电平,led11 熄灭,DO 引脚输出高电平;若用磁铁靠近 GHGsw,其内部触点闭合,V+=0,V+<V−,比较器输出低电平,led11 点亮,DO 引脚输出低电平控制信号。

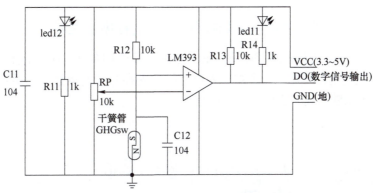

图 8-11　干簧管传感器模块的电路原理

8.3.2　单片机连接干簧管传感器模块和 LED 的电路

ESP32 单片机连接干簧管传感器模块和 LED 的电路如图 8-12 所示。当磁铁靠近干

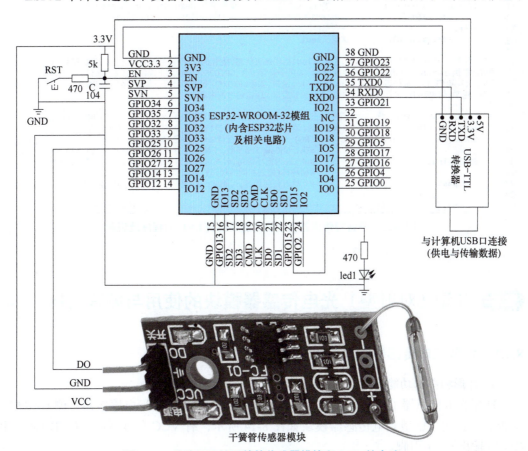

图 8-12　单片机连接干簧管传感器模块和 LED 的电路

157

簧管时，干簧管内部触点接通，传感器的 DO 引脚输出低电平去单片机的 GPIO25 引脚，单片机内部程序运行会从 GPIO15 引脚输出高电平，led1 点亮，当磁铁远离干簧管时，干簧内部触点通开，传感器的 DO 引脚输出高电平去单片机的 GPIO25 引脚，单片机从 GPIO15 引脚输出低电平，led1 熄灭。

8.3.3 干簧管传感器模块检测磁场控制 LED 的程序及说明

干簧管传感器模块检测磁场控制 LED 的程序及说明如图 8-13 所示。在 Thonny 软件中单击工具栏上的 ⊙ 工具，程序被写入单片机的内存并开始运行，用磁铁靠近干簧管，led1 被点亮，当磁铁远离干簧管时，led1 熄灭。

```
main.py * ×
1    '''干簧管传感器控制LED：当磁铁靠近干簧管时,led1亮,磁铁远离干簧管时,led1灭'''
2    from machine import Pin     #从machine模块中导入Pin类
3    import time                 #导入time模块
4
5    GHGsw=Pin(25,Pin.IN,Pin.PULL_UP) #用Pin类将GPIO25引脚设为输入模式且内接上拉电阻,再用GHGsw代表该对象
6    led1=Pin(15,Pin.OUT)        #用Pin类将GPIO15引脚设为输出模式,再用led1代表该对象
7
8    '''GHGsw_irq为中断函数,在GHGsw对象(GPIO25引脚)出现下降沿时触发执行本函数'''
9    def GHGsw_irq(GHGsw):       #定义一个名称为GHGsw_irq的函数
10       time.sleep_ms(20)       #延时20ms,避开开关通断时产生的抖动干扰信号
11       if GHGsw.value()==0:    #如果GHGsw的值为0(即干簧管闭合,GPIO25引脚输入值为0),执行下方缩进代码
12           led1.value(1)       #将led1的值(即GPIO15引脚的输出值)设为1,点亮led1
13       else:                   #否则(即GHGsw的值不为0)
14           led1.value(0)       #熄灭led1
15
16   '''主程序:先让led1引脚输出低电平,上电后led1处于熄灭状态,接着执行irq函数配置并开启GPIO25引脚的输入中断,
17   然后反复执行while循环语句中的内容(pass),如果干簧管闭合,GPIO25引脚输入下降沿,触发该端口产生中断,马上
18   退出while语句,转而执行该中断对应的GHGsw_irq函数,如果GPIO25引脚为低电平,点亮led1,如果GPIO25引脚
19   不为低电平,熄灭led1,执行完中断函数后又返回执行while语句中的内容
20   '''
21   if __name__=="__main__":    #如果当前程序文件为main主程序(顶层模块),则执行冒号下方的缩进代码块
22       led1.value(0)           #将led1的值(即GPIO15输出值)设为0,熄灭外接led1(初始状态)
23       GHGsw.irq(GHGsw_irq,Pin.IRQ_FALLING)  #用irq函数配置GHGsw对象(GPIO25引脚)的外部中断,发生中断时
24                               #执行GHGsw_irq函数,中断触发方式为下降沿触发(Pin.IRQ_FALLING)
25       while True:             #while为循环语句,若右边的值为真或表达式成立,反复执行下方的
26                               #循环体(缩进相同的代码),否则执行循环体之后的内容
27           pass                #不执行任何操作,可删除pass写其他代码,无pass也无其他代码则会出错
28
```

图 8-13 干簧管传感器模块检测磁场控制 LED 的程序及说明

8.4 U 型（对射型）光电传感器模块的使用与编程实例

8.4.1 U 型光电传感器模块介绍

1. 外形和引脚功能

U 型光电传感器（也称对射型光电传感器）模块使用 U 型光电感应器检测 U 型槽内是否有遮挡物。U 型光电传感器模块如图 8-14 所示，有 VCC（3.3~5V）、GND（地）和 OUT（输出）3 个引脚。

2. 电路及工作原理

图 8-15 是 U 型光电传感器模块的电路原理图。U11 为 U 型光电感应器，由红外发光二极管和光电晶体管组成，当 U11 的 U 型槽内无遮挡物时，红外发光二极管发出的光线可照射到光电晶体管，光电晶体管导通，LM393 电压比较器的 V- 电压下降，V+>V-，比较器输出高电平，led11 熄灭，OUT 引脚输出高电平；若将遮挡物放在 U11 的 U 型槽内，发光二极管的光线无法照射到光电晶体管，光电晶体管截止，V- 电压约等于 VCC，V->V+，比较器输出低

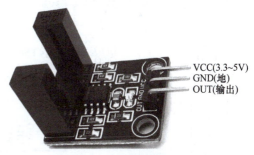

图 8-14　U 型光电传感器模块

电平，led11 导通点亮，OUT 引脚输出低电平控制信号。RP 为阈值电位器，滑动端上移时 V+ 上升，U 型槽可能需要插入完全不透光的物体使光电晶体管完全不导通，才会出现 V->V+ 而输出低电平控制信号，滑动端下移时可能插入半透明物体就可使 OUT 引脚输出低电平信号。

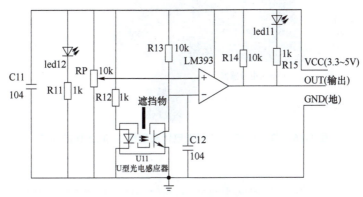

图 8-15　U 型光电传感器模块的电路原理

8.4.2　单片机连接 U 型光电传感器模块和 LED 的电路

ESP32 单片机连接 U 型光电传感器模块和 LED 的电路如图 8-16 所示。当将遮挡物放在 U 型光电传感器模块的 U 型槽内时，传感器的 OUT 引脚输出低电平到单片机的 GPIO25 引脚，单片机内部程序运行会从 GPIO15 引脚输出高电平，led1 点亮；当 U 型光电传感器模块的 U 型槽内无遮挡物时，传感器的 OUT 引脚输出高电平到单片机的 GPIO25 引脚，单片机从 GPIO15 引脚输出低电平，led1 熄灭。

8.4.3　U 型光电传感器模块检测不透明物控制 LED 的程序及说明

U 型光电传感器模块检测不透明物控制 LED 的程序及说明如图 8-17 所示。在 Thonny 软件中单击工具栏上的 ◎ 工具，程序被写入单片机的内存并开始运行，若将不透明的物体插入传感器的 U 型槽，led1 点亮，U 型槽中无遮挡物时，led1 熄灭。

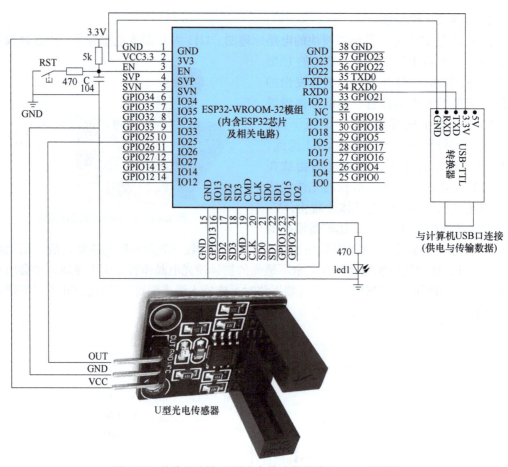

图 8-16 单片机连接 U 型光电传感器模块和 LED 的电路

```
1  '''U型光电传感器控制LED：将遮挡物(如不透明的纸片)插入传感器的U型槽时,led1亮,U型槽无遮挡物时,led1灭'''
2  from machine import Pin      #从machine模块中导入Pin类
3  import time                  #导入time模块
4
5  UGDsw=Pin(25,Pin.IN,Pin.PULL_UP) #用Pin类将GPIO25引脚设为输入模式且内接上拉电阻,再用UGDsw代表该对象
6  led1=Pin(15,Pin.OUT)          #用Pin类将GPIO15引脚设为输出模式,再用led1代表该对象
7
8  '''UGDsw_irq为中断函数,在UGDsw对象(GPIO25引脚)出现下降沿时触发执行本函数'''
9  def UGDsw_irq(UGDsw):         #定义一个名称为UGDsw_irq的函数
10     time.sleep_ms(20)         #延时20ms,避开开关通断时产生的抖动干扰信号
11     if UGDsw.value()==0:      #如果UGDsw的值为0(即U型槽中有遮挡物,GPIO25引脚输入值为0),执行下方缩进代码
12         led1.value(1)         #将led1的值(即GPIO15引脚的输出值)设为1,点亮led1
13     else:                     #否则(即UGDsw的值不为0)
14         led1.value(0)         #熄灭led1
15
16 '''主程序:先让led1引脚输出低电平,上电后led1处于熄灭状态,接着执行irq函数配置并开启GPIO25引脚的输入中断,
17 然后反复执行while语句中的内容(pass),如果U型光电传感器的U型槽插入遮挡物时,GPIO25引脚输入下降沿,触发
18 该端口产生中断,马上退出while语句,转而执行该中断对应的UGDsw_irq函数,如果GPIO25引脚为低电平,点亮led1,
19 如果GPIO25引脚不为低电平,熄灭led1,执行完中断函数后又返回执行while语句中的内容'''
20
21 if __name__=="__main__":      #如果当前程序文件为main主程序(顶层模块),则执行冒号下方的缩进代码块
22     led1.value(0)             #将led1的值(即GPIO15引脚输出值)设为0,熄灭外接led1(初始状态)
23     UGDsw.irq(UGDsw_irq,Pin.IRQ_FALLING)  #用irq函数配置UGDsw对象(GPIO25引脚)的外部中断,发生中断时
24                               #执行UGDsw_irq函数,中断触发方式为下降沿触发(Pin.IRQ_FALLING)
25     while True:               #while为循环语句,若右边的值为真或表达式成立,反复执行下方的
26                               #循环体(缩进相同的代码),否则执行循环体之后的内容
27         pass                  #不执行任何操作,可删除pass写其他代码,无pass也无其他代码则会出错
28
```

图 8-17 U 型光电传感器模块检测不透明物控制 LED 的程序及说明

8.5 反射型光电传感器模块的使用与编程实例

8.5.1 反射型光电传感器模块介绍

1. 外形和引脚功能

反射型光电传感器模块使用一只红外发光二极管和一只红外光电晶体管检测有无光线反射物存在。红外发光二极管和红外光电晶体管可以是组合成一体（如 CTRT5000），如图 8-18a 所示，也可以是分体式的，如图 8-18b 所示。

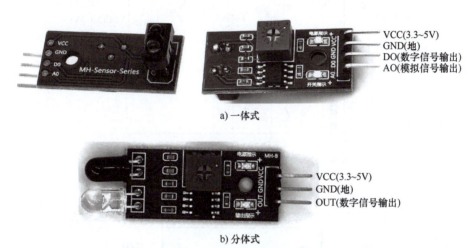

图 8-18 反射型光电传感器模块

2. 电路及工作原理

图 8-19 是反射型光电传感器模块的电路原理图。V1、V2 分别为红外发光二极管和光电晶体管，工作时红外发光二极管发出光线，遇到物体时光线被反射到光电晶体管，光电晶体管导通，LM393 电压比较器的 V+ 电压下降，V−>V+，比较器输出低电平，led11 导通发光，DO 引脚输出低电平控制信号；若发光二极管和光电晶体管前方无光线反射物，发光管的光线无法照射到光电晶体管，光电晶体管截止，V+ 电压约等于 VCC，V+>V−，比较器输出高电平，led11 熄灭，OUT 引脚输出高电平。AO 电压（即 V+ 电压）与光电晶体管的导通程度有关，光电晶体管导通程度越深，其导通电阻越小，AO 电压就越低，而光电晶体管的导通程度与发光二极管的光线强度、反射物的距离和反射物有关，发光二极管发出的光线强、反射物距离近和浅色反射物都能使光电晶体管接收的光线强且导通程度深。

RP 为阈值电位器，滑动端下移时 V− 下降，这样需要物体距离发光二极管和光电晶体管更近，光电晶体管接收的光线更强导通程度更深，使 V+ 电压很低才会出现 V−>V+ 而从 DO 引脚输出低电平控制信号。

8.5.2 单片机连接反射型光电传感器模块和 LED 的电路

ESP32 单片机连接反射型光电传感器模块和 LED 的电路如图 8-20 所示。当物体靠近传感器模块的红外发光二极管和光电晶体管时，发光二极管发出的光线被物体反射到光电晶体管接收，传感器的 DO 引脚输出低电平到单片机的 GPIO25 引脚，单片机内部程序运行会从 GPIO15 引脚输出高电平，led1 点亮；如果红外发光二极管和光电晶体管前方无物体或物体为黑色时，传感器的 DO 引脚输出高电平到单片机的 GPIO25 引脚，单片机从 GPIO15 引脚输出低电平，led1 熄灭。

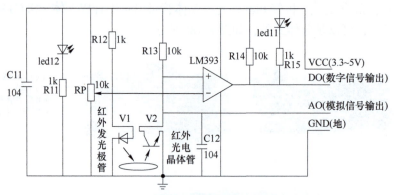

图 8-19 反射型光电传感器模块的电路原理

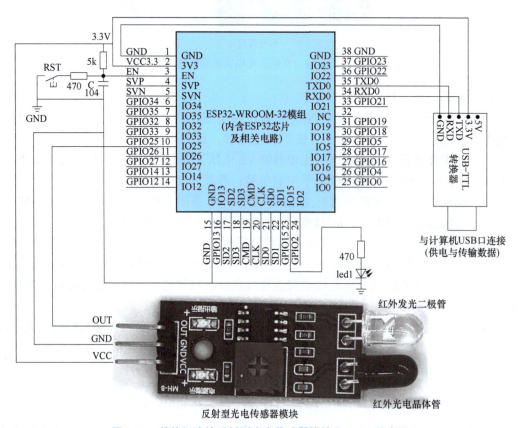

图 8-20 单片机连接反射型光电传感器模块和 LED 的电路

8.5.3 反射型光电传感器模块检测物体控制 LED 的程序及说明

反射型光电传感器模块检测物体控制 LED 的程序及说明如图 8-21 所示。在 Thonny 软件中单击工具栏上的 ▶ 工具，程序被写入单片机的内存并开始运行，如果将物体靠近传感器模块的红外发光二极管和光电晶体管，led1 点亮；若将物体移开，led1 熄灭。对于反射能力强的物体（如白色物体、镜子等），在距离双管较远时 led1 就会点亮，对于深色的物体，需要距离双管很近才能让 led1 点亮。

```
'''反射型光电传感器控制LED：将物体靠近传感器的红外发光二极管和光电晶体管时，发光二极管发射的红外线被物体反射而被
光电晶体管接收，传感器OUT端输出低电平到单片机GPIO25引脚，单片机从GPIO15引脚输出高电平，led1点亮，物体远离红外
发光二极管和光电晶体管时，led1熄灭
'''
from machine import Pin        #从machine模块中导入Pin类
import time                    #导入time模块

FGDsw=Pin(25,Pin.IN,Pin.PULL_UP) #用Pin类将GPIO25引脚设为输入模式且内接上拉电阻，再用FGDsw代表该对象
led1=Pin(15,Pin.OUT)           #用Pin类将GPIO15引脚设为输出模式，再用led1代表该对象

'''FGDsw_irq为中断函数，在FGDsw对象(GPIO25引脚)出现下降沿时触发执行本函数'''
def FGDsw_irq(FGDsw):          #定义一个名称为FGDsw_irq的函数
    time.sleep_ms(20)          #延时20ms，避开开关通断时产生的抖动干扰信号
    if FGDsw.value()==0:       #如果FGDsw的值为0(即物体靠近传感器时，GPIO25引脚输入值为0)，执行下方缩进代码
        led1.value(1)          #将led1的值(即GPIO15引脚的输出值)设为1，点亮led1
    else:                      #否则（即FGDsw的值不为0)
        led1.value(0)          #熄灭led1

'''主程序：先让led1引脚输出低电平，上电后led1处于熄灭状态，接着执行irq函数配置并开启GPIO25引脚的输入中断，
然后反复执行while循环语句中的内容(pass)，如果有物体靠近传感器的发光二极管和光电晶体管时，GPIO25引脚输入下降沿，
触发该端口产生中断，马上退出while语句，转而执行该中断对应的FGDsw_irq函数，如果GPIO25引脚为低电平，点亮led1，
如果GPIO25引脚不为低电平，熄灭led1，执行完中断函数后又返回执行while语句中的内容
'''
if __name__=="__main__":       #如果当前程序文件为main主程序(顶层模块)，则执行冒号下方的缩进代码
    led1.value(0)              #将led1的值(即GPIO15引脚输出值)设为0，熄灭外接led1(初始状态)
    FGDsw.irq(FGDsw_irq,Pin.IRQ_FALLING)  #用irq函数配置FGDsw对象(GPIO25引脚)的外部中断，发生中断时
                               #执行FGDsw_irq函数，中断触发方式为下降沿触发(Pin.IRQ_FALLING)
    while True:                #while为循环语句，若右边的值为真或表达式成立，反复执行下方的
                               #循环体(缩进相同的代码)，否则执行循环体之后的内容
        pass                   #不执行任何操作，可删除pass写其他代码，无pass也无其他代码则会出错
```

图 8-21 反射型光电传感器模块检测物体控制 LED 的程序及说明

8.6 触摸开关模块的使用与编程实例

8.6.1 触摸开关模块介绍

1. 外形和引脚功能

触摸开关模块使用触摸点接收人体的微弱电信号，再由专用芯片（如 TTP223、TTP224、TTP226 等）对信号进行处理而输出高电平或低电平控制信号。触摸开关模块外形与引脚功能如图 8-22 所示。图中右侧为 1 个触摸按键的触摸开关模块，左侧的模块则有 8 个触摸按键。在操作时，可以直接用手指触摸键的导电点，也可以用手指隔着很薄的绝缘物触摸导电点，触摸时手指、绝缘物和导电点形成一个电容，手指的电信号（微弱的交流信号）通过电容耦合到导电点。

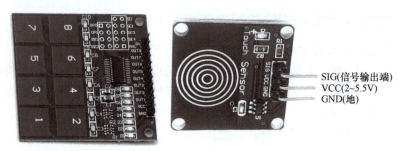

图 8-22 触摸开关模块

2. 电路及工作原理

图 8-23 为 1 个按键的触摸开关模块的电路原理图。人体能产生微弱的电信号，当手指接触触摸开关的触摸点时，人体电信号通过导电的触摸点进入 TTP223 芯片的 3 号引脚，经内部电路处理后从 1 号引脚输出高电平或低电平信号。

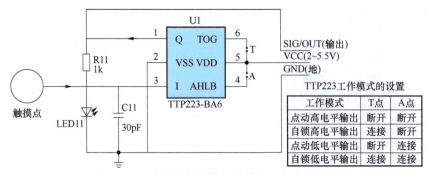

图 8-23 1 个按键的触摸开关模块的电路原理图

TTP223 芯片的各引脚功能说明见表 8-1。TTP223 芯片的工作模式有 4 种，由 TOG 引脚（6 号引脚）和 AHLB 引脚（4 号引脚）的电平决定，当 T 点、A 点都断开时，TOG、AHLB 引脚均为低电平，芯片的工作模式为点动高电平输出（即手指触摸触摸点时 Q 引脚输出高电平，手指移开时 Q 引脚输出低电平）；当 T 点连接、A 点断开时，TOG 引脚为高电平、AHLB 引脚为低电平，芯片的工作模式为自锁高电平输出（即手指触摸触摸点时 Q 引脚输出高电平，手指移开时 Q 引脚仍输出高电平，再次触摸时 Q 引脚输出低电平，第 3 次触摸时 Q 引脚又输出高电平）。此外，还有点动低电平输出和自锁低电平输出。

表 8-1 TTP223 芯片的各引脚功能说明

引脚号	引脚名	I/O 类型	引脚定义
1	Q	O	CMOS 输出引脚
2	VSS	P	负电源电压，接地端
3	I	I/O	传感输入口
4	AHLB	I-PL	输出高电平或者低电平有效选择，1（默认）=> 低电平有效；0=> 高电平有效

(续)

引脚号	引脚名	I/O 类型	引脚定义
5	VDD	P	正电源电压
6	TOG	I-PL	输出类型选择引脚，1（默认）=> 触发模式；0=> 直接模式

8.6.2　单片机连接触摸开关模块和 LED 的电路

ESP32 单片机连接触摸开关模块和 LED 的电路如图 8-24 所示。当用手指触摸触摸开关模块的触摸点时，模块的 SIG 引脚输出高电平，手指移开时 SIG 引脚输出低电平，这样一个下降沿去单片机的 GPIO25 引脚，单片机内部程序运行会从 GPIO15 引脚输出高电平，led1 点亮，再次触摸触摸点并移开时，又一个下降沿去单片机的 GPIO25 引脚，单片机从 GPIO15 引脚输出低电平，led1 熄灭。

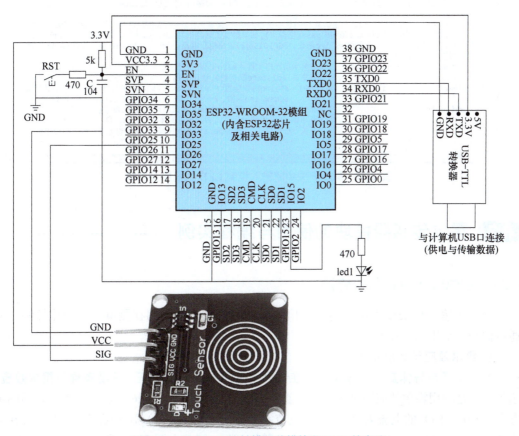

图 8-24　单片机连接触摸开关模块和 LED 的电路

8.6.3　触摸开关中断输入控制 LED 的程序及说明

触摸开关中断输入控制 LED 的程序及说明如图 8-25 所示。在 Thonny 软件中单击工

具栏上的 ⊙工具，程序被写入单片机的内存并开始运行。当用手指触摸触摸开关模块的触摸点并移开时，GPIO25 引脚输入一个下降沿，马上触发该引脚产生中断，执行该中断指定的 CMsw_irq 函数，让 GPIO15 引脚输出电平（初始为低电平）变反，led1 点亮，再次触摸触摸点并移开时，又一个下降沿去单片机的 GPIO25 引脚，又触发执行 CMsw_irq 函数，让 GPIO15 引脚输出电平变反，led1 熄灭。

```
1  '''触摸开关中断输入控制LED：触摸一下触摸开关,led1亮,再触摸一下,led1灭'''
2  from machine import Pin    #从machine模块中导入Pin类
3  import time                 #导入time模块
4
5  CMsw=Pin(25,Pin.IN,Pin.PULL_UP) #用Pin类将GPIO25引脚设为输入模式且内接上拉电阻,再用CMsw代表该对象
6  led1=Pin(15,Pin.OUT)             #用Pin类将GPIO15引脚设为输出模式,再用led1代表该对象
7
8  '''CMsw_irq为中断函数,当GPIO25引脚出现下降沿时触发执行本函数,每执行一次CMsw_irq函数,led1对象的值(即
9  GPIO15引脚的输出值)反转一次'''
10 def CMsw_irq(CMsw):          #定义一个名称为CMsw_irq的函数,该函数每执行一次,GPIO15引脚输出值取反一次
11     global led1state          #用关键字global将函数内部的led1state定义为全局变量,函数外部可访问该变量
12     if CMsw.value()==0:       #如果CMsw的值为0(即触摸触摸开关时GPIO25引脚输入值为0),执行下方缩进代码
13         led1state=not led1state   #将led1state值取反
14         led1.value(led1state)     #让led1的值(即GPIO15引脚输出值)为led1state,点亮或熄灭外接led1
15
16 '''主程序:先将变量led1state赋初值0,让led1初始状态为熄灭,接着执行irq函数(方法),配置并开启GPIO25引脚的
17 输入中断,然后反复执行while循环语句中pass(空操作),如果触摸了触摸开关,GPIO25引脚输入下降沿,触发该引脚
18 产生中断,马上执行该中断对应的CMsw_irq函数,将GPIO15引脚输出电平取反,点亮或熄灭led1,执行完CMsw_irq函数
19 后又返回执行while循环语句'''
20 if __name__=="__main__":     #如果当前程序文件为main主程序(顶层模块),则执行冒号下方的缩进代码块
21     led1state=0               #将变量led1state赋初值0,让led1的初始状态为熄灭
22     CMsw.irq(CMsw_irq,Pin.IRQ_FALLING)  #用irq函数配置CMsw对象(GPIO25引脚)的外部中断,发生中断时执行
23                                          #CMsw_irq函数,中断触发方式为下降沿触发(Pin.IRQ_FALLING)
24     while True:               #while为循环语句,若右边的值为真或表达式成立,反复执行下方的
25                               #循环体(缩进相同的代码),否则执行循环体之后的内容
26         pass                  #不执行任何操作,可删除pass写其他代码,无pass也无其他代码则会出错
27
```

图 8-25　触摸开关中断输入控制 LED 的程序及说明

8.7 霍尔传感器模块的使用与编程实例

8.7.1 霍尔效应与霍尔传感器

霍尔传感器模块使用霍尔传感器检测磁场的变化，广泛用在测量、自动化控制、交通运输和日常生活等领域。

1. 霍尔效应与霍尔元件

当一个通电导体置于磁场中时，在该导体两侧面会产生电压，该现象称为霍尔效应。霍尔元件是利用霍尔效应原理工作的。霍尔效应原理说明如图 8-26 所示，先给导体通图示方向（Z 轴方向）的电流 I，然后在与电流垂的方向（Y 轴方向）施加磁场 B，那么会在导体两侧（X 轴方向）产生电压 U_H，U_H 称为霍尔电压。霍尔电压 U_H 可用以下表达式来求得：

$$U_H = KIB\cos\theta$$

式中，U_H 为霍尔电压，单位为 mV；K 为灵敏度，单位为 mV/（mA·T）；I 为电流，单位为 mA；B 为磁感应强度，单位 T（特斯拉）；θ 为磁场与磁敏面垂直方向的夹角，磁场与磁敏面垂直方向一致时，$\theta = 0°$，$\cos\theta = 1$。

金属导体具有霍尔效应，但其灵敏度低，产生的霍尔电压很低，不适合做霍尔元件。霍尔元件一般由半导体材料（锑化铟最为常见）制成，其结构如图 8-27 所示，它由衬底、十字形半导体材料、电极引线和磁性体顶端等构成。十字形锑化铟材料的 4 个端部的引线中，1、2 端为电流引脚，3、4 端为电压引脚，磁性体顶端的作用是聚集磁场磁力线以提高元件的灵敏度。

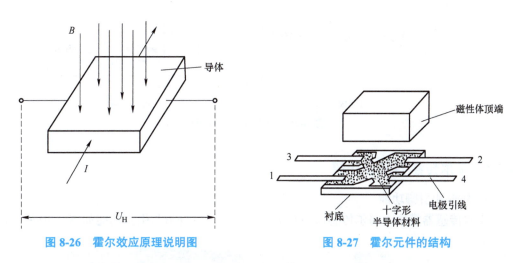

图 8-26 霍尔效应原理说明图　　图 8-27 霍尔元件的结构

由于单独的霍尔元件产生的电压很低，故常将霍尔元件与放大器电路、温度补偿电路及稳压电源等集成在一个芯片上并封装起来，称为霍尔传感器。

2. 种类

（1）线性型霍尔传感器

线性型霍尔传感器主要由霍尔元件、线性放大器和射极跟随器组成，其组成如图 8-28a 所示，当施加给线性型霍尔传感器的磁场逐渐增强时，其输出的电压会逐渐升高，即输出信号为模拟信号。线性型霍尔传感器的特性曲线如图 8-28b 所示。

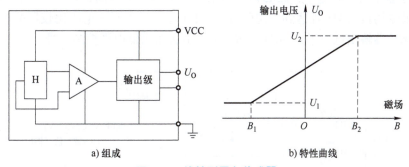

图 8-28 线性型霍尔传感器

（2）开关型霍尔传感器

开关型霍尔传感器主要由霍尔元件、放大器，施密特触发器（整形电路）和输出级组成，其组成和特性曲线如图 8-29 所示。当施加给开关型霍尔传感器的磁场增强时，只要小于 B_{OP} 时，其输出电压 U_O 为高电平，大于 B_{OP} 输出由高电平变为低电平，当磁场减弱时，磁场需要减小到 B_{RP} 时，输出电压 U_O 才能由低电平转为高电平。也就是说，开关型霍尔传感器由高电平转为低电平和由低电平转为高电平所要求的磁场感应强度是不同的，高电平转为低电平要求的磁感应强度更强。

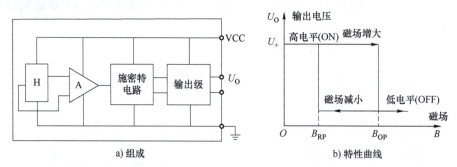

图 8-29　开关型霍尔传感器

8.7.2　霍尔传感器模块介绍

1. 外形和引脚功能

霍尔传感器模块由霍尔传感器与有关电路组成，其外形与引脚功能如图 8-30 所示。

图 8-30　霍尔传感器模块

2. 电路及工作原理

图 8-31 是霍尔传感器模块的电路原理图。H1 为开关型霍尔传感器，在无磁场或磁场很弱时，传感器输出高电平，LM393 电压比较器的 V+ 电压高，V+>V−，比较器输出高电平；如果磁场接近 H1 且达到一定强度时，H1 输出低电平，电压比较器的 V+ 电压低，V−>V+，比较器输出低电平，led11 发光，DO 引脚输出低电平控制信号。

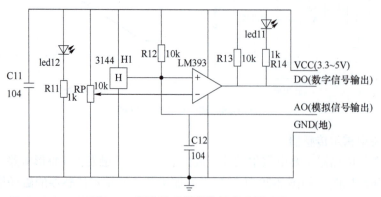

图 8-31　霍尔传感器模块的电路原理图

8.7.3 单片机连接霍尔传感器模块、4 位数码管和 LED 的电路

ESP32 单片机连接霍尔传感器模块、4 位数码管和 LED 的电路如图 8-32 所示。当与电动机转轴联动的测速轴上的磁铁靠近霍尔传感器时,霍尔传感器模块的 DO 引脚输出电平由高变低,这样就会送一个下降沿脉冲去单片机的 GPIO25 引脚,单片机对该脉冲计数,电动机转速越快,单位时间内计数值越大,通过程序计算可得到电动机转速值,再将转速值转换成显示信号从 GPIO16、GPIO17 引脚输出去 TM1637 芯片,使之驱动数码管显示电动机转速值,如果转速值超过某值,单片机会从 GPIO15 引脚输出高电平,led1 点亮。

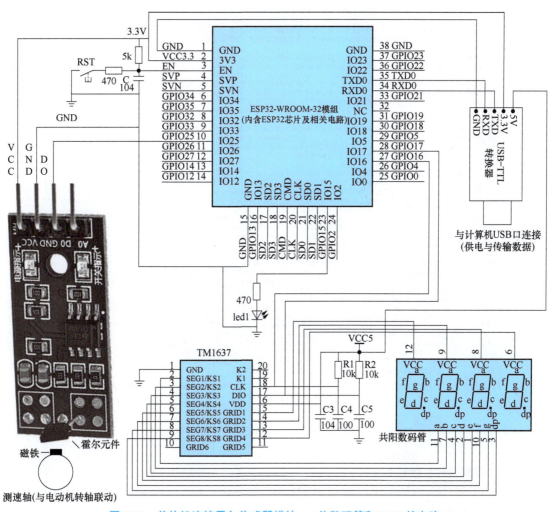

图 8-32　单片机连接霍尔传感器模块、4 位数码管和 LED 的电路

8.7.4 霍尔传感器检测电动机转速、数码管显示转速值和控制 LED 的程序及说明

霍尔传感器模块检测电动机转速、数码管显示转速值和控制 LED 的程序及说明如图 8-33a 所示。在 Thonny 软件中单击工具栏上的 ▶ 工具,程序被写入单片机的内存并开

始运行。用一块磁铁靠近霍尔传感器后再移开,模拟电动机转动时测速轴上的磁铁靠近再离开霍尔传感器,霍尔传感器模块 DO 引脚会输出一个下降沿到单片机的 GPIO25 引脚,触发该引脚产生中断而执行该中断指定的 Hsensor_irq 函数,将 count 值加 1,将磁铁不断靠近离开霍尔传感器,模拟电动机不断旋转,count 值不断增大,5s 后将 count 值除以 5 得到 Mspeed 值(电动机的转速,单位为 rad/s),然后执行 print 函数在 Shell 区显示 count 值和 Mspeed 值,如图 8-33b 所示,并执行 number 函数让数码管显示转速值,如果转速值大于 5 则 led1 点亮。磁铁靠近离开霍尔传感器的速度越快,相当于电动机转速越快,Shell 区和数码管显示的电动机转速值越大。

```
'''霍尔传感器检测电动机转速、数码管显示转速值和控制LED:每隔5s计算一次霍尔传感器测速送来的脉冲个数,将脉冲数
除5得到电动机的转速,然后通过Shell区和数码管显示电动机的转速值,如果转速值大于5,led1点亮'''
from machine import Pin       #从machine模块中导入Pin类
import tm1637,time            #导入tm1637和time模块

Hsensor=Pin(25,Pin.IN,Pin.PULL_UP)  #用Pin类将GPIO25引脚设为输入模式且内接上拉电阻,再用Hsensor代表该对象
led1=Pin(15,Pin.OUT)                #用Pin类将GPIO15引脚设为输出模式,再用led1代表该对象
lednt=tm1637.TM1637(clk=Pin(16),dio=Pin(17))  #用TM1637类创建名称为lednt的控制TM1637芯片的对象,该对象
                                              #使用GPIO16、GPIO17引脚分别连接TM1637芯片的CLK、DIO引脚

'''Hsensor_irq为中断函数,当GPIO25引脚出现下降沿时触发执行本函数,每执行一次Hsensor_irq函数,count值加1'''
def Hsensor_irq(Hsensor):           #定义一个名称为Hsensor_irq的函数
    global count                    #用关键字global将函数内部的count定义为全局变量,函数外部可访问该变量
    count += 1                      #将count值加1

'''主程序:先执行irq函数(方法)配置并开启GPIO25引脚的输入中断,然后反复执行while语句中内容,在while语句中,先将
count值清0,再延时5s,在此期间电动机每转一圈会使霍尔传感器送一个下降沿到GPIO25引脚,触发该引脚产生中断而执行
Hsensor_irq函数,count值增1,如果电动机每秒转3圈,5s转15圈,5sHsensor_irq函数会执行15次,count值=15,用count/5
计算得到电动机转速值,再用round函数对转速四舍五入取值,接着用print函数在Shell区显示count值和转速值,并执行number
函数让数码管显示转速值,如果转速值大于5,点亮led1'''
if __name__=="__main__":            #如果当前程序文件为main主程序(顶层模块),则执行冒号下方的缩进代码块
    Hsensor.irq(Hsensor_irq,Pin.IRQ_FALLING)  #执行irq函数配置Hsensor对象(GPIO25引脚)的外部中断,发生中断
                                              #时执行Hsensor_irq函数,中断触发方式为下降沿触发(Pin.IRQ_FALLING)
    while True:                     #while为循环语句,若右边的值为真或表达式成立,反复执行下方的
                                    #循环体(缩进相同的代码),否则执行循环体之后的内容
        count=0                     #每次开始测量前将count值清0
        time.sleep(5)               #等待5s,在此期间GPIO25引脚会接收到霍尔传感器测速送来的多个下降沿而产生
                                    #多次中断,会多次触发执行Hsensor_irq函数,每执行一次,count值加1
        Mspeed=count/5              #将count值除以5得到电动机转速值,再赋给Mspeed
        Mspeed=round(Mspeed)        #用ronud函数对Mspeed值进行四舍五入
        print("5秒测得的转数:",count) #在Shell区显示"5秒测得的转数:count值"
        print("电机的转速:",Mspeed)   #在Shell区显示"电机的转速:Mspeed值"
        print("---------")          #在Shell区显示"---------",视觉上分隔两次测量显示
        lednt.number(Mspeed)        #执行numbers函数,让lednt对象输出控制TM1637,驱动数码管显示Mspeed值
        if Mspeed>5:                #如果Mspeed值(转速值)大于5,执行下方的缩进代码
            led1.value(1)           #让led1对象的值为1,即让GPIO15引脚输出高电平,led1点亮
        else:                       #否则(即Mspeed值小于或等于5),执行下方的缩进代码
            led1.value(0)           #让led1对象的值为0,led1熄灭
```

a)程序

```
Shell
>>> %Run -c $EDITOR_CONTENT
5秒测得的转数: 9
电机的转速: 2
---------
5秒测得的转数: 48
电机的转速: 10
---------
5秒测得的转数: 83
电机的转速: 17
---------
```

b)程序运行时Shell区的显示内容

图 8-33 霍尔传感器模块检测电动机转速、数码管显示转速值和控制 LED 的程序及运行显示

8.8 人体热释电传感器模块的使用与编程实例

8.8.1 人体热释电传感器与菲涅尔透镜

1. 人体热释电传感器

人体热释电传感器又称人体热释电红外线传感器,是一种将人或动物发出的红外线转换成电信号的元件。人体热释电传感器的外形与结构及内部电路如图 8-34 所示。其主要由敏感元件、场效应晶体管、高阻值电阻和滤光片组成。人体热释电传感器模块有 3 个引脚,分别为 D（漏极）、S（源极）、G（接地极）。利用人体热释电传感器可以探测人体的存在,因此广泛用在保险装置、防盗报警器、感应门、自动灯具和智慧玩具等电子产品中。

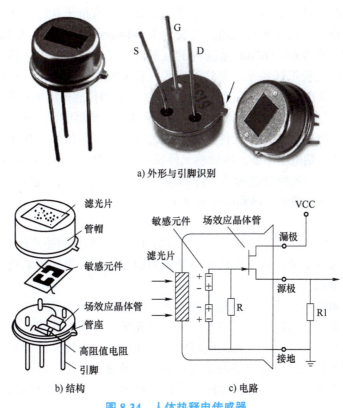

图 8-34 人体热释电传感器

（1）敏感元件

敏感元件是由一种热电材料（如锆钛酸铅系陶瓷、钽酸锂、硫酸三甘钛等）制成,热释电传感器内一般装有两个敏感元件,并将两个敏感元件以反极性串联,当环境温度使敏感元件自身温度升高而产生电压时,由于两敏感元件产生的电压大小相等、方向相反,串联叠加后送给场效应晶体管的电压为 0,从而抑制环境温度干扰。

两个敏感元件串联就像两节电池反向串联一样,如图 8-35a 所示,E_1、E_2 电压均为 1.5V,当它们反极性串联后,两电压相互抵消,输出电压 $U=0$,如果某原因使 E_1 电压变为 1.8V，如图 8-35b 所示，两电压不能完全抵消，输出电压为 $U = 0.3V$。

（2）场效应晶体管和高阻值电阻

敏感元件产生的电压信号很弱，其输出电流也极小，故采用输入阻抗很高的场效应晶体管（电压放大型元件）对敏感元件产生的电压信号进行放大，在采用源极输出放大方式时，源

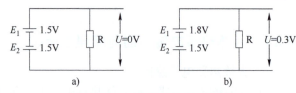

图 8-35 两节电池的反向串联

极输出信号可达 0.4~1.0V。高阻值电阻的作用是释放场效应晶体管栅极电荷（由敏感元件产生的电压充得），让场效应晶体管始终能正常工作。

（3）滤光片

敏感元件是一种广谱热电材料制成的元件，对各种波长光线比较敏感。为了让传感器仅对人体发出的红外线敏感，而对太阳光、电灯光具有抗干扰性，传感器采用特定的滤光片作为受光窗口，该滤光片的通光波长为 7.5~14μm。人体温度为 36~37℃，该温度的人体会发出波长在 9.64~9.67μm 范围内的红外线（红外线人眼无法看见），由此可见，人体辐射的红外线波长正好处于滤光片的通光波长范围内，而太阳、电灯发出的红外线的波长在滤光片的通光范围之外，无法通过滤光片照射到传感器的敏感元件上。

当人体（或与人体温相似的动物）靠近人体热释电传感器时，人体发出的红外线通过滤光片照射到传感器的一个敏感元件上，该敏感元件两端电压发生变化，另一个敏感元件无光线照射，其两端电压不变，两敏感元件反极性串联得到的电压不再为 0，而是输出一个变化的电压（与受光照射的敏感元件两端电压变化相同），该电压送到场效应晶体管的栅极，放大后从源极输出，再到后级电路进一步处理。

2. 菲涅尔透镜

人体热释电传感器模块可以探测人体发出的红外线，但探测距离较近，一般在 2m 以内。为了提高其探测距离，通常在传感器受光面前面加装一个菲涅尔透镜，该透镜可使探测距离达到 10m 以上。

菲涅尔透镜如图 8-36 所示。该透镜通常用透明塑料制成，透镜按一定的制作方法被分成若干等份。菲涅尔透镜作用有两个：一是对光线具有聚焦作用；二是将探测区域分为若干个明区和暗区。当人进入探测区域的某个明区时，人体发出的红外光经该明区对应的透镜部分聚焦后，通过传感器的滤光片照射到敏感元件上，敏感元件产生电压，当人走到暗区时，人体红外光无法到达敏感元件，敏感元件两端的电压会发生变化，即敏

图 8-36 菲涅尔透镜

感元件两端电压随光线的有无而发生变化,该变化的电压经场效应晶体管放大后输出,传感器输出信号的频率与人在探测范围内明、暗区之间移动的速度有关,移动速度越快,输出的信号频率越高,如果人在探测范围内不动,传感器则输出固定不变的电压。

8.8.2　HC-SR501 型人体热释电传感器模块介绍

1. 外形、电气参数和感应范围

HC-SR501 型是一种常见的人体热释电传感器模块,其外形、电气参数和感应范围如图 8-37 所示。

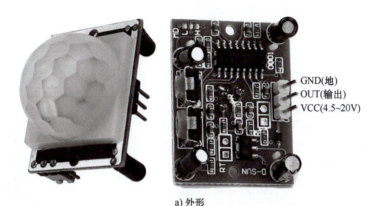

a) 外形

工作电压范围	直流电压4.5~20V
静态电流	<50μA
电平输出	高 3.3V/低 0V
触发方式	L不可重复触发/H重复触发
延时时间	0.5~200s(可调),可实现范围零点几秒至几十分钟的延时
封锁时间	2.5s(默认)可制作范围零点几秒至几十秒
感应角度	<100°锥角

b) 电气参数

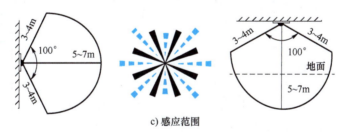

c) 感应范围

图 8-37　HC-SR501 型人体热释电传感器模块的外形、电气参数和感应范围

2. 电路及工作原理

HC-SR501 型人体热释电传感器模块的电路原理图如图 8-38 所示。PIR 为人体热释电传感器,当 PIR 检测到有人移动时,从 S 引脚输出信号到 U4（BISS0001 芯片）的 14 号引脚,在内部经第一级放大后从 16 号引脚输出,通过 C104、C4、R7 进入 U4 的 13 号引脚,在内部进行第二级放大并进行双向电压比较。不管是信号的正半周还是负反周,只要幅度超过一定值,比较器均会输出高电平,再经过控制门和状态控制器后从 2 号引脚输出控制信号到 OUT 引脚。

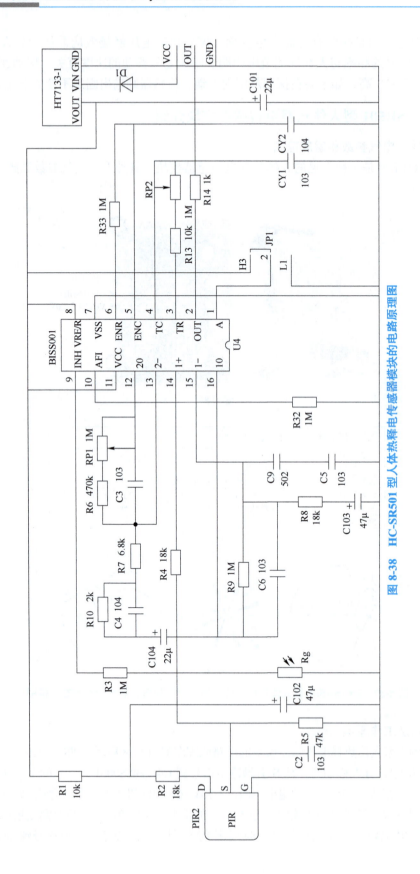

图 8-38 HC-SR501 型人体热释电传感器模块的电路原理图

Rg 为光敏电阻，在光线强（如白天）时其阻值小，U4 的 9 号引脚电压低，内部的控制门（与门）关闭，控制信号无法通过控制门去后级电路，即在光线强时传感器 OUT 引脚不会输出控制信号，如果希望白天和晚上传感器都能工作，可将 Rg 去掉。

RP1 用于调节传感器探测距离，当滑动端左移时 RP1 阻值变小，从 12 号引脚负反馈到 13 号引脚的信号大，内部放大电路放大能力下降，输出信号小，传感器探测距离近。RP2 用于调节感应延时时间，当传感器探测到有人移动时会从 OUT 引脚输出高电平，人走后或人停止移动时，会延迟一定时间再从 OUT 引脚输出低电平，延时时间由 RP2、CY1 决定（$t_1 \approx 49152 \times RP2 \times CY1$），其值越大延时时间（0.5~200s）越长。

JP1 跳线（短路线）用于设置 U4 的工作方式，当 JP1 短接 L 引脚，U4 的 1 号引脚为低电平，工作方式为不可重复触发（即探测到人体活动时会触发输出高电平，延时设定时间后输出自动变为低电平，之后才能再次触发）；当 JP1 短接 H 引脚，U4 的 1 号引脚为高电平，工作方式为可重复触发（即当探测到人体活动时会触发输出高电平，若人体继续移动会继续触发，直到人走或不移动时才延时设定时间后输出低电平）。

R33、CY2 用于决定探测封锁时间（$t_2 \approx 48 \times R33 \times CY2$，默认为 2.5s），在每次探测后（OUT 输出由高电平变为低电平），需要等待探测封锁时间后才能再次探测。电源芯片 HT7133-1 为三端电压调整器，VOUT 引脚固定输出 3.3V，VIN 引脚输入电压最高允许 24V。二极管 D1 可防止电源极性接反时损坏 HT7133-1。

8.8.3 单片机连接人体热释电传感器模块和蜂鸣器的电路

ESP32 单片机连接人体热释电传感器模块和蜂鸣器的电路如图 8-39 所示。当人体进入热释电传感器探测区域时，其 OUT 引脚输出高电平，进入单片机的 GPIO25 引脚，内

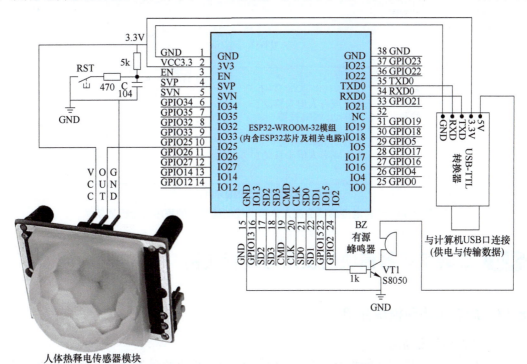

图 8-39　单片机连接人体热释电传感器模块和蜂鸣器的电路

部程序运行结果从 GPIO15 引脚输出高电平，晶体管 VT1 导通，5V 电压加到有源蜂鸣器 BZ 两端，BZ 发声报警，如果人离开热释电传感器的探测区域，或都在该区域静止不动，一段时间后模块的 OUT 引脚输出电平自动由高变为低，单片机从 GPIO15 引脚输出低电平，在二极管截止，蜂鸣器停止发声。

8.8.4　热释电传感器检测人体移动控制蜂鸣器的程序及说明

人体热释电传感器模块检测人体移动控制蜂鸣器的程序及说明如图 8-40a 所示。在 Thonny 软件中单击工具栏上的 ● 工具，程序被写入单片机的内存并开始运行。将手移到热释电传感器的探测区域，蜂鸣器马上发声，同时在 Shell 区显示"检测区域有人移动，蜂鸣报警！"，如图 8-40b 所示，如果手从探测区域移开或静止不动，蜂鸣器停止发声，同时在 Shell 区显示"检测区域无人，或有人但未移动！"。

```
'''热释电传感器检测人体移动控制蜂鸣器：传感器在探测区域感应有无人体移动,有人移动时GPIO25引脚输入高电平,GPIO15引脚
会输出高电平,控制蜂鸣器发声报警,如果无人或人未移动,GPIO25引脚输入低电平,GPIO15引脚输出低电平,蜂鸣器不发声
'''
from machine import Pin        #从machine模块中导入Pin类
import time                    #导入time模块

PyrSensor=Pin(25,Pin.IN,Pin.PULL_DOWN)  #用Pin类将GPIO25引脚设为输入模式且内接下拉电阻,再用PyrSensor代表该对象
yyBeep=Pin(15,Pin.OUT)         #用Pin类将GPIO15引脚创建为yyBeep对象,并将其设为输出模式

'''主程序:循环执行while语句中的内容,如果检测到人体移动,传感器模块送高电平到GPIO25引脚,PyrSensor的值为1,马上让
GPIO15引脚输出高电平,控制蜂鸣器发声,如果无人或人未移动,GPIO25引脚输入低电平,PyrSensor的值为0,让GPIO15引脚输出
低电平,蜂鸣器不发声'''
if __name__=="__main__":       #如果当前程序文件为main主程序(顶层模块),则执行冒号下方的缩进代码块
    while True:                #while为循环语句,若右边的值为真或表达式成立,反复执行下方的
                               #循环体(缩进相同的代码),否则执行循环体之后的内容
        if PyrSensor.value()==1:   #如果PyrSensor的值为1(即检测到人体移动,GPIO25引脚输入值为1),执行下方缩进代码
            yyBeep.value(1)    #将yyBeep的值(即GPIO15引脚的输出值)设为1,控制蜂鸣器发声
            print("检测区域有人移动,蜂鸣报警!")  #在Shell区显示"检测区域有人移动,蜂鸣报警!"
        else:                  #否则(即PyrSensor的值不为0)
            yyBeep.value(0)    #将yyBeep的值设为0,蜂鸣器无声
            print("检测区域无人,或有人但未移动!")  #在Shell区显示"检测区域无人,或有人但未移动!"
        time.sleep(5)          #延时5s
```

a) 程序

```
>>> %Run -c $EDITOR_CONTENT
检测区域无人,或有人但未移动!
检测区域有人移动,蜂鸣报警!
检测区域有人移动,蜂鸣报警!
检测区域有人移动,蜂鸣报警!
检测区域无人,或有人但未移动!
```

b) 程序运行时Shell区的显示内容

图 8-40　热释电传感器检测人体移动控制蜂鸣器的程序及运行显示

8.9　旋转编码器模块的使用与编程实例

8.9.1　旋转编码器模块介绍

1. 外形和引脚功能

旋转编码器模块的功能将旋转角度的大小转换成相应数量的脉冲，旋转角度越大，

转换得到的脉冲数量越多。图 8-41 是常见的旋转编码器模块及引脚功能，接通 5V 电源后，旋转转轴时 CLK、DT 引脚分别输出不同相位的 A 脉冲和 B 脉冲，往下按压转轴可使编码器内部的开关闭合。

图 8-41　常见的旋转编码器模块

2. 电路及工作原理

图 8-42 旋转编码器模块的典型结构及电路图。转动旋转编码器的转轴时，导电盘随之转动，导电盘上有 6 个形状大小相同的盘孔，当导电盘处于图示位置时，A 触片、B 触片通过导电盘与接地触片连接，CLK、DT 引脚均输出低电平，当正向旋转导电盘时，A 触片进入盘孔而悬空，CLK 引脚输出由低电平变为高电平（上升沿），此时 B 触片仍与导电盘接触，DT 引脚输出为低电平，继续正转时 A、B 触片都进入盘孔而悬空，CLK、DT 引脚均输出高电平，然后 A 触片接触导电盘、B 触片在盘孔中，CLK 引脚输出低电平、DT 引脚输出高电平，之后 A 触片、B 触片都接触导电盘，CLK、DT 引脚均输出低电平，以后重复上述过程，导电盘旋转 1 周，A、B 触片会有 6 次进入盘孔，CLK、DT 引脚 6 次输出高电平，即旋转 1 周 CLK、DT 引脚会输出 6 个脉冲（每旋转 60° 输出 1 个脉冲），CLK 引脚的脉冲超前 DT 引脚的脉冲。如果导电盘反转，B 触片先进入盘孔而悬空，DT 引脚输出为高电平，此时 A 触片仍与导电盘接触，CLK 引脚输出为低电平，继续反转时 A 进入盘孔而悬空，CLK 引脚输出由低电平变为高电平（上升沿），此时 B 触片在盘孔中，DT 引脚输出仍为高电平。

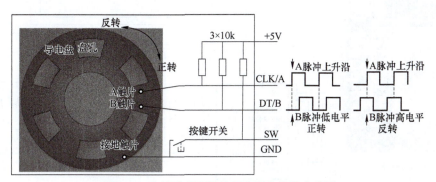

图 8-42　旋转编码器模块的典型结构及电路图

从图 8-42 可以看出，如果旋转编码器正转，当 CLK 引脚输出 A 脉冲上升沿时，DT

引脚输出的 B 脉冲为低电平，如果旋转编码器反转，当 CLK 引脚输出 A 脉冲上升沿时，DT 引脚输出的 B 脉冲为高电平，可以根据这一点判断编码器的旋转方向。如果按下旋转编码器的转轴，内部的按键开关闭合，SW 引脚输出低电平，松开转轴按键开关断开，SW 引脚输出高电平。

8.9.2 单片机连接旋转编码器模块、数码管和 LED 的电路

ESP32 单片机连接旋转编码器模块、数码管和 LED 的电路如图 8-43 所示。如果转动旋转编码器的转轴，模块的 CLK、DT 引脚分别输出 A、B 脉冲到单片机的 GPIO32、GPIO25 引脚。当正向顺时针旋转转轴时，A 脉冲相位超前 B 脉冲，单片机 GPIO15 引脚输出高电平，led1 点亮，当反向逆时针旋转转轴时，B 脉冲相位超前 A 脉冲，单片机 GPIO15 引脚输出低电平，led1 熄灭。旋转编码器转轴每转 1 周会从 CLK 引脚输出 20 个 A 脉冲，即每旋转 18°（即 360°/20）就输出 1 个 A 脉冲，单片机根据 GPIO32 引脚输入的 A 脉冲数量判断旋转编码器的旋转角度，比如接收到 10 个 A 脉冲则编码器的旋转角度为 10×18°=180°，单片机从 GPIO16、GPIO17 引脚输出角度显示信号到 4 位数码管，使之显

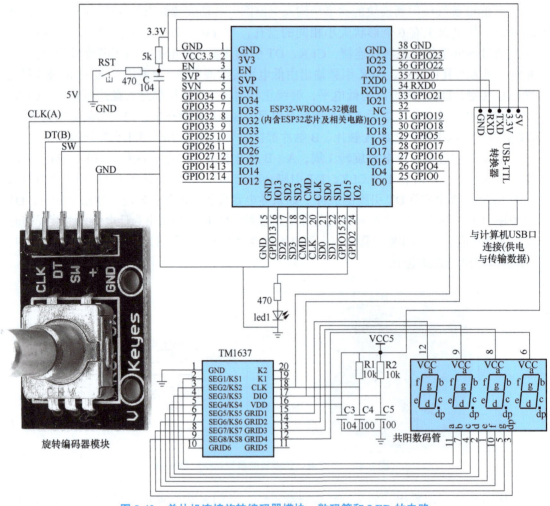

图 8-43 单片机连接旋转编码器模块、数码管和 LED 的电路

示旋转角度值，如果编码器反向旋转则角度值变小。按下旋转编码器的转轴，内部的按键开关闭合，模块的 SW 引脚输出低电平，单片机 GPIO26 引脚输入低电平，内部先前保持的 A 脉冲数量值清零，当前转轴的位置被定为起点位置（或称零点、原点位置），数码管显示的旋转角度值也变为 0。

8.9.3 旋转编码器检测转角 / 转向 / 转速、数码管显示转角值和 LED 指示转向的程序及说明

旋转编码器检测转角 / 转向 / 转速、数码管显示转角值和 LED 指示转向的程序及说明如图 8-44a 所示。在 Thonny 软件中单击工具栏上的工具，程序被写入单片机的内存并开始运行。旋转编码器转轴未转动、正转、反转和按下时，在 Shell 区显示的内容如图 8-44b 所示，同时数码管会显示编码器的旋转角度，如果正转，led1 点亮，反转则 led1 熄灭。

main.py

```
'''旋转编码器检测转角/转向/转速、数码管显示转角值和LED指示转向：旋转编码器转一周产生20个脉冲,单片机根据
接收到的脉冲数量计算旋转角度,根据A脉冲(CLK端输入)上升沿对应B脉冲(DT端输入)的电平判断旋转方向,若上升沿对应
B脉冲的低电平则为正转，若对应B脉冲的高电平则为反转,正转时led1亮,反转时led1熄灭,Shell区和数码管均显示转角值
'''
from machine import Pin    #从machine模块中导入Pin类
import tm1637,time         #导入tm1637和time模块

Aclk=Pin(32,Pin.IN,Pin.PULL_DOWN)   #用Pin类将GPIO32引脚设为输入模式且内接下拉电阻,再用Aclk代表该对象
Bdt=Pin(25,Pin.IN,Pin.PULL_DOWN)    #用Pin类将GPIO25引脚设为输入模式且内接下拉电阻,再用Bdt代表该对象
sw=Pin(26,Pin.IN,Pin.PULL_UP)       #用Pin类将GPIO26引脚设为输入模式且内接上拉电阻,再用sw代表该对象

led1=Pin(15,Pin.OUT)                #用Pin类将GPIO15引脚设为输出模式,再用led1代表该对象
lednt=tm1637.TM1637(clk=Pin(16),dio=Pin(17)) #用TM1637类创建名称为lednt的控制TM1637芯片的对象,该对象
                                             #使用GPIO16、GPIO17引脚分别连接TM1637芯片的CLK、DIO引脚

'''Aclk_irq为中断函数,当GPIO32引脚输入A脉冲上升沿时触发执行本函数,若GPIO25引脚输入的B脉冲此时为低电平,
则旋转编码器为正转,将Acount值(A脉冲的个数)增1，如果B脉冲为高电平,则编码器为反转,将Acount值减1
'''
def Aclk_irq(a1):              #定义一个名称为Aclk_irq的函数,a1为输入变量,函数中未用,可自定义,无则报错
    global Acount              #用关键字global将函数内部的Acount定义为全局变量,函数外部可访问该变量
    if Bdt.value()==0:         #如果Bdt对象的值为0(即GPIO25引脚输入为低电平)时,执行下方缩进代码
        Acount += 1            #将Acount值加1
        led1.value(1)          #让led1对象的值为1,即让GPIO15引脚输出高电平,点亮led1
    if Bdt.value()==1:         #如果Bdt对象的值为1时,执行下方缩进代码
        Acount -= 1            #将Acount值加1
        led1.value(0)          #让led1对象的值为1,熄灭led1灭

'''sw_irq为中断函数,当GPIO26引脚输入下降沿时触发执行本函数,将Acount值(输入单片机的A脉冲数量值)清0'''
def sw_irq(s1):                    #定义一个名称为sw_irq的函数,s1为输入变量,函数中未用,可自定义,无则报错
    global Acount                  #用global将函数内部的Acount定义为全局变量,函数外部可访问该变量
    Acount=0                       #将Acount值设0
    print("当前位置被设为起点！")  #在Shell区显示"当前位置被设为起点！"

'''主程序:先将存放A脉冲数量的变量Acount的初始值设为0,再执行irq函数配置并开启GPIO32、GPIO25引脚的输入中断,
然后反复执行while语句中内容,先根据Acount*18计算得到编码器的旋转角度,然后在Shell区显示编码器送来的A脉冲数量
和该数量对应的旋转角,接着执行number函数让数码管显示脉冲数量,再根据现在的脉冲数量与2s前的脉冲数量的差值判断
编码器的转向,若前者大于后者则编码器正转,若前者小于后者则编码器反转,若前者等于后者则编码器停转,最后将两者相减
再除以2(秒)即得到编码器的转速(单位：脉冲数/秒)
'''
if __name__=="__main__":                 #如果当前程序文件为main主程序(顶层模块),则执行冒号下方的缩进代码块
    Acount=0                             #将Acount的初始值设0,Acount用于存放编码器CLK端送来的脉冲个数
    Aclk.irq(Aclk_irq,Pin.IRQ_RISING)    #执行irq函数配置Aclk对象(GPIO32引脚)的外部中断,发生中断时执行
                                         #Aclk_irq函数,中断触发方式为上升沿触发(Pin.IRQ_RISING)
    sw.irq(sw_irq,Pin.IRQ_FALLING)       #执行irq函数配置sw对象(GPIO26引脚)的外部中断,发生中断时执行
                                         #sw.irq函数,中断触发方式为下降沿触发(Pin.IRQ_FALLING)
    while True:                          #while为循环语句,若右边的值为真或表达式成立,反复执行下方的
                                         #循环体(缩进相同的代码),否则执行循环体之后的内容
        angle=Acount*18                  #将Acount值(脉冲数)乘18得到旋转角度,编码器转一周 产生20个脉冲
        print("到起点的脉冲数:",Acount)  #在Shell区显示"到起点的脉冲数:Acount值"
        print("旋转角度:",angle)          #在Shell区显示"旋转角度:angle值"
        lednt.number(angle)              #执行numbers函数,让lednt对象输出控制TM1637,驱动数码管显示angle值
        oldAcount=Acount                 #将当前的脉冲数(Acount值)赋给oldAcount
        time.sleep(2)                    #等待2s
        if Acount>oldAcount:             #如果现在的脉冲数大于2s前的脉冲数,说明编码器正转,执行下方缩进代码
            print("编码器正转!")          #在Shell区显示"编码器正转!"
        elif Acount<oldAcount:           #如果现在的脉冲数小于2s前的脉冲数,说明编码器反转,执行下方缩进代码
            print("编码器反转!")          #在Shell区显示"编码器反转!"
        elif Acount==oldAcount:          #如果现在的脉冲数等于2s前的脉冲数,说明编码器停转,执行下方缩进代码
            print("编码器停转!")          #在Shell区显示"编码器停转!"
        PluSec=(Acount-oldAcount)/2          #将现在的脉冲数减2s前的脉冲数再除2,得到编码器的转速赋给PluSec
        PluSec=abs(PluSec)                   #用abs函数对PluSec值取绝对值,因为反转时PluSec值为负值
        print("转速(脉冲数/s ):",PluSec)     #在Shell区显示"转速(脉冲数/s ):PluSec值"
        print("--------------")              #在Shell区显示“---------”,视觉上分隔两次测量显示
        time.sleep(1)                        #延时1s
```

a) 程序

图 8-44　旋转编码器检测转角 / 转向 / 转速、数码管显示转角值和 LED 指示转向的程序及运行显示

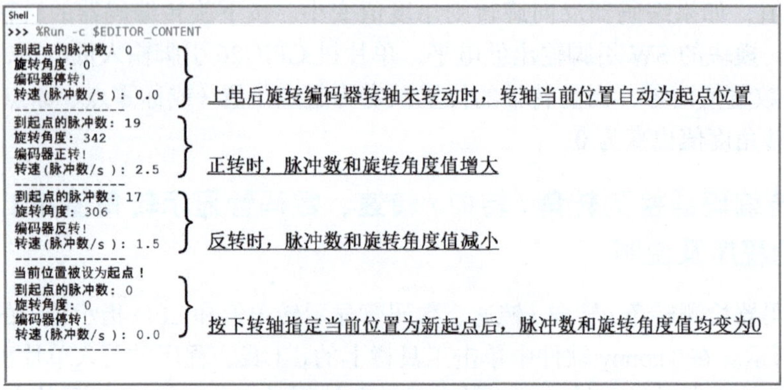

```
Shell
>>> %Run -c $EDITOR_CONTENT
到起点的脉冲数: 0
旋转角度: 0
编码器停转!
转速(脉冲数/s): 0.0   } 上电后旋转编码器转轴未转动时, 转轴当前位置自动为起点位置
------------------
到起点的脉冲数: 19
旋转角度: 342
编码器正转!
转速(脉冲数/s): 2.5   } 正转时, 脉冲数和旋转角度值增大
------------------
到起点的脉冲数: 17
旋转角度: 306
编码器反转!
转速(脉冲数/s): 1.5   } 反转时, 脉冲数和旋转角度值减小
------------------
当前位置被设为起点!
到起点的脉冲数: 0
旋转角度: 0
编码器停转!
转速(脉冲数/s): 0.0   } 按下转轴指定当前位置为新起点后, 脉冲数和旋转角度值均变为0
------------------
```

b) 程序运行时Shell区的显示内容

图 8-44　旋转编码器检测转角/转向/转速、数码管显示转角值和 LED 指示转向的程序及运行显示（续）

第 9 章 超声波传感器与红外线遥控的使用及编程实例

9.1 超声波传感器的使用及编程实例

9.1.1 HC-SR04 超声波传感器介绍

1. 外形与参数

HC-SR04 是一种具有超声波发射和接收功能的超声波传感器,该模块可提供 2~400cm 的非接触式距离感测功能,测距精度可达 3mm,测量角度小于 15°。HC-SR04 外形与主要参数如图 9-1 所示。

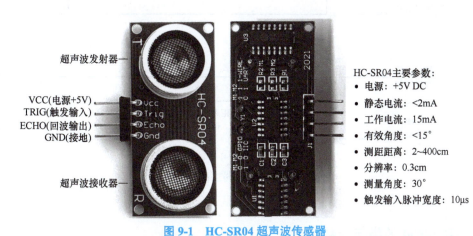

图 9-1　HC-SR04 超声波传感器

2. 工作原理

超声波传感器的工作原理如图 9-2 所示。在超声波传感器 VCC、GND 引脚接通 5V 电源情况下,如果 TRIG 引脚输入 1 个不小于 10μs 的脉冲,会触发传感器电路产生 8 个 40kHz 的方波信号,该电信号驱动发射器发射 40kHz 的超声波,同时 ECHO 引脚输出回声信号高电平,超声波遇到物体后会反射回来,返回的超声波到达接收器时转换成电信号,同时 ECHO 引脚输出的回声信号由高电平变为低电平,回声信号高电平的持续时间即为超声波从发射器至物体再反射到接收器的传播时间。

超声波传感器测量距离可用以下式计算：

超声波传感器至物体的距离 S=(回声信号高电平时间 t× 声波速度 v)/2

声波的速度一般取 340m/s，如果回声信号高电平时间 t=0.01s，则超声波传感器至物体的距离 S=1.7m。

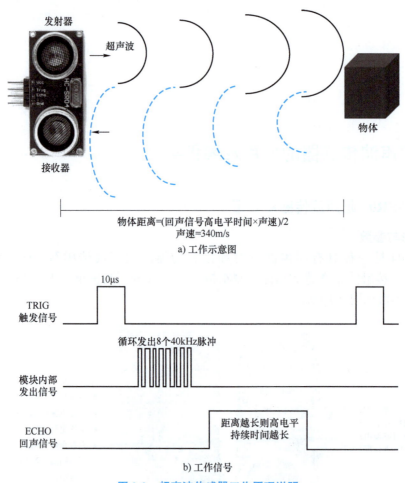

图 9-2　超声波传感器工作原理说明

9.1.2　HCSR04 的类与函数

ESP32 单片机使用 HCSR04 的类与函数编程来配置 HC-SR04 超声波传感器测量距离非常方便。

1. 构建 HCSR04 对象

构建 HCSR04 对象使用 hcsr04 模块中的 HCSR04 类，构建 HCSR04 对象的语法格式如下：

    hc=hcsr04.HCSR04(trigger_pin, echo_pin)

hc 为构建的 HCSR04 对象名称，trigger_pin 为连接 HC-SR04 传感器 TRIG 引脚的编号（例如 trigger_pin＝4），echo_pin 为连接 ECHO 引脚的编号。

2. 获取 mm 单位的距离值

获取 mm 单位的距离值使用 distance_mm 函数，其语法构式如下：

$$hc.distance\_mm()$$

3. 获取 cm 单位的距离值

获取 cm 单位的距离值使用 distance_cm 函数，其语法构式如下：

$$hc.distance\_cm()$$

9.1.3　HC-SR04 超声波传感器测量距离控制 LED 和蜂鸣器的单片机电路

HC-SR04 超声波传感器测量距离控制 LED 和蜂鸣器的单片机电路如图 9-3 所示。接通电源后，ESP32 单片机 GPIO4 引脚输出一个脉宽不小于 10μs 的脉冲到 HC-SR04 超声波传感器的 TRIG 引脚，触发传感器发射超声波，同时传感器 ECHO 引脚输出高电平，

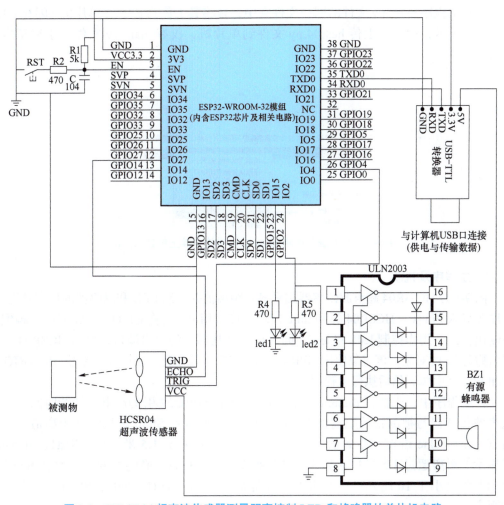

图 9-3　HC-SR04 超声波传感器测量距离控制 LED 和蜂鸣器的单片机电路

超声波遇到被测物后会有部分反射，当反射的超声波到达传感器时，ECHO 引脚由高电平变为低电平，该引脚的信号送到单片机 GPIO27 引脚，内部程序根据 ECHO 信号高电平的持续时间计算出被测物与超声波传感器的距离。

如果距离值大于 1.5m，GPIO15 引脚输出高电平，点亮 led1；如果距离值小于 10cm，GPIO2 引脚输出高电平，该高电平一方面点亮 led2，另外送到 ULN2003 的 7 号引脚，控制内部晶体管导通，10、8 号引脚之间内部接通，有源蜂鸣器获得 5V 供电而发声；如果距离为其他值时，GPIO15、GPIO2 引脚均输出低电平，led1、led2 熄灭，蜂鸣器不发声。

9.1.4 超声波传感器测量显示距离值并控制 LED 和蜂鸣器的程序及说明

1. 获取并上传 hcsr04.py 模块文件

如果编程时需要使用 HCSR04 类与函数来配置 HC-SR04 超声波传感器，而 HCSR04 类与函数的代码在 hcsr04.py 模块文件中，这个文件不是内置模块，要从外部获得。hcsr04.py 文件可在网上搜索下载，也可以从本书提供的源代码中找到，将该文件复制到主程序 main.py 文件的同一文件夹中，再将其上传到 ESP32 单片机（闪存）中，如图 9-4 所示，如果不上传 hcsr04.py 文件到单片机，仅有 main.py 文件是不能正常运行的。

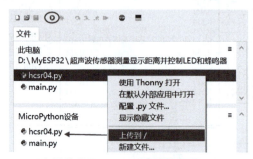

图 9-4　用右键菜单将 hcsr04.py 模块文件上传到单片机

2. 主程序及说明

图 9-5 是 HC-SR04 超声波传感器测量显示距离值并控制 LED 和蜂鸣器的程序及说明。程序先导入 Pin 类、HCSR04 类和 time 模块，接着用 Pin 类将 GPIO15、GPIO2 引脚配置为输出模式，用作控制 led1 和 led2（同时控制蜂鸣器）的输出端口，再用 HCSR04 类创建名称为 hc 的对象，该对象使用 GPIO4、GPIO27 引脚分别连接超声波传感器的 TRIG 引脚和 ECHO 引脚，然后执行主程序。

在主程序中，先执行 distance_cm 函数，根据 GPIO27 引脚高电平持续时间计算出超声波传感器与被测物的距离值 S，再执行 print 函数在 Shell 区显示该距离值，然后用 if…elif…else 语句对距离值 S 进行判断处理：如果 S>1.5 米，点亮 led1，在 Shell 区显示 "距离超过 1.5 米！"；如果 S<10 厘米，点亮 led2，蜂鸣器发声，并在 Shell 区显示 "距离小于 10 厘米！"；如果 S 为其他值时，熄灭 led1、led2，Shell 区显示 "正常距离"。

```python
'''HC-SR04超声波传感器测量显示距离值并控制LED和蜂鸣器:先获取超声波传感器与被测物之间的距离值,
并在Shell区显示该距离值,如果距离值大于1.5米,点亮led1,在Shell区显示"距离超过1.5米!",如果
距离值小于10厘米,点亮led2,同时蜂鸣器发声,在Shell区显示"距离小于10厘米!",如果距离为其他值时,
led1、led2熄灭,Shell区显示"正常距离"
'''
from machine import Pin          #从machine模块中导入Pin类
from hcsr04 import HCSR04        #从hcsr04模块中导入HCSR04类
import time                      #导入time模块

led1=Pin(15,Pin.OUT)             #用Pin类将GPIO15引脚创建成名称为led1的对象,并将其设为输出模式
led2_beep=Pin(2,Pin.OUT)         #用Pin类将GPIO2引脚创建成名称为led2_beep的对象,并将其设为输出模式
hc=HCSR04(trigger_pin=4, echo_pin=27)  #用HCSR04类创建名称为hc的对象,该对象使用GPIO4、GPIO27
                                 #引脚分别连接超声波传感器的TRIG引脚和ECHO引脚

'''主程序:先执行distance_cm函数,获取超声波传感器与被测物的距离值s,再执行print函数在Shell区
显示该距离值,然后用if…elif…else语句对距离值s进行判断处理,如果s>1.5米,led1点亮,在Shell区显示
"距离超过1.5米!",如果s<10厘米,点亮led2,蜂鸣器发声,并在Shell区显示"距离小于10厘米!",s为
其他值时,熄灭led1、led2,Shell区显示"正常距离"'''
if __name__=="__main__":         #如果当前程序文件为main主程序(顶层模块),则执行冒号下方的缩进代码块
    while True:                  #当while右边的值为真或表达式成立,反复执行下方的循环体
        s=hc.distance_cm()       #执行distance_cm函数,获取被测物与超声波传感器间的距离值(单位:cm)
        print("被测物距离:%.2fcm" %s) #在Shell区显示"被测物距离:s值cm","%.2f指定s值保留2位小数
        if s>150:                #如果s值大于150,执行下方的缩进代码
            led1.value(1)        #将led1对象(GPIO15引脚)的值设为1,点亮外接led1
            led2_beep.value(0)   #将led2_beep对象(GPIO2引脚)的值设为0,led2熄灭、蜂鸣器不发声
            print("距离超过1.5米!")  #在Shell区输出显示"距离超过1.5米!"
        elif s<10:               #如果s值小于10,执行下方的缩进代码
            led1.value(0)        #将led1对象(GPIO15引脚)的值设为0,外接led1熄灭
            led2_beep.value(1)   #将led2_beep对象(GPIO2引脚)的值设为1,led2点亮、蜂鸣器发声
            print("距离小于10厘米!")  #在Shell区输出显示"距离小于10厘米!"
        else:                    #除此(s>150和s<10)以外,执行下方的缩进代码
            led1.value(0)        #将led1对象(GPIO15引脚)的值设为0,外接led1熄灭
            led2_beep.value(0)   #将led2_beep对象(GPIO2引脚)的值设为0,led2熄灭、蜂鸣器不发声
            print("正常距离")     #在Shell区输出显示"正常距离"
        time.sleep(1)            #执行time模块中的sleep函数,延时1s
```

```
----------
被测物距离:6.55cm
距离小于10厘米!
----------
被测物距离:19.69cm
正常距离
----------
被测物距离:184.43cm
距离超过1.5米!
----------
```

图 9-5 HC-SR04 超声波传感器测量显示距离值并控制 LED 和蜂鸣器的程序及说明

9.2 红外线遥控的使用及编程实例

9.2.1 红外线与可见光

红外线又称红外光,是一种不可见光(属于一种电磁波)。红、橙、黄、绿、青、蓝、紫等颜色的光是可见光,其波长从长到短(频率从低到高),如图 9-6 所示。其中红光的波长范围为 622~760nm,紫光的波长范围为 400~455nm,较红光波长更长的光叫红外线,较紫光波长更短的光叫紫外线。红外线遥控使用波长为 760~1500nm 的近红外线来传送控制信号。

不可见光线		可见光线	不可见光线				
γ射线	X射线	紫外线	紫蓝青绿黄橙红	近红外线	中间红外线	远红外线	微波	无线电波

200　　　　400　　　　　760　　　　　4000

光色	波长/nm	频率/THz	中心波长/nm
红	622~760	390~480	660
橙	597~622	480~500	610
黄	577~597	500~540	570
绿	492~577	540~610	540
青	470~492	610~640	480
蓝	455~470	640~660	460
紫	400~455	660~750	430

图 9-6　电磁波的划分与可见光

9.2.2　红外线发射器与红外线发光二极管

1. 红外线发射器

图 9-7a 是一种常见的红外线遥控器，其电路组成如图 9-7b 所示，当按下键盘上的某个按键时，编码电路产生一个与之对应的二进制编码信号，该编码信号调制在 38kHz 载波上送往红外线发光二极管，使之发出与电信号一样变化的红外光。

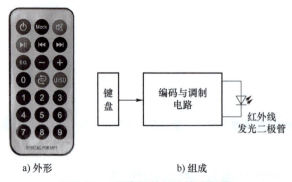

a) 外形　　　　　　　　　　b) 组成

图 9-7　一种常见的红外线发射器

2. 红外线发光二极管

（1）外形与图形符号

红外线发光二极管通电后会发出人眼无法看见的红外光，家用电器的遥控器采用红外线发光二极管发射遥控信号。红外线发光二极管的外形与图形符号如图 9-8 所示。

a) 外形　　　　　　　　b) 图形符号

图 9-8　红外线发光二极管

(2）用指针万用表检测红外线发光二极管

红外线发光二极管具有单向导电性，其正向导通电压略高于 1V。在检测时，指针万用表拨至 R×1kΩ 档，红、黑表笔分别接两个电极，正、反向各测一次，以阻值小的一次测量为准，红表笔接的为负极，黑表笔接的为正极。对于未使用过的红外线发光二极管，引脚长的为正极，引脚短的为负极。

在检测红外线发光二极管好坏时，使用指针万用表的 R×1kΩ 档测量正、反向电阻。正常时正向电阻在 20~40kΩ，反向电阻应有 500kΩ 以上。若正向电阻偏大或反向电阻偏小，表明管子性能不良，若正反向电阻均为 0 或无穷大，表明管子短路或开路。

(3）用数字万用表检测红外线发光二极管

用数字万用表检测红外线发光二极管如图 9-9 所示，测量时万用表选择二极管测量档，红、黑表笔分别接红外线发光二极管一个引脚，正、反向各测一次，当测量出现 0.800~2.000 范围内的数值时，如图 9-9b 所示，表明红外线发光二极管已导通（红外线发光二极管的导通电压比普通发光二极管低），红表笔接的为红外线发光二极管正极，黑表笔接的为负极，互换表笔测量时显示屏会显示 0L 符号，如图 9-9a 所示，表明红外线发光二极管未导通。

a）测量时未导通　　　　　　　　　b）测量时已导通

图 9-9　用数字万用表检测红外线发光二极管

(4）区分红外线发光二极管与普通发光二极管

红外线发光二极管的起始导通电压为 1~1.3V，普通发光二极管为 1.6~2V，指针万用表选择 R×1Ω~R×1kΩ 档时，内部使用 1.5V 电池，根据这些规律可使用万用表 R×100Ω 档来测管子的正、反向电阻。若测得的正、反向电阻均为无穷大或接近无穷大，所测管子为普通发光二极管；若正向电阻小反向电阻大，所测管子为红外线发光二极管。由于红外线为不可见光，故也可使用 R×10kΩ 档正、反向测量管子，同时观察管子是否有光发出，有光发出者为普通二极管，无光发出者为红外线发光二极管。

3. 用手机摄像头判断遥控器的红外线发光二极管是否发光

如果遥控器正常，按压按键时遥控器会发出红外光信号，由于人眼无法看见红外光，但可借助手机的摄像头或数码相机来观察遥控器能否发出红外光。启动手机的摄像头功能，将遥控器有红外线发光二极管的一端朝向摄像头，再按压遥控器上的按键，若遥控器正常，可以在手机屏幕上看到遥控器发光二极管发出的红外光，如图 9-10 所示。如果遥控器有红外光发出，一般可认为遥控器是正常的。

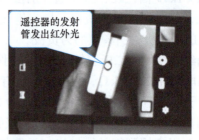

图 9-10　用手机摄像头查看遥控器发射二极管是否发出红外光

9.2.3　红外线光电二极管与红外线接收器

1. 红外线光电二极管

（1）外形与图形符号

红外线光电二极管又称红外线接收二极管，简称红外线接收管，其能将红外光转换成电信号。为了减少可见光的干扰，其常采用黑色树脂材料封装。红外线光电二极管的外形与图形符号如图 9-11 所示。

（2）极性与好坏检测

红外线光电二极管具有单向导电性。在检测时，指针万用表拨至 R×1kΩ 档，红、黑表笔分别接两个电极，正、反向各测一次，以阻值小的一次测量为准，红表笔接的为负极，黑表笔接的为正极。对于未使用过的红外线发光二极管，引脚长的为正极，引脚短的为负极。

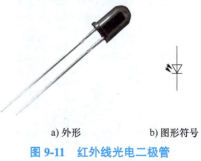

a) 外形　　　　b) 图形符号

图 9-11　红外线光电二极管

在检测红外线光电二极管好坏时，使用指针万用表的 R×1kΩ 档测量正、反向电阻，正常时其正向电阻为 3~4kΩ，反向电阻应达 500kΩ 以上，若正向电阻偏大或反向电阻偏小，表明管子性能不良，若正、反向电阻均为 0Ω 或无穷大，表明管子短路或开路。

2. 红外线接收器

（1）外形

红外线接收器由红外线光电二极管和放大解调等电路组成，这些元件和电路通常封装在一起，称为红外线接收组件，如图 9-12 所示。

（2）电路结构原理

红外线接收组件内部由红外线光电二极管和接收集成电路组成，接收集成电路内部主要由放大、选频及解调电路组成。红外线接收组件内部电路结构如图 9-13 所示。接收头的红外线光电二极管将红外线遥控器发射来的红外光转换成电信号，送入接收集成电路进行放大，然后经选频电路选出特定频率的信号（频率多数为 38kHz），再由解调电路从该信号中除去载波信号，取出二进制编码信号，从 OUT 引脚输出到单片机。

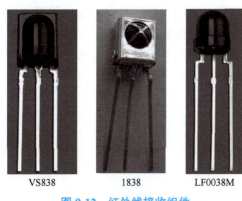

图 9-12 红外线接收组件

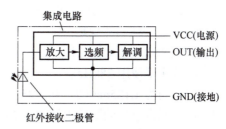

图 9-13 红外线接收组件内部电路结构

（3）引脚极性识别

红外线接收组件有 VCC（电源，通常为 5V）、OUT（输出）和 GND（接地）3 个引脚，在安装和更换时，这 3 个引脚不能弄错。红外线接收组件 3 个引脚排列没有统一规范，可以使用万用表来判别 3 个引脚的极性。

在检测红外线接收组件引脚极性时，指针万用表置于 R×10Ω 档，测量各引脚之间的正、反向电阻（共测量 6 次），以阻值最小的那次测量为准，黑表笔接的为 GND 引脚，红表笔接的为 VCC 引脚，余下的为 OUT 引脚。

如果要在电路板上判别红外线接收组件的引脚极性，可找到接收组件旁边的有极性电容器，因为接收组件的 VCC 端一般会接有极性电容器进行电源滤波，故接收组件的 VCC 引脚与有极性电容器正引脚直接连接（或通过一个 100Ω 左右的电阻连接），GND 引脚与电容器的负引脚直接连接，余下的引脚为 OUT 引脚，如图 9-14 所示。

（4）好坏判别与更换

在判别红外线接收组件好坏时，在红外线接收组件的 VCC 和 GND 引脚之间接上 5V 电源，然后将万用表置于直流 10V 档，测量 OUT 引脚电压（红、黑表笔分别接 OUT、GND 引脚）。在未接收遥控信号时，OUT 引脚电压约为 5V，再将遥控器对准接收组件，按压按键让遥控器发射红外线信号，若接收组件正常，OUT 引脚电压

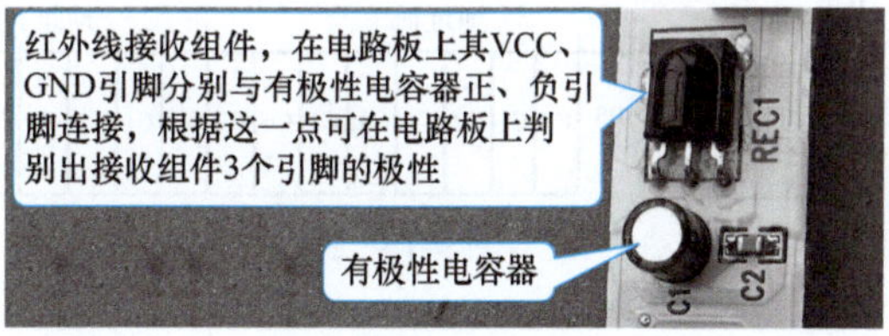

图 9-14 在电路板上判别红外线接收组件 3 个引脚的极性

电压会发生变化（下降），说明输出脚有信号输出，否则可能接收组件损坏。

红外线接收组件损坏后，若找不到同型号组件更换，也可用其他型号的组件更换。一般来说，相同接收频率的红外线接收组件可以互换。38 系列（1838、838、0038 等）红外线接收组件频率相同，可以互换，但由于它们引脚排列可能不一样，更换时要先识别出各引脚，再将新组件引脚对号入座安装。

9.2.4 红外遥控的编码方式

红外遥控器通过红外线将控制信号传送给其他电路，实现对电路的遥控控制。这个

控制信号是按一定的编码方式形成的一串脉冲信号，不同功能的按键会编码得到不同的脉冲信号。红外遥控系统的编码方式还没有一个统一的国际标准，欧洲和日本生产厂商的编码方式主要有 RC5、NEC、SONY、REC80、SAMSWNG 等，国内家用电器生产厂商也大多采用上述编码方式。在这些遥控编码方式中，NEC 编码方式最为常用。

1. NEC 遥控编码的规定

NEC 遥控编码的规定如下：

1）载波频率使用 38kHz。

2）位时间为 1.125ms（0）和 2.25ms（1）。

3）用不同占空比的脉冲表示 0 和 1。

4）地址码和指令码均为 8 位。

5）地址码和指令码传送 2 次。

6）引导码时间为 9ms（高电平）+4.5ms（低电平）。

2. 遥控指令信号的编码格式

NEC 遥控指令信号的编码格式如图 9-15 所示。当操作遥控器的某个按键时，会产生一个图 9-15 所示的脉冲串信号，该信号由引导码、地址码、地址反码、控制码和控制反码组成。引导码表示信号的开始，由 9ms 低电平和 4.5ms 高电平组成，地址码、地址反码、控制码、控制反码均为 8 位数据格式。数据传送时按低位在前、高位在后的顺序进行，传送反码是为了增加传输的可靠性（可用于校验）。如果一个完整编码脉冲串发送完成后未松开按键，遥控器仅发送起始码（9ms）和结束码（2.5ms）。

遥控指令信号在发送时需要装载到 38kHz 载波信号上再发射出去，遥控接收器接收后需要解调去掉 38kHz 载波信号取出遥控指令信号。如果将遥控指令信号比作是人，那么载波信号就相当于交通工具。

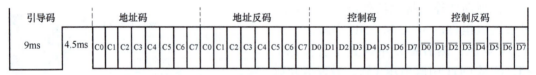

图 9-15 NEC 遥控指令信号一个完整编码脉冲串的编码格式

在 NEC 遥控指令信号中，0.56ms 高电平 +1.68ms 低电平表示"1"，时长约为 2.25ms，0.56ms 高电平 +0.56ms 低电平表示"0"，时长约为 1.125ms。红外接收组件接收到信号并解调去掉载波后，得到遥控指令信号，该信号变反，0.56ms 低电平 +1.68ms 高电平表示"1"，0.56ms 低电平 +0.56ms 高电平表示"0"，如图 9-16 所示。

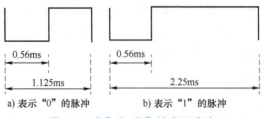

图 9-16 "0"和"1"的表示脉冲

9.2.5 红外线遥控控制 LED 和继电器的单片机电路

红外线遥控控制 LED 和继电器的单片机电路如图 9-17 所示。当按下遥控器上的"1"键时，遥控器将该键的指令码调制在 38kHz 的载波上并转换成红外线发射出去，红外线遥控接收器接收到红外线信号后，将其转换成电信号并去掉载波取出按键的指令码，从 OUT 引脚输出到 ESP32 单片机的 GPIO14 引脚，单片机内部程序先将按键的指令码（地址码、地址反码、控制码和控制反码）保存下来，再根据控制码的值按程序的要求从 GPIO15 引脚输出高电平，该高电平一方面点亮 led1，另外送到 ULN2003 的 6 号引脚，内部晶体管导通（11、8 号引脚之间导通），有电流流过继电器线圈，继电器常开触点闭合，电气设备通电工作。当按下遥控器上的"2"键时，ESP32 单片机的 GPIO2 引脚输出低电平，led1 熄灭，继电器线圈失电，常开触点断开，电气设备断电。

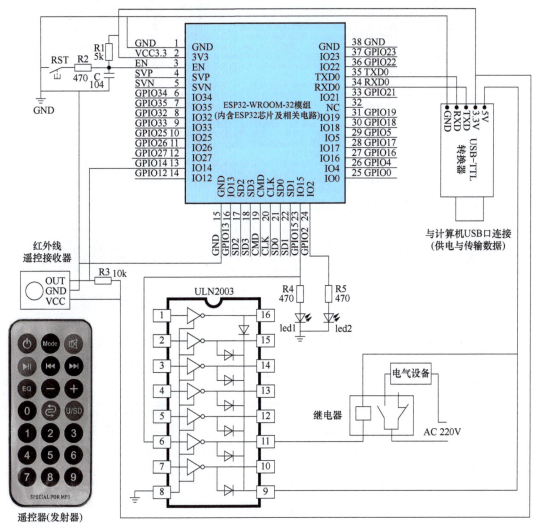

图 9-17 红外线遥控控制 LED 和继电器的单片机电路

9.2.6 红外线遥控控制 LED 并显示按键控制码的程序及说明

红外线遥控控制 LED 并显示按键控制码的程序及说明如图 9-18 所示。程序先导入 Pin 类和 time 模块，接着用 Pin 类将 GPIO15、GPIO2 引脚配置为输出模式，用作控制

```python
'''红外线遥控控制LED和继电器并显示按键指令码：如果按下红外遥控器的'1'键,led1点亮、继电器线圈
通电,在Shell区显示'1'键的地址码和控制码；如果按下'2'键,led1熄灭、继电器线圈断电,在Shell区
显示'2'键的控制码和控制反码；如果按下其他键,则显示按下键的地址码和控制码。
'''
from machine import Pin    #从machine模块中导入Pin类
import time                #导入time模块

led1_ka=Pin(15,Pin.OUT)    #用Pin类将GPIO15引脚创建成名称为led1_ka的对象,并将其设为输出模式
led2=Pin(2,Pin.OUT)        #用Pin类将GPIO2引脚创建成名称为led2的对象,并将其设为输出模式
ired=Pin(14,Pin.IN,Pin.PULL_UP) #用Pin类将GPIO14引脚创建成为ired对象,并将其设为输入、上拉模式
iredData=[0,0,0,0]         #创建名称为iredData有4个元素的列表,用来依次存放遥控指令的地址码、
                           #地址反码、控制码和控制反码,每个元素都是8位,4个元素初值均赋0

'''ired_irq函数的功能是接收GPIO14引脚输入的遥控指令码,将指令码中的地址码、地址反码、控制码和控制
反码依次存入iredData列表。当GPIO14引脚输入电平由高变为低时,触发执行本函数,如果低电平时间超过10ms
(正常9ms),判断输入不是遥控指令引导码的低电平,执行return退出函数,如果低电平持续未到10ms变为高电平,
马上检测高电平时间,如果高电平时间超过5ms(正常4.5ms),判断输入不是引导码的高电平,执行return退出函数,
如果高电平不到5ms变为低电平,则检测低电平时间,如果低电平时间超过0.6ms(正常0.56ms),判断输入不是数据
1或0,执行return退出函数,若低电平持续未到0.6ms变为高电平,马上检测高电平时间,如果高电平时间超过2ms,
判断输入不是数据1或0,执行return退出函数,若高电平持续未到2ms变为低电平,则将iredData列表1号元素右
移一位,最低位填0(先写0),如果高电平时间大于或等于0.8ms(正常1.68ms),将最低位的0改成为1,往iredData
列表写1或0共8*4次后,完成一次完整遥控指令码的接收,再将iredData列表中的2号元素值(控制码)和3号元素中
的控制反码的取反相比较,两者一致表明接收的控制码和控制反码没有错误,则将iredData列表中4个元素值依次
全部清0,为下一次接收遥控指令码做准备'''
def ired_irq(ired):        #定义名称为ired_irq的函数,ired为输入参数
    iredHtime=0            #将iredHtime变量赋0,该变量反映信号的高电平时间,以判别信号是1还是0
    if ired.value()==0:    #如果ired对象的值为0,即GPIO14引脚输入为低电平,执行下方缩进代码
        tc=1000            #将变量tc赋值1000
        while (not ired.value()) and tc: #当GPIO14引脚输入为0(取反为1)且tc不为0时,and(与)结果
                           #为真,反复执行下方循环体,若GPIO14引脚输入为1或tc为0时,不执行循环体
            time.sleep_us(10) #执行time模块中的sleep_us函数,延时10us
            tc-=1          #将tc值减1
            if tc==0:      #如果tc=0(while循环体执行1000次,GPIO14引脚输入为0超过9ms),执行return
                return     #退出ired_irq函数,遥控指令的引导码低电平时间最长为9ms,时间超出不是引导码
        if ired.value()==1: #若GPIO14引脚输入为高电平(引导码低电平之后是高电平),执行下方缩进代码
            tc=500         #将变量tc赋值500
            while ired.value() and tc: #当GPIO14引脚输入为1且tc不为0时,反复执行下方的循环体
                time.sleep_us(10) #延时10us
                tc-=1      #将tc值减1
                if tc==0:  #若tc=0(while循环体执行500次,GPIO14引脚输入1超过5ms),执行return
                    return #退出ired_irq函数,引导码高电平时间最长为4.5ms,时间超出则不是引导码
            for i in range(4): #range函数先将0赋给i,再执行下方循环体,然后返回将1又执行循环体
                           #之后依次将2、3赋给i执行循环体,用于读取地址码/反码、控制码/反码
                for j in range(8): #range函数将0~7依次赋给j后执行循环体,第1次j赋0后执行循环体,
                           #本for语句循环执行8次,用于读取8个位的值
                    tc=60  #将变量tc赋值60
                    while (ired.value()==0) and tc: #当GPIO14输入为0且tc不为0时,and(与)
                           #结果为真,反复执行下方循环体,若GPIO14输入为1或tc为0时,不执行循环体
                        time.sleep_us(10) #延时10us
                        tc-=1 #将tc值减1
                        if tc==0: #若tc=0(while执行60次,GPIO14输入0超过0.6ms),执行return
                            return #退出ired_irq函数,1或0的低电平最长为0.56ms,超出不是1或0
                    tc=20  #将变量tc赋值20
                    while ired.value()==1: #当GPIO14输入为1,执行下方缩进代码,为0时执行后续代码
                        time.sleep_us(100) #延时100us
                        iredHtime+=1 #将iredHtime加1,iredHtime初值为0
                        if iredHtime>20: #如果iredHtime值大于20,GPIO14输入1超过2ms,执行return
                            return #退出ired_irq函数,高电平时间超过2ms不是1或0
                    iredData[i]>>=1 #GPIO14输入由1变为0时,将iredData列表的1号元素(8位,指令码
                           #最低位在左,先传送)右移1位,在边最低位的0改成1,往iredData
                    if iredHtime>=8: #如果GPIO14输入1时间大于0.8ms,执行下方缩进代码
                        iredData[i]|=0x80 #将iredData列表的1号元素与10000000相或,即最低位写1
                    iredHtime=0 #以进行下一次重新计时
            if iredData[2]!=~iredData[3]: #如果iredData列表3号元素(控制反码)~(取反)后!=(不等于)2号
                           #元素(控制码),说明遥控指令传送产生错误,执行下方缩进代码
                for i in range(4): #range函数先将0赋给i,再执行下方循环体,接着返回将1赋给i又
                           #执行循环体,之后依次将2、3赋给i执行循环体
                    iredData[i]=0 #将iredData列表的4个元素(地址码/反码、控制码/反码)清0
                return     #退出ired_irq函数
```

图 9-18 红外线遥控控制 LED 并显示按键控制码的程序及说明

```
71  '''主程序：先执行irq函数,将GPIO14引脚配置成下降沿中断输入模式,然后反复执行while语句中的循环体,
72  当GPIO14引脚出现下降沿时,触发执行ired_irq函数,判断输入是否为遥控指令码,若是则将指令码中的地址码、
73  地址反码、控制码和控制反码依次存入iredData列表,如果接收到'1'键的控制码(0x0C),让GPIO15引脚输出
74  高电平,led1点亮并给继电器线圈通电,如果接收到'2'键的控制码(0x18),让GPIO15引脚输出低电平,led1熄灭、
75  继电器线圈失电,如果按下其他键,则在Shell区显示按下键的地址码和控制码'''
76  if __name__=="__main__":      #如果当前程序文件为main主程序(顶层模块),则执行冒号下方的缩进代码块
77      ired.irq(ired_irq,Pin.IRQ_FALLING)  #执行ired对象的irq函数,将GPIO14引脚配置成下降沿中断
78                                  #输入模式,当该端口输入下降沿时会触发执行ired_irq函数
79      while True:                 #while为循环语句,若右边的值为真或表达式成立,反复执行下方的循环体
80          kadr=iredData[0]        #将iredData列表中的0号元素值(遥控接收到的按键地址码)赋给变量kadr
81          nkadr=iredData[1]       #将地址反码赋给变量nkadr
82          kctr=iredData[2]        #将控制码赋给变量kctr
83          nkctr=iredData[3]       #将控制反码赋给变量nkctr
84          if kctr==0x00:          #如果kctr变量的值为0x00(未接收到遥控指令码),执行下方的缩进代码
85              pass                #不进行任何操作,pass起占位作用,若留空程序运行会出错
86          elif kctr==0x0C:        #如果kctr变量的值为0x0C("1"键的控制码),执行下方的缩进代码
87              led1_ka.value(1)    #led1点亮、继电器线圈通电
88              print("1键的地址码/控制码:0x%02X,0x%02X" %(kadr,kctr)) #%02X指定后面%之后的变量值
89                                  #以2位无符号十六进制格式显示,在Shell区显示"1键的地址码/控制码:0xkadr值,0xkctr值"
90              iredData[2]=0x00    #将iredData列表2号元素(控制码)赋值0x00(字节清0,也可赋值0)
91          elif kctr==0x18:        #如果kctr变量的值为0x18("2"键的控制码),执行下方的缩进代码
92              led1_ka.value(0)    #熄灭led1,继电器线圈断电
93              print("2键的控制码/控制反码:0x%02X,0x%02X" %(kctr,nkctr))
94                                  #在Shell区显示"2键的控制码/控制反码:0xkctr值,0xnkctr值"
95              iredData[2]=0x00    #将iredData列表中的控制码清0
96          else:                   #变量kctr为其他值(按下遥控器的其他键)时,执行下方的缩进代码
97              led2.value(1)       #点亮led2
98              print("当前按下键的地址码为:0x%02X,控制码为0x%02X" %(kadr,kctr))
99                                  #在Shell区输出显示"当前按下键的地址码为:0xkadr值,控制码为0xkctr值"
100             time.sleep_ms(100)  #延时0.1s
101             led2.value(0)       #熄灭led2
102             iredData[2]=0x00    #将iredData列表中的控制码清0
103

Shell ×
当前按下键的地址码为:0x00,控制码为0x45
1键的地址码/控制码:0x00,0x0C
2键的控制码/控制反码:0x18,0xE7
```

图 9-18　红外线遥控控制 LED 并显示按键控制码的程序及说明（续）

led1（同时控制继电器）和 led2 的输出引脚，还用 Pin 类将 GPIO14 引脚配置为输入、上拉模式，然后定义一个 ired_irq 函数（其功能是接收 GPIO14 引脚输入的遥控指令码，将指令码中的地址码、地址反码、控制码和控制反码存入 iredData 列表），再执行主程序。

在主程序中，先执行 ired 对象（具有 Pin 类属性）的 irq 函数，将 GPIO14 引脚配置成下降沿中断输入模式，然后反复执行 while 语句中的循环体。当 GPIO14 引脚出现下降沿时，触发执行 ired_irq 函数，判断输入是否为遥控指令码，若是则将指令码中的地址码、地址反码、控制码和控制反码依次存入 iredData 列表。如果接收到"1"键的控制码（0x0C），让 GPIO15 引脚输出高电平，led1 点亮并给继电器线圈通电，在 Shell 区显示"1键的地址码/控制码：0x00，0x0C"；如果接收到"2"键的控制码（0x18），让 GPIO15 引脚输出低电平，led1 熄灭、继电器线圈失电，在 Shell 区显示"2键的控制码/控制反码：0x18，0xE7"；如果按下其他键，则让 GPIO2 引脚先输出高电平，延时 0.1s 输出低电平，led2 闪烁一下，并在 Shell 区显示当前按下键的地址码和控制码。

不同遥控器的"1""2"键的控制码可能不相同，如果要使用其他遥控器或换用其他两个按键，只要先操作所用遥控器上的这两个键或其他两个按键，在 Shell 区查看其控制码，然后将程序中的控制码 0x0C 和 0x18 换成该控制码即可。

第 10 章 串行通信（UART）与实时时钟（RTC）的使用及编程实例

10.1 串行通信知识与通信函数

10.1.1 串行通信基础知识

1. 并行通信与串行通信

通信的概念比较广泛，在单片机技术中，单片机与单片机或单片机与其他设备之间的数据传输称为通信。根据数据传输方式的不同，可将通信分为并行通信和串行通信两种。

同时传输多位数据的方式称为并行通信。如图 10-1a 所示，在并行通信方式下，单片机中的 8 位数据 10011101 通过 8 条数据线同时送到外部设备中。并行通信的特点是数据传输速度快，但由于需要的传输线多，故成本高，只适合近距离的数据通信。

逐位传输数据的方式称为串行通信。如图 10-1b 所示，在串行通信方式下，单片机中的 8 位数据 10011101 通过一条数据线逐位传送到外部设备中。串行通信的特点是数据传输速度慢，但由于只需要一条传输线，故成本低，适合远距离的数据通信。

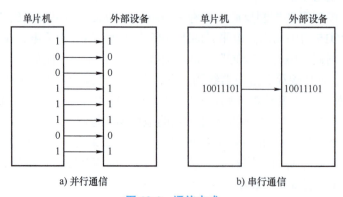

图 10-1 通信方式

2. 串行通信的两种方式

串行通信又可分为异步通信和同步通信两种。单片机多采用异步通信方式。

（1）异步通信

在异步通信中，数据是一帧一帧传送的。异步通信如图 10-2 所示，这种通信是以帧为单位进行数据传输，一帧数据传送完成后，可以接着传送下一帧数据，也可以等待，等待期间为空闲位（高电平）。

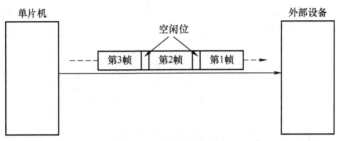

图 10-2　异步通信

在串行异步通信时，数据也是以帧为单位传送的。异步通信的帧数据格式如图 10-3 所示。从图中可以看出，一帧数据由起始位、数据位、奇偶校验位和停止位组成。

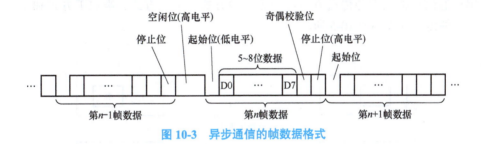

图 10-3　异步通信的帧数据格式

1）起始位。表示一帧数据的开始，起始位一定为低电平。当单片机要发送数据时，先送一个低电平（起始位）到外部设备，外部设备接收到起始信号后，马上开始接收数据。

2）数据位。它是要传送的数据，紧跟在起始位后面。数据位的数据可以是 5~8 位，传送数据时一般是从低位到高位逐位进行的。

3）奇偶校验位。该位用于检验传送的数据有无错误。奇偶校验是检查数据传送过程中是否发生错误的一种校验方式，分为奇校验和偶校验。奇校验是指数据位和校验位中"1"的总个数为奇数，偶校验是指数据位和校验位中"1"的总个数为偶数。数据传送采用奇校验或偶校验均可，但要求发送端和接收端的校验方式一致。在帧数据中，奇偶校验位也可以不用。

以奇校验为例，若单片机传送的数据位中有偶数个"1"，为保证数据和校验位中"1"的总个数为奇数，奇偶校验位应为"1"，如果在传送过程中数据位中有数据产生错误，其中一个"1"变为"0"，那么传送到外部设备的数据位和校验位中"1"的总个数为偶数，外部设备就知道传送过来的数据发生错误，会要求重新传送数据。

4）停止位。该位用于表示一帧数据的结束。停止位可以是 1 位、1.5 位或 2 位，但一定为高电平。一帧数据传送结束后，可以接着传送第二帧数据，也可以等待，等待期间数据线为高电平（空闲位）。如果要传送下一帧，只要让数据线由高电平变为低电平（下一帧起始位开始），接收器就开始接收下一帧数据。

（2）同步通信

在异步通信中，每一帧数据发送前要用起始位，结束时要用停止位，这样会占用一定的时间，导致数据传输速度较慢。为了提高数据传输速度，在计算机与一些高速设备进行数据通信时，常采用同步通信。同步通信的帧数据格式如图10-4所示。

图10-4　同步通信的帧数据格式

从图中可以看出，同步通信的数据后面取消了停止位，前面的起始位用同步信号代替，在同步信号后面可以跟很多数据，所以同步通信传输速度快。由于进行同步通信时要求发送端和接收端严格保持同步，故在传送数据时一般需要同时传送时钟信号。

3. 串行通信的数据传送方式

串行通信根据数据的传送方向可分为三种方式：单工方式、半双工方式和全双工方式。这三种传送方式如图10-5所示。

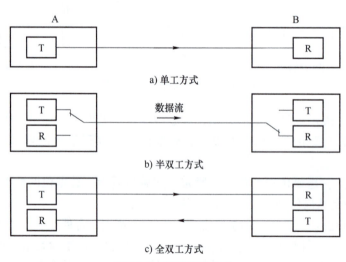

图10-5　数据传送方式

1）单工方式。在这种方式下，数据只能向一个方向传送。单工方式如图10-5a所示，数据只能由发送端传输给接收端。

2）半双工方式。在这种方式下，数据可以双向传送，但同一时间内，只能向一个方向传送，只有一个方向的数据传送完成后，才能往另一个方向传送数据。半双工方式如图10-5b所示，通信的双方都有发送器和接收器，一方发送时，另一方接收，由于只有一条数据线，所以双方不能在发送的同时进行接收。

3）全双工方式。在这种方式下，数据可以双向传送，通信的双方都有发送器和接收器，由于有两条数据线，所以双方在发送数据的同时可以接收数据。全双工方式如图 10-5c 所示。

10.1.2 串行通信的类与函数

ESP32 单片机的串行通信可实现标准的 UART/USART 双工串行通信协议。通信使用两根线连接双方的 RX（接收）和 TX（发送）引脚，在实际连接时还需一根线将通信双方的地连接起来。串行通信使用 machine 模块中的 UART 类及其内部函数来配置。

1. 构建串行通信对象

在使用串行通信时，要先用 UART 类构建串行通信对象，构建串行通信的语法格式如下：

$$\text{machine.UART（id, ...）}$$

id 为串行通信的编号，编号可为 0、1、2，在构建对象时，还可以直接使用串行通信初始化 UART.init 函数中的参数。例如，UT0=machine.UART（id=0, baudrate=9600, tx=1, rx=3），该代码的功能是使用 UART 类构建一个串行通信对象 UT0，该对象的串行通信速率为 9600bit/s，用 GPIO1 引脚发送数据，用 GPIO3 引脚接收数据。

2. 串行通信的初始化（配置）

串行通信的初始化使用 UART 类中的 init（）函数。串行通信初始化的语法格式如下：

UART.init（baudrate=9600, tx=17, rx=16, bits=8, parity=None, stop=1, *, ...）

baudrate 指定通信速率（波特率），要求通信双方的通信速率相同，常用波特率有 9600、115200 等。

tx 指定要使用的 TX 引脚；

rx 指定要使用的 RX 引脚；

bits 指定每个字节的位数（7、8 或 9）；

parity 指定奇偶校验方式，None- 无校验，0- 偶校验，1- 奇校验；

stop 指定停止位的数量（1 或 2）。

串行通信初始化还可能支持以下参数：

1）txbuf 指定 TX 缓冲区的字节（1 个字节与 1 个字符的编码值都是 8 位，此时字节常称为字符）长度。

2）rxbuf 指定 RX 缓冲区的字节长度。

3）timeout 指定等待第一个字节的时间（以毫秒为单位）。

4）timeout_char 指定在字节之间等待的时间（以毫秒为单位）。

5）invert 指定要反转的行。

3. 关闭串行通信

关闭串行通信使用 UART 类中的 deinit（）函数。关闭串行通信的语法格式如下：

$$\text{UART.deinit（）}$$

4. 返回读取的字节个数

返回读取的字节个数的语法格式如下：

UART.any()

返回在不阻塞的情况下从 UART 串口读取的字节个数,如果未读到字节,返回 0,如果读到字节,返回读到的字节个数。即使有多个字节可供读取,该函数也可能返回 1。

5. 读取字节

读取字节的语法格式如下:

UART.read([*n*bytes])

从 UART 串口读取字节,如果指定 *n*bytes,最多读取 *n* 个字节,否则应读取尽可能多的数据。如果读取超时,可能会更快返回,超时可在初始化函数中配置。返回值包含读入字节的字节对象,超时时返回 None。

6. 读取字节到指定位置

读取字节到指定位置的语法格式如下:

UART.readinto(buf[, *n*bytes])

从 UART 串口读取 *n*bytes 个字节到 buf,不指定 *n*bytes,最多可读取 len(buf) 字节(即 buf 允许存储的字节数)。如果达到超时,可能会更快返回(None)。返回值为读取并存储到 buf 的字节数或 None(超时)。

7. 读取一行字节

读取一行字节的语法格式如下:

UART.readline()

读取一行字节,以换行符结尾,如果达到超时,可能会更快返回(None)。返回值为读取的行或 None(超时)。

8. 写字节

写字节的语法格式如下:

UART.write(buf)

将 buf 中的字节通过 UART 串口往外发送。返回值为写入的字节数或 None(超时)。

9. 发送停止状态

发送停止状态的语法格式如下:

UART.sendbreak()

向 UART 串口总线发送停止状态,将总线驱动为低电平。

10. 接收中断

接收中断的语法格式如下:

UART.irq(trigger, priority=1, handler=None, wake=machine.IDLE)

创建串口通信时接收到数据时触发的中断。trigger 为触发源,只能是 UART.RX_ANY;priority 为中断优先级,可以取 1~7 范围内的值,更高的值代表更高的优先级;handler 为中断处理函数,在接收到新字节时调用;wake 用于选择此中断可以唤醒系统的电源模式,只能是 machine.IDLE(设备空闲)。

串行通信的类与函数使用举例如图 10-6 所示。

```
1  from machine import UART          #从machine模块中导入UART类
2
3  uart1=UART(1,baudrate=9600,tx=33,rx=32)   #用UART类创建一个名称为uart1的对象,该对象使用UART1串口
4                                     #通信速率为9600,将GPIO33、GPIO32引脚分别用作接收、发送端
5  uart1.write('hello')               #往UART1串口写(发送)5个字节(字符)'hello'
6  uart1.read(5)                      #从UART1串口读(接收)5个字节(字符)
7
```

图 10-6 串行通信的类与函数使用举例

10.2 单片机与计算机串行通信的电路与编程实例

现在的计算机大多数不带串口,即使带有串口也不能与 ESP32 单片机直接连接,因为两者收发的串行信号电平不同,相互无法识别,可以使用 USB-TTL 转换器(又称下载器)将两者连接进行串口通信。

10.2.1 单片机与计算机串口通信的电路

ESP32 单片机与计算机使用 USB-TTL 转换器进行串口通信的电路如图 10-7 所示。

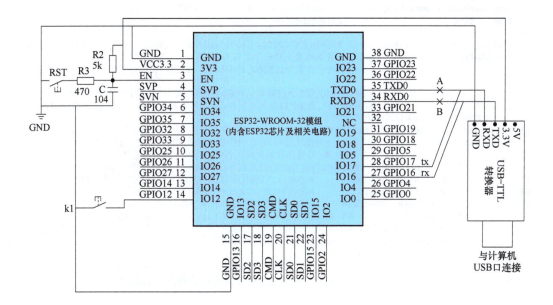

图 10-7 ESP32 单片机与计算机使用 USB-TTL 转换器进行串口通信的电路

由于 ESP32 单片机下载程序和串口通信都使用 USB-TTL 转换器,如果只有一个转换器,可在下载程序时将转换器的 TXD(发送)、RXD(接收)引脚分别与 ESP32 单片机

的 RXD0、TXD0 引脚连接，将通信程序下载到单片机的 Flash 闪存后，断开两者的连接（见图 10-7 中的 A、B 点），再将转换器的 TXD（发送）、RXD（接收）引脚分别与 ESP32 单片机的 GPIO16、GPIO17 引脚连接。GPIO16、GPIO17 引脚为 ESP32 单片机默认的 UART2 串口，GPIO16 为接收端，GPIO17 为发送端。ESP32 单片机有 3 个串口，分别为 UART0、UART1、UART2 串口，其接收（rx）和发送（tx）端默认使用的 GPIO 引脚如图 10-7 所示。

10.2.2 单片机与计算机串口通信收发数据的程序及说明

单片机与计算机串口通信收发数据的程序及说明如图 10-8 所示。程序先导入 Pin 类、UART 类和 time 模块，接着用 Pin 类将 GPIO14 引脚设为输入模式且内接上拉电阻，用作 k1 键的输入引脚，然后用 UART 类创建一个名称为 ut2 的 UART2 串口对象，该对象将 GPIO16、GPIO17 引脚分别用作接收、发送端，通信速率为 115200bit/s，之后执行主程序。

```python
'''串行通信收发数据:当按下k1键时,往UART2串口发送字符串"Good!"和"ABab12",如果检测到UART2串口
接收到数据,则将该数据又从UART2串口发送出去'''
from machine import Pin,UART        #从machine模块中导入Pin类和UART类
import time                         #导入time模块

k1=Pin(14,Pin.IN,Pin.PULL_UP)       #用Pin类将GPIO14引脚设为输入模式且内接上拉电阻,用k1代表该对象
ut2=UART(2,115200,rx=16,tx=17)      #用UART类创建一个名称为ut2的对象,该对象使用UART2串口,
                                    #通信速率为115200,将GPIO16、GPIO17引脚分别用作接收、发送端

'''主程序:while循环语句中有2个if语句,第1个if语句先判断k1键是否按下,若按下则延时1s,再往
UART2串口发送字符串"Good!"和"ABab12",第2个if语句先判断UART2串口是否接收到数据,若接收到数据
则将该数据又从UART2串口发送出去'''
if __name__=="__main__":            #如果当前程序文件为main主程序(顶层模块),则执行冒号下方的缩进代码块
    while True:                     #while为循环语句,若右边的值为真或表达式成立,反复执行下方的
                                    #循环体(缩进相同的代码),否则执行循环体之后的内容
        if k1.value()==0:           #如果k1的值为0(即k1键按下,GPIO14引脚输入值为0),执行下方缩进代码
            time.sleep_ms(1000)     #延时1s,k1键按下时1s内只能发送一次数据,无延时会多次发送
            ut2.write("Good!")      #往ut2对象(UART2串口)写(发送)5个字节(5个字符"Good!")
            ut2.write("ABab12\n")   #往UART2串口发送字符串"ABab12",\n为换行符
        if ut2.any():               #如果ut2对象接收到的字节数(any函数返回值)不为0,执行下方缩进代码
            rd=ut2.read(128)        #从ut2对象(UART2串口)读取(接收)最多128个字节(字符)并存入变量rd
            ut2.write(rd)           #将rd中的字节又从UART2串口发送出去
```

图 10-8 单片机与计算机串口通信收发数据的程序及说明

在主程序中，反复执行 while 循环语句中的代码。在 while 语句中，先执行第 1 个 if 语句，如果 k1 的值为 0（即 k1 键按下），延时 1s 后先后执行两个 write 函数，往 UART2 串口发送"Good！"和"ABab12"，然后执行第 2 个 if 语句，如果 UART2 串口接收到数据，any 函数返回值（接收的字节数）不为 0，马上读取 UART2 串口接收的数据并存入变量 rd，再将 rd 中的数据又从 UART2 串口发送出去。

10.2.3 用串口调试助手测试与单片机收发数据的程序

串口调试助手是一种调试计算机与其串口连接的外部设备（如单片机）之间通信的

工具软件，使用该软件可以接收外部设备发送过来的数据，也可以往外部设备发送数据，还可以进行各种通信设置。在网络上有各种名称的串口调试助手，虽然软件界面不同，但功能基本相同，可以在网上搜索选择一种下载使用。

用串口调试助手测试与单片机收发数据的过程如图 10-9 所示。在串口调试助手左方的串口设置区，选择 USB-TTL 转换器与计算机连接的端口，波特率选择应与程序中的通信速率相同（115200），否则无法通信，其他项也应设为与程序一致，若程序中未对这些项设置，则各项保持默认，如图 10-9a 所示，然后单击右下角的"打开"按钮，开启串口通信，同时按钮变为"发送"。

按下 ESP32 单片机电路（见图 10-7）中的 k1 键，单片机内部程序通过 UART2 串口→USB-TTL 转换器→计算机 USB 口→往计算机发送数据，在串口调试助手的数据接收区显示接收到的字符"Good！"和"ABab12"，如图 10-9b 所示，串口调试助手最下方显示"Rx：12Byte"，表示接收到 12 个字节（11 个字符及一个换行符）数据。在串口调试助手的接收设置中选择"Hex（十六进制）"，再按 k1 键，数据接收区会显示接收到的以十六进制数表示的 ASCII 码字符，如图 10-9c 所示，"G"的十六进制数 ASCII 码为 47（即 0100 0111），"！"的十六进制数 ASCII 码为 21（即 0010 0001），"1"、"2"的十六进制数 ASCII 码分别为 31、32，"0A"为换行符的十六进制数 ASCII 码，更多字符对应的 ASCII 码（二进制）见表 10-1。在串口调试助手单击工具栏上的  工具，将数据接收区的内容清除，然后在发送区输入字符串"etv100@163.com"，再单击"发送"按钮，该字符串会从计算机发送给单片机（途径为计算机 USB 口→USB-TTL 转换器→单片机 UART2 串口），单片机接收到该字符串后，内部程序又将该字符串原样发送回计算机，在串口调试助手的数据接收区显示接收到的字符数据"etv100@163.com"，同时下方显示"Rx: 14Bytes Tx: 14Bytes"，如图 10-9d 所示。

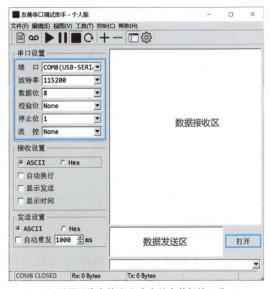
a）设置通信参数（与程序中的参数保持一致）

b）在数据接收区显示接收到的字符

图 10-9　用串口调试助手测试与单片机收发数据

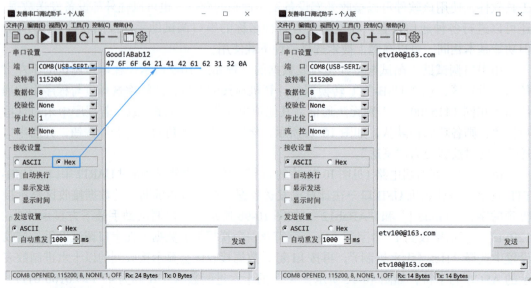

c）选择接收的字符以十六进制数ASCII码显示　　　d）发送字符后单片机又原样将字符发送回来

图 10-9　用串口调试助手测试与单片机收发数据（续）

表 10-1　字符与对应的 ASCII 码（二进制）

低 4 位	高 3 位							
	000	001	010	011	100	101	110	111
0000	NUL	DLE	SP	0	@	P	`	p
0001	SOH	DC1	!	1	A	Q	a	q
0010	STX	DC2	"	2	B	R	b	r
0011	ETX	DC3	#	3	C	S	c	s
0100	EOT	DC4	$	4	D	T	d	t
0101	ENQ	NAK	%	5	E	U	e	u
0110	ACK	SYN	&	6	F	V	f	v
0111	BEL	ETB	'	7	G	W	g	w
1000	BS	CAN	(	8	H	X	h	x
1001	HT	EM	)	9	I	Y	i	y
1010	LF	SUB	*	:	J	Z	j	z
1011	VT	ESC	+	;	K	[	k	{
1100	FF	FS	,	<	L	\	l	|
1101	CR	GS	-	=	M	]	m	}
1110	SO	RS	.	>	N	^	n	~
1111	SI	VS	/	?	O	-	o	DEL

10.2.4　用串口接收的数据控制单片机 LED 的程序及说明

图 10-10 是单片机根据串口接收的数据控制 LED 的程序及说明。程序写入单片机运行时，如果单片机 UART2 串口接收到数据，会在 Shell 区显示该数据，如果接收到的数据为 "LED1ON"，则 GPIO15 引脚输出高电平，led1 点亮，如果接收到的数据为 "LED1OFF"，则 GPIO15 引脚输出低电平，led1 熄灭。

第 10 章 串行通信（UART）与实时时钟（RTC）的使用及编程实例

```
'''串行通信控制LED：如果UART2串口接收到数据，则在Shell区显示该数据，如果接收到的数据为'LED1ON'，让
GPIO15引脚输出高电平，led1点亮，如果接收到的数据为'LED1OFF'，则让GPIO15引脚输出低电平，led1熄灭
'''
from machine import Pin,UART       #从machine模块中导入Pin类和UART类

led1=Pin(15,Pin.OUT)                #用Pin类将GPIO15引脚设为输出模式，再用led1代表该对象(GPIO15引脚)
ut2=UART(2,115200,rx=16,tx=17)      #用UART类创建一个名称为ut2的对象，该对象使用UART2串口，通信速率
                                    #设为115200，并将GPIO16、GPIO17引脚分别用作接收、发送端

'''主程序：如果UART2串口接收到字节数据，马上读取数据并存入变量rd，然后在Shell区显示接收到的字节数据，
如果接收到的字节数据为'LED1ON'，让GPIO15引脚输出高电平，点亮led1，如果接收到的字节数据为'LED1OFF'，
让GPIO15引脚输出低电平，熄灭led1'''
if __name__=="__main__":            #如果当前程序文件为main主程序(顶层模块)，则执行冒号下方的缩进代码块
    while True:                     #while为循环语句，若右边的值为真或表达式成立，反复执行下方的
                                    #循环体(缩进相同的代码)，否则执行循环之后的内容
        if ut2.any():               #执行any函数，返回ut2对象接收到的字节数，如果不为0，执行下方缩进代码
            rd=ut2.read(128)        #从ut2对象(UART2串口)读取(接收)最多128个字节(字符)并存入变量rd
            print(rd)               #在Shell区显示rd值(接收的字节数据)
            if rd==b'LED1ON':       #如果接收到的字节数据(字符串)为'LED1ON'，执行下方的缩进代码
                led1.value(1)       #让led1对象的值为1(即让GPIO15引脚输出高电平)，led1点亮
            if rd==b'LED1OFF':      #如果接收到的字节数据为'LED1OFF'，执行下方的缩进代码
                led1.value(0)       #让led1对象的值为0(即让GPIO15引脚输出低电平)，led1熄灭
```

图 10-10　单片机根据串口接收的数据控制 LED 的程序及说明

单片机串口接收的数据可使用串口调试助手来发送，如图 10-11 所示。先在串口调试助手数据发送区输入"LED1ON"，然后单击"发送"按钮，如图 10-11a 所示，这样就往单片机串口发送字符串数据"LED1ON"，在 Thonny 软件的 Shell 区显示单片机接收

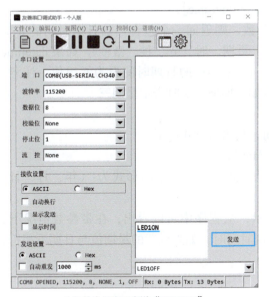

a）往单片机串口发送"LED1ON"

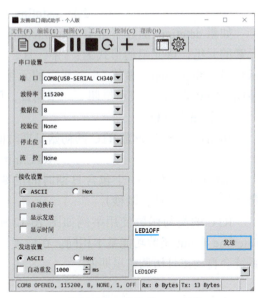

b）往单片机串口发送"LED1OFF"

```
Shell
>>> %Run -c $EDITOR_CONTENT
b'LED1ON'
b'LED1OFF'
```

c）在Thonny软件Shell区显示单片机串口接收到的数据

图 10-11　用串口调试助手往单片机发送数据控制单片机 LED

到字节型字符串数据"b'LED1ON'",如图 10-11c 所示,同时可查看到单片机 GPIO15 引脚外接的 led1 点亮,再给单片机串口发送"LED1OFF",如图 10-11b 所示,Shell 区显示"b'LED1OFF'",同时 led1 熄灭。

10.3 内部实时时钟(RTC)的使用及编程实例

实时时钟用于对日期和时间(年、月、日、时、分、秒和星期)进行计时。ESP32 单片机可以使用内部的实时时钟(RTC),也可以使用外接时钟芯片(如 DS1302)提供的实时时钟。

10.3.1 RTC 的类与函数

ESP32 单片机内部的 RTC 使用 machine 模块中的 RTC 类及其内部函数来配置。

1. 构建 RTC 对象

在使用 RTC 时,要先用 RTC 类构建 RTC 对象。构建 RTC 的语法格式如下:

$$\text{machine.RTC()}$$

2. 获取或设置 RTC 的日期时间

获取或设置 RTC 的日期时间语法格式如下:

$$\text{RTC.datetime([datetimetuple])}$$

如果 datetime 函数不带有 datetimetuple 参数,则返回一个包含当前日期时间的 8 个元素的元组,该元组的形式为:(年、月、日、星期、时、分、秒、微秒)。如果 datetime 函数带 datetimetuple 参数(8 个元素的元组),则将 RTC 的日期时间设为元组值。注意,星期值为 0~6,依次表示星期一~星期日,例如星期值为 2 时表示星期三。

3. 初始化 RTC

初始化 RTC 是设置 RTC 的初始日期时间,其语法格式如下:

$$\text{RTC.init(datetime)}$$

datetime 参数是一个包含日期时间的 8 元素元组,该元组的形式为:(年、月、日、星期、时、分、秒、微秒)。

RTC 的类与函数使用举例如图 10-12 所示,从程序中可以看出,在带参数情况下,datetime 与 init 函数功能基本相同。在设置日期时间时,如果设置的星期值与日期不相符,系统会自动按日历调整星期值。

```
from machine import RTC        #从machine模块中导入RTC类
rtc1=RTC()                     #用RTC类创建一个名称为rtc1的RTC对象
rtc1.datetime((2020,8,10,■,10,21,0,0))   #执行datetime函数,将RTC日期时间设为参数指定值
print(rtc1.datetime())         #先执行datetime函数,返回值为一个8元素的元组,再输出显示该元组的值
rtc1.init((2023,4,26,■,17,58,27,0))      #执行init函数,将RTC日期时间设为参数指定值
print(rtc1.datetime())         #输出显示当前RTC日期时间
```

```
>>> %Run -c $EDITOR_CONTENT
(2020, 8, 10, ■, 10, 21, 0, 175)
(2023, 4, 26, ■, 17, 58, 27, 39)
```

图 10-12 RTC 的类与函数使用举例

10.3.2 内部 RTC 控制 LED 的电路

内部 RTC 控制 LED 的电路如图 10-13 所示。上电后，单片机程序先设置 RTC 的日期时间，RTC 开始变化，当到达指定的开始日期时间时，GPIO15 引脚输出高电平，led1 点亮，当到达指定的结束日期时间时，GPIO15 引脚输出低电平，led1 熄灭。在 led1 点亮期间，按下 k1 键可使 led1 熄灭。

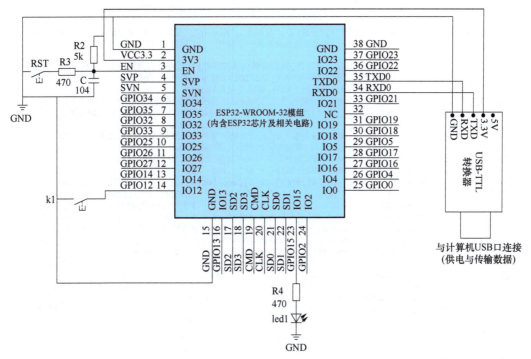

图 10-13　内部 RTC 控制 LED 的电路

10.3.3 内部 RTC 控制指定日期时间点亮和熄灭 LED 的程序及说明

内部 RTC 控制指定日期时间点亮和熄灭 LED 的程序及说明如图 10-14 所示。程序先导入需要用到的 Pin 和 RTC 类和 time 模块，接着用 RTC 类创建 RTC 对象，用 Pin 类创建一个 k1 对象和 led1 对象，再定义一个包含星期一、星期二，…，星期日共 7 个元素的 week 元组，之后执行主程序。

在主程序中，先用 datetime 函数将 RTC 日期时间设为 2023 年 5 月 1 日星期一 10 时 30 分 0 秒 0 毫秒，然后反复执行 while 循环语句中的内容。在 while 循环语句中，先用 datetime 函数读取当前 RTC 的日期时间，并用 print 函数将其在 Shell 区输出显示出来，然后用 Tstart、Tend 两个变量指定开始时间和结束时间，如果 RTC 的时间到达开始时间，Tstart=True，让 GPIO15 引脚输出高电平，led1 点亮，如果到达结束时间，Tend=True，让 GPIO15 引脚输出低电平，led1 熄灭，如果按下 k1 键，直接熄灭 led1。

程序下载到单片机后，程序运行时需先设置 RTC 的初始日期时间，然后 RTC 一直前进走时，如果单片机断电或复位，RTC 无法保持当前的日期时间，又会恢复到初始值。

```
main.py ×
 1    '''
 2    内部RTC控制指定日期时间点亮和熄灭LED：先将RTC的日期时间设为2023年5月1日星期一10时30分0秒0毫秒，
 3    然后RTC开始走时，每隔1s将RTC日期时间在Shell区显示出来，当RTC日期时间到达2023年5月1日10时31分0秒时
 4    点亮led1，到达2023年5月1日10时32分0秒时熄灭led1，按k1键可以直接熄灭led1。
 5    '''
 6    from machine import Pin,RTC         #从machine模块中导入Pin类和RTC类
 7    import time                         #导入time模块
 8    
 9    rtc=RTC()                           #用RTC类创建一个名称为rtc的RTC(实时时钟)对象
10    k1=Pin(14,Pin.IN,Pin.PULL_UP)       #用Pin类将GPIO14引脚设为输入模式且内接上拉电阻，再用k1代表该对象
11    led1=Pin(15,Pin.OUT)                #用Pin类将GPIO15引脚设为输出模式，再用led1代表该对象
12    
13    week=("星期一","星期二","星期三","星期四","星期五","星期六","星期日")   #创建名称为week的元组，
14                                        #该元组包含星期一、星期二、…、星期日共7个元素
15    
16    '''主程序：先用datetime设置RTC的日期时间，然后每隔1s读取一次RTC日期时间并用print函数将其在Shell区
17    输出显示，如果RTC的时间到达指定的开始时间，让GPIO15引脚输出高电平，点亮led1，如果到达结束时间，
18    让GPIO15引脚输出低电平，熄灭led1，如果按下k1键，可直接熄灭led1'''
19    if __name__=="__main__":            #如果当前程序文件为main主程序(顶层模块)，则执行冒号下方的缩进代码块
20        rtc.datetime((2023,5,1,0,10,30,0,0))  #执行datetime函数，将RTC日期时间设为2023年5月1日
21                                        #星期一10时30分0秒0毫秒
22        while True:                     #while为循环语句，若右边的值为真或表达式成立，反复执行下方的
23                                        #循环体(缩进相同的代码)，否则执行循环体之后的内容
24            dt=rtc.datetime()           #读取RTC当前日期时间并赋给变量dt(自动为8元素的元组)
25            print("%d-%d-%d \t %02d:%02d:%02d \t %s"   #%d、%02d和%s依次指定后面7个元素输出格式，
26                  %(dt[0],dt[1],dt[2],dt[4],dt[5],dt[6],week[dt[3]]))  #\t为Tab符(8空格),%s输出字符串
27                                        #输出显示dt元组的0、1、2、4、5、6号元素值和week元组的dt[3]号元素值，当前dt[3]=0
28            time.sleep(1)               #执行time模块中的sleep函数，延时1s
29            Tstart=(dt[0]==2023 and dt[1]==5 and dt[2]==1   #and为逻辑与运算，两侧都为真，结果为真，
30                    and dt[4]==10 and dt[5]==31 and dt[6]==0)  #若6个表达式都成立，Tstart值为True
31            Tend=(dt[0]==2023 and dt[1]==5 and dt[2]==1     #若RTC时间(dt值)为2023.5.1.10:32:0，
32                  and dt[4]==10 and dt[5]==32 and dt[6]==0) #Tend值为True
33            if Tstart==True:            #如果RTC时间到达2023.5.1.10:31:0，Tstart值为True，执行下方缩进代码
34                led1.value(1)           #让led1的值(即GPIO15引脚输出值)为高电平，点亮外接led1
35            if Tend==True:              #如果RTC时间到达2023.5.1.10:32:0，Tend值为True，执行下方缩进代码
36                led1.value(0)           #让led1的值为低电平，熄灭外接led1
37            if k1.value()==0:           #如果k1的值为0(即k1键按下，GPIO14引脚输入低电平)，执行下方缩进代码
38                led1.value(0)           #让led1的值为低电平，熄灭外接led1

Shell ×
>>> %Run -c $EDITOR_CONTENT
  2023-5-1        10:30:00        星期一
  2023-5-1        10:30:01        星期一
  2023-5-1        10:30:02        星期一
  2023-5-1        10:30:03        星期一
```

图 10-14　内部 RTC 控制指定日期时间点亮和熄灭 LED 的程序及说明

10.4　外部实时时钟 DS1302 的使用及编程实例

ESP32 单片机内部 RTC（实时时钟）在通电的情况下走时，断电后时钟停止，通电后时钟又从初始值开始。如果希望时钟不间断走时，可以让单片机一直保持通电，也可以使用外部时钟芯片（如 DS1302）为单片机提供实时时钟。时钟芯片耗电量极低，只需用纽扣电池供电即可长时间工作。

10.4.1　DS1302 实时时钟芯片介绍

DS1302 是美国 DALLAS 公司推出的一种高性能、低功耗、带 RAM 的实时时钟芯片，可以对年、月、日、周、时、分、秒进行计时，具有闰年补偿功能，工作电压为

2.0~5.5V。DS1302 采用三线接口与 CPU 进行同步通信，并可采用突发方式一次传送多个字节的时钟信号或 RAM 数据。DS1302 内部有一个 31×8bit 的用于临时存放数据的 RAM 寄存器。DS1302 是 DS1202 的升级产品，与 DS1202 兼容，但增加了主电源 / 后备电源双电源引脚，同时提供了对后备电源进行涓细电流充电的能力。

DS1302 芯片外形与引脚名称如图 10-15 所示。VCC2 为主电源引脚，VCC1 为后备电源引脚。当 VCC2>VCC1+0.2V 时，DS1302 由 VCC2 供电，当 VCC2<VCC1 时，由 VCC1 供电，从而确保无主电源时时钟也能连续运行。X1、X2 引脚内接时钟振荡电路，外接 32.768kHz 晶体振荡器。RST/CE 为复位 / 片选输入引脚，将该引脚置高电平可启动所有的数据传送。I/O 为串行数据输入 / 输出端。

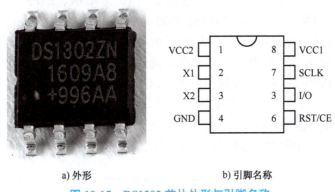

a) 外形　　　　　　　　　　b) 引脚名称

图 10-15　DS1302 芯片外形与引脚名称

10.4.2　DS1302 的类与函数

在使用 MicroPython 编程操作 DS1302 芯片时，使用 DS1302 芯片专用的类与函数非常简单方便，且无须了解 DS1302 芯片的内部结构与寄存器，这些函数与类在 ds1302.py 模块文件中。

1. 构建 DS1302 对象

在使用 DS1302 外部实时时钟时，要先用 DS1302 类构建 DS1302 对象，构建 DS1302 时钟对象的语法格式如下：

　　　　　　　ds=DS1302.DS1302(clk=Pin(id), dio=Pin(id), cs=Pin(id))

ds 为对象名，可自定义，只要符合 Python 标识符规范即可；clk=Pin(id) 用于指定单片机连接 DS1302 芯片 clk 引脚；dio=Pin(id) 用于指定单片机连接 DS1302 芯片的 I/O 引脚；cs=Pin(id) 用于指定单片机连接 DS1302 芯片 RST/CE 引脚。

2. 设置日期时间

设置 DS1302 日期时间的语法格式如下：

　　　　　　　　ds.DateTime([年, 月, 日, 星期, 时, 分, 秒])

星期使用 0~6 表示周一至周日，如果 DateTime 函数不带日期时间参数，则读取返回当前日期时间，例如"dt=ds.DateTime()"

3. 开启 DS1302

开启 DS1302 的语法格式如下：

ds.start()

当使用 ds.stop() 函数停止 DS1302 时，可使用 ds.start() 启动 DS1302。

4．停止 DS1302

停止 DS1302 的语法格式如下：

ds.stop()

若要使用停止 DS1302 可使用 ds1302.stop() 函数，再开启 DS1302 使用 ds.start() 函数。

10.4.3　DS1302 实时时钟芯片控制 LED 的电路

DS1302 实时时钟芯片控制 LED 的电路如图 10-16 所示。ESP32 单片机的 GPIO18、GPIO19、GPIO23 引脚分别连接 DS1302 实时时钟芯片的 SCLK（clk）、I/O（dio）、CE（cs）引脚，通过这些引脚单片机可从 DS1302 芯片读取日期时间或写入日期时间。在 3.3V 电源正常供电时，3.3V 电压一方面直接提供到 DS1302 芯片的 VCC2 引脚，还通过 BAT54C 型双二极管中的一个二极管提供到 VCC1 引脚，由于纽扣电池（后备电池）只有 3V，BAT54C 的另一个二极管正端电压低于负端电压而不能导通，如果切断 3.3V 电源，该二极管导通，纽扣电池的 3V 电压通过导通的二极管提供给 DS1302 芯片的 VCC1 引脚，确保 3.3V 电源断电后 DS1302 芯片内部日期时间能正常走时。

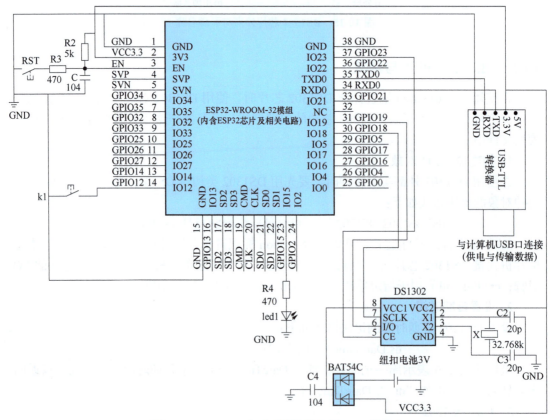

图 10-16　DS1302 实时时钟芯片控制 LED 的电路

10.4.4 使用 DS1302 控制指定日期时间点亮和熄灭 LED 的程序及说明

使用 DS1302 控制指定日期时间点亮和熄灭 LED 的程序及说明如图 10-17 所示。该程序使用的 DS1302 模块不是 Thonny 软件的自带模块（又称内置模块），需要先将该模块文件 DS1302.py 并复制到 main.py 文件同一文件夹中，这样 main.py 中的程序才能导入使用 DS1302 类。DS1302.py 文件可在网上搜索获得，也可从本书提供的源文件中复制。另外，DS1302.py 要与 main.py 文件一起下载到单片机闪存中，这样 main.py 中的程序才能正常运行。

图 10-17 使用 DS1302 控制指定日期时间点亮和熄灭 LED 的程序及说明

由于图 10-17 DS1302 时钟程序与前图 10-14 RTC 时钟程序实现的功能相同，故大部分代码相同，但也有以下不同：

1）RTC 时钟程序中使用内置 RTC 类配置单片机内部 RTC 时钟，DS1302 时钟程序使用 DS1302.py 文件中 DS1302 类配置外部 DS1302 时钟芯片。

2）RTC 时钟程序使用 datetime 函数读写单片机内部 RTC 时钟，DS1302 时钟程序使用 DateTime 函数读写单片机外接的 DS1302 时钟芯片。

3）RTC 时钟的日期时间变量是一个 8 元素的元组（最后一个元素为毫秒值），DS1302 时钟的日期时间变量是一个 7 元素的元组（无毫秒值）。

4）DS1302 时钟程序在设置日期时间前使用一行判断代码"if ds.DateTime（）[0]！= 2023"，这样只有当前时间不是 2023 年才设置日期时间，而 RTC 时钟程序无该判断代码，在单片机复位或重新上电时，程序都会设置 RTC 的日期时间为指定值。

第 11 章 单总线通信与温湿度传感器的使用及编程实例

11.1 单总线通信与 DS18B20 温度传感器的使用及编程实例

11.1.1 单总线通信的类与函数

ESP32 单片机使用单总线（一根线，OneWire）与 DS18B20 温度传感器连接通信来读写数据，在编程时要先用单总线的类将单片机某个端口配置成单总线端口，再用 DS18X20 类和函数编程读写该端口连接的 DS18B20 温度传感器。

1. 构建单总线对象

构建单总线对象使用 onewire 模块中的 OneWire 类，用 OneWire 类构建单总线对象的语法格式如下：

ow=onewire.OneWire(machine.Pin(id))

ow 为构建的单总线对象名称，id 为单片机用作连接 DS18B20 单总线的引脚编号。

2. 扫描单总线设备

扫描单总线上连接的设备使用 scan 函数，之后返回设备的地址，单总线支持同时挂载多个设备。用 scan 函数扫描单总线设备的语法构式如下：

ow.scan()

3. 复位单总线设备

复位单总线设备使用 reset 函数，其语法格式如下：

ow.reset()

4. 从单总线设备读 1 个字节

从单总线设备读 1 个字节使用 readbyte 函数，其语法格式如下：

ow.readbyte()

5. 往单总线设备写 1 个或多个字节

往单总线设备写 1 个或多个字节使用 writebyte 函数，其使用举例如下：

```
ow.writebyte(0x12)     #写1个字节
ow.writebyte('123')    #写3个字节
```

6. 选择单总线设备

选择单总线上指定编号的设备使用 select_rom 函数，其使用举例如下：

ow.select_rom（b'12345678'）　　＃选择单总线上 ROM 编号（地址）为 12345678 的设备

11.1.2　DS18B20 温度传感器介绍

DS18B20 是一种内含温度敏感元件和数字处理电路的数字温度传感器，温度敏感元件将温度转换成相应的信号后，经电路处理通过单总线（1 根总线）接口输出数字温度信号。单片机与 DS18B20 连接后，通过运行相关的读写程序来读取温度值和控制 DS18B20。DS18B20 具有体积小、适用电压宽、抗干扰能力强和精度高的特点。

1. 外形与引脚规律

DS18B20 温度传感器有 3 个引脚，分别是 GND（地）、DQ（数字输入/输出）和 VDD（电源），其外形与引脚规律如图 11-1 所示。DS18B20 可以封装成各种形式，如管道式、螺纹式、磁铁吸附式和不锈钢封装式等。封装后的 DS18B20 可用于电缆沟测温、高炉水循环测温、锅炉测温、机房测温、农业大棚测温、洁净室测温和弹药库测温等各种非极限温度场合。

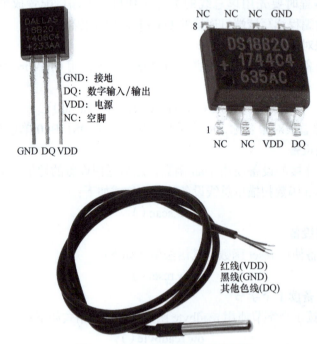

图 11-1　DS18B20 外形与引脚规律

2. 技术性能

1）独特的单线接口方式，DS18B20 在与单片机连接时仅需要一根线即可实现与单片机的双向通信。

2）测温范围 –55~+125℃，在 –10~+85℃时准确度为 ±0.5℃。

3）支持多点组网功能，多个 DS18B20 可以并联在唯一的三线上实现多点测温，但最多只能并联 8 个，若数量过多，会使供电电源电压过低，从而造成信号传输不稳定。

4）工作电源为 3.0~5.5V，在寄生电源方式下可由数据线供电，电源极性接反短时不会烧坏，但不能工作。

5）温度敏感元件和有关电路全部封装起来，在使用中不需要任何外围元器件。

6）测量结果以 9~12 位数字量方式串行传送，分辨温度可设为为 0.5℃、0.25℃、0.125℃和 0.0625℃。

7）在 9 位分辨率时最长在 93.75ms 内把温度转换为数字信号，12 位分辨率时最长在 750ms 内把温度值转换为数字信号。

11.1.3　DS18B20 的类与函数

1. 构建 DS18B20 对象

构建 DS18B20 对象使用 ds18x20 模块中的 DS18X20 类，其语法格式如下：

$$ds=ds18x20.DS18X20（ow）$$

ds 为构建的 DS18B20 对象，ow 为已构建的单总线对象。

2. 扫描单总线设备

扫描单总线上连接的 DS18B20 设备使用 scan 函数，之后返回设备的地址，单总线支持同时挂载多个设备。用 scan 函数扫描单总线设备的语法构式如下：

$$ds.scan（）$$

3. 启动温度转换

在启动 DS18B20 温度转换后才能从 DS18B20 读取温度值，启动温度转换的语法格式如下：

$$ds.convert\_temp（）$$

每次要读取温度前都必须先执行 convert_temp（）函数。

4. 读取温度值

从 DS18B20 读取温度值的语法格式如下：

$$ds.read\_temp（rom）$$

rom 为读取温度的 DS18B20 设备号（地址）。

11.1.4　DS18B20 检测温度控制 LED 和电动机的电路

DS18B20 检测温度控制 LED 和电动机的电路如图 11-2 所示。DS18B20 检测温度并将数字温度数据从 DQ 引脚输出到单片机的 GPIO13 引脚，如果 DS18B20 检测的温度值大于或等于 28℃时，ESP32 单片机的 GPIO15 引脚输出高电平，led1 点亮，同时 ULN2003 的 7 号引脚输入高电平，内部的晶体管导通，10、8 号引脚之间内部接通，有电流流过风扇电动机（电流途径：5V→电动机→ULN2003 10 号引脚流入→内部导通的晶体管→8 号引脚流出→地），风扇电动机运转散热降温；如果温度值小于或等于 27℃，GPIO2 引脚输出高电平，led2 亮；如果 28℃ > 温度值 >27℃，GPIO15、GPIO2 引脚均输出低电平，led1、led2 均熄灭。

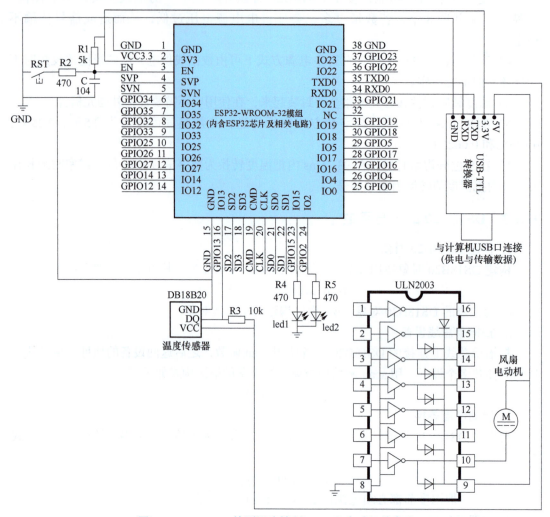

图 11-2 DS18B20 检测温度控制 LED 和电动机的电路

11.1.5 DS18B20 检测温度控制 LED 和电动机的程序及说明

DS18B20 检测温度控制 LED 和电动机的程序及说明如图 11-3 所示。程序先导入 Pin 类和 time、onewire、ds18x20 模块，然后用 Pin 类将 GPIO15、GPIO2 引脚配置为输出模式用作控制 led1（同时控制电动机）和 led2 指示灯，用 OneWire 类将 GPIO13 引脚创建成单总线对象，接着用 DS18X20 类将该单总线对象创建成 DS18X20 对象，再执行主程序。

在主程序中，先用 scan 函数扫描单总线上的 DS18B20 设备并获得其地址，然后执行 while 语句中的 convert_temp 函数启动 DS18B20 温度转换，接着执行 for 语句从 roms 取设备地址并读取该设备的温度值，并将该温度值在 Shell 区输出显示，再根据温度值的不同对 led1、风扇电动机和 led2 做出相应控制，具体控制内容见程序代码注释说明。

```python
# main.py
'''
DS18B20检测显示温度并控制LED和电机：DS18B20每隔1s检测一次温度，并在Shell区输出显示温度值，如果
温度值大于或等于28℃，让GPIO15引脚输出高电平，led1亮、风扇电动机运转，如果温度值小于或等于27℃，
让GPIO2引脚输出高电平,led2亮,若28℃>温度值>27℃,让GPIO15、GPIO2引脚均输出低电平,led1、led2灭
'''
from machine import Pin          #从machine模块中导入Pin类
import time,onewire,ds18x20      #导入time、onewire和ds18x20模块

led1_moto=Pin(15,Pin.OUT)        #用Pin类将GPIO15引脚创建为名称为led1_moto的对象，并将其设为输出模式
led2=Pin(2,Pin.OUT)

ow=onewire.OneWire(Pin(13))      #用OneWire类将GPIO13引脚创建成名称为ow的单总线对象
ds18b20=ds18x20.DS18X20(ow)      #用DS18X20类将ow单总线对象创建成名称为ds18b20的DS18X20对象

'''主程序：先用scan函数扫描单总线上的DS18B20设备并获得其地址，然后执行while语句中的convert_temp
函数启动DS18B20温度转换，之后执行for语句从roms取设备地址并读取该设备的温度值，再将该温度值在Shell区
输出显示，另外根据温度值的不同对led1、风扇电动机和led2作出相应的控制'''
if __name__=="__main__":         #如果当前程序文件为main主程序（顶层模块），则执行冒号下方的缩进代码块
    roms=ds18b20.scan()          #执行scan函数，扫描单总线上连接的所有DS18B20设备，返回设备地址赋给roms
                                 #如果单总线上连接了多个DS18B20设备,变量roms则存放多个设备的地址
    while True:                  #while为循环语句，若右边的值为真或表达式成立,反复执行下方的
                                 #循环体（缩进相同的代码），否则执行循环体之后的内容
        ds18b20.convert_temp()   #执行convert_temp函数，启动DS18B20温度转换
        time.sleep(1)            #执行time模块中的sleep函数，延时1s，等待温度转换完成
        for rom in roms:         #执行for语句时，从roms按顺序取一个设备地址赋给rom，然后执行下方缩进
                                 #相同的代码块，执行完代码块后返回取roms下一个设备地址赋给rom再执行
                                 #代码块，当取roms最后一个设备地址并执行完代码块后，退出for语句
            t=ds18b20.read_temp(rom)  #执行read_temp函数从DS18B20读取温度值并赋给变量t
            print("温度：%.2f°C" %t)   #输出显示"温度：t值°C",%.2f指明后面%之后的t值保留2位小数
            if t>=28:                 #如果t值大于或等于28,执行下方的缩进代码
                led1_moto.value(1)    #将led1_moto对象(GPIO15引脚)的值设为1,点亮led1并给电动机通电
                print("温度高,风扇电机通电！")  #在Shell区输出显示"温度高,风扇电动机通电！"
            elif t<=27:               #如果t值小于或等于27,执行下方的缩进代码
                led2.value(1)         #将led2对象(GPIO2引脚)的值设为1,点亮外接led2
                print("温度低！")      #在Shell区输出显示"温度低！"
            else:                     #除此(t>=28和t<=27)以外,执行下方的缩进代码
                led1_moto.value(0)    #将led1_moto对象(GPIO15引脚)的值设为0,熄灭led1并将电动机断电
                led2.value(0)         #将led2对象(GPIO2引脚)的值设为0,熄灭外接led2
                print("温度正常！")    #在Shell区输出显示"温度正常！"
            print("----------")       #在Shell区输出显示"----------"
```

```
Shell
温度：26.88°C
温度低！
----------
温度：27.44°C
温度正常！
----------
温度：28.19°C
温度高,风扇电机通电！
```

图 11-3　DS18B20 检测温度控制 LED 和电动机的程序及说明

11.2 DHT11 温湿度传感器的使用及编程实例

11.2.1 DHT11 温湿度传感器介绍

DHT11 数字温湿度传感器是一种含有已校准数字信号输出的温湿度检测传感器，内部包含一个电阻式感湿元件和一个 NTC 测温元件，并与一个高性能 8 位单片机相连接。DHT11 传感器在极为精确的湿度校验室中进行校准，校准系数以程序的形式存储在 OTP 内存中，传感器内部在检测信号时要调用这些校准系数。DHT11 采用单总线串行接口与外部通信连接。DHT11 具有体积小、低功耗、响应快、抗干扰能力强和性价比高等优点，广泛应用于消费电子、医疗、汽车、工业、气象等领域，例如暖通空调、除湿器、净化

器、冰箱、数据记录器、湿度调节器、测试和检测设备及其他相关的温湿度检测控制产品。

DHT11 数字温湿度传感器外形、引脚功能和主要技术参数如图 11-4 所示。DHT11 有 VCC（电源）、DATA（数据）、NC（空脚）和 GND（地）4 个引脚。为了方便使用，有的 DHT11 安装在电路板上，在 VCC、DATA 引脚之间接一个几千欧的电阻，再引出 VCC、DATA 和 GND 3 个引脚，DATA 引脚可以直接与外部单片机引脚连接。

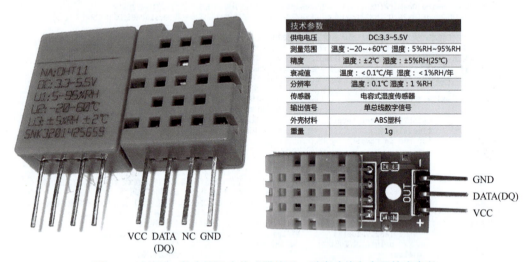

图 11-4　DHT11 数字温湿度传感器外形、引脚功能和主要技术参数

11.2.2　DHT11 的类与函数

1. 构建 DHT11 对象

构建 DHT11 对象使用 dht 模块中的 DHT11 类，其语法格式如下：

th=dht.DHT11（machine.Pin（id））

th 为构建的 DHT11 对象，id 为单片机用作连接 DHT11 单总线的引脚编号。

若使用 DHT22 温湿度传感器，可使用 dht 模块中的 DHT22 类构建 DHT22 对象，其语法格式如下：

th=dht.DHT22（machine.Pin（id））

2. 启动温湿度测量

启动温湿度测量的语法格式如下：

th.measure（）

每次读取温湿度前应先执行 measure 函数。

3. 读取温度值

从 DHT11 读取温度值的语法格式如下：

th.temperature（）

4. 读取湿度值

从 DHT11 读取湿度值的语法格式如下：

th.humidity（）

11.2.3 DHT11 检测温湿度并控制 LED、电动机和继电器的电路

DHT11 检测温湿度并控制 LED、电动机和继电器的电路如图 11-5 所示。

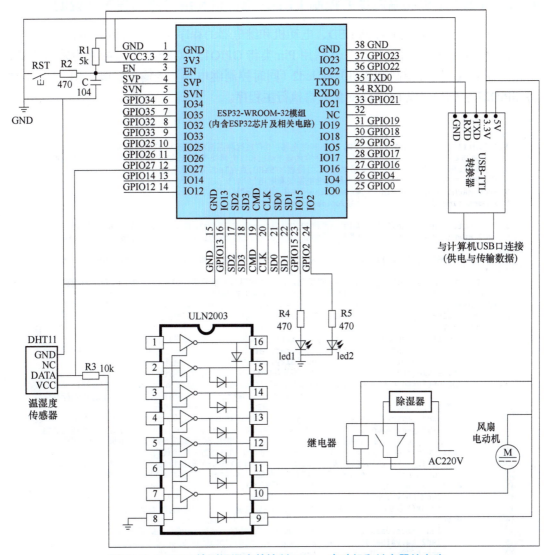

图 11-5 DHT11 检测温湿度并控制 LED、电动机和继电器的电路

DHT11 检测温湿度后将温湿度值从 DATA 引脚输出，通过单总线送入 ESP32 单片机的 GPIO27 引脚。如果温度值≥28℃且湿度值≥75%RH，GPIO15、GPIO2 引脚输出高电平，GPIO15 引脚的高电平，led1 点亮，另外送到 ULN2003 的 7 号引脚，内部晶体管导通，10、8 号引脚之间内部接通，有电流流过风扇电动机，风扇电动机运转散热降温。GPIO2 引脚的高电平除了 led2 点亮外，还送到 ULN2003 的 6 号引脚，内部晶体管导通，11、8 号引脚之间内部接通，有电流流过继电器线圈，线圈产生磁场使常开触点闭合，220V 电压通过继电器常开触点提供给除湿机，除湿机工作进行除湿；如果温度值≥28℃且湿度值＜75%RH，led1 点亮并给风扇电动机通电；如果温度值＜28℃且湿度值≥75%RH，led2

点亮并给继电器线圈通电；如果温度、湿度为其他情况时，led1、led2 熄灭并将风扇电动机和继电器线圈断电。

11.2.4 DHT11 检测温湿度并控制 LED、电动机和继电器的程序及说明

DHT11 检测温湿度并控制 LED、电动机和继电器的程序及说明如图 11-6 所示。程序先导入 Pin 类和 time、dht 模块，然后用 Pin 类将 GPIO15、GPIO2 引脚配置为输出模式，用作控制 led1（同时控制电动机）和 led2（同时控制继电器）的输出引脚，用 DHT11 类将 GPIO27 引脚创建成 DHT11 对象，再执行主程序。

```
main.py
1  '''DHT11检测显示温湿度并控制LED、电机和继电器：DHT11检测温湿度后在Shell区显示温湿度值,如果
2  温度≥28℃且湿度≥75RH,点亮led1、led2并给风扇电动机和继电器线圈通电,如果温度≥28℃且湿度<75%RH,
3  点亮led1并给风扇电机通电,如果温度<28℃且湿度≥75%RH,点亮led2并给继电器线圈通电,温度、湿度为其他
4  情况时,熄灭led1、led2并将风扇电机和继电器线圈断电'''
5  from machine import Pin         #从machine模块中导入Pin类
6  import time,dht                 #导入time和dht模块
7
8  led1_moto=Pin(15,Pin.OUT)       #用Pin类将GPIO15引脚创建成名称为led1_moto的对象,并将其设为输出模式
9  led2_ka=Pin(2,Pin.OUT)          #用Pin类将GPIO2引脚创建成名称为led2_ka的对象,并将其设为输出模式
10
11 dht11=dht.DHT11(Pin(27))        #用dht模块中的DHT11类将GPIO27引脚创建成名称为dht11的DHT11对象
12
13 '''主程序：先启动DHT11传感器进行温湿度测量,然后读取温湿度值并在Shell区显示温湿度值,再根据
14 温湿度值不同对led1及风扇电动机、led2及继电器进行相应的控制'''
15 if __name__=="__main__":        #如果当前程序文件为main主程序(顶层模块),则执行冒号下方的缩进代码块
16     time.sleep(1)               #通电后程序首次运行时等待1s,让DHT11传感器达到稳定状态
17     while True:                 #当while右边的值为真或表达式成立,反复执行下方的循环体(缩进相同的代码)
18         dht11.measure()         #执行measure函数,启动DHT11传感器进行温湿度测量
19         t=dht11.temperature()   #执行temperature函数从DHT11读取温度值,将返回的温度值赋给变量t
20         h=dht11.humidity()      #执行humidity函数从DHT11读取湿度值并赋给变量h
21         time.sleep(2)           #延时2s,等待从DHT11读取温、湿度值完成
22         print("t=%d°C h=%dRH" %(t,h)) #在Shell区输出显示"t=t值°C h=h值RH",2个%d分别指定后面%
23                                      #之后的2个变量(t、h)值的输出形式,%d:输出十进制有符号整数
24         if t>=28 and h>=75:     #如果t值≥28且h值≥75,执行下方的缩进代码
25             led1_moto.value(1)  #将led1_moto对象(GPIO15引脚)的值设为1,点亮led1并给风扇电动机通电
26             led2_ka.value(1)    #将led2_ka对象(GPIO2引脚)的值设为1,点亮led2并给继电器线圈通电
27             print("高温高湿,风扇电机、除湿机通电!")  #输出显示"高温高湿,风扇电机、除湿机通电!"
28         elif t>=28 and h<75:    #如果t值≥28且h值<75,执行下方的缩进代码
29             led1_moto.value(1)  #将led1_moto对象(GPIO15引脚)的值设为1,点亮led1并给风扇电动机通电
30             print("温度高,风扇电机通电!")    #在Shell区输出显示"温度高,风扇电机通电!"
31         elif t<28 and h>=75:    #如果t值<28且h值≥75,执行下方的缩进代码
32             led2_ka.value(1)    #将led2_ka对象(GPIO2引脚)的值设为1,点亮led2并给继电器线圈通电
33             print("湿度高,除湿机通电!")     #在Shell区输出显示"湿度高,除湿机通电!"
34         else:                   #除以上情况外,执行下方的缩进代码
35             led1_moto.value(0)  #将led1_moto对象(GPIO15引脚)的值设为0,熄灭led1并将风扇电动机断电
36             led2_ka.value(0)    #将led2_ka对象(GPIO2引脚)的值设为0,熄灭led2并将继电器线圈断电
37             print("温、湿度正常!")  #在Shell区输出显示"温、湿度正常!"
38         print("----------")     #在Shell区输出显示"----------"
39
```

```
Shell
t=27°C h=67RH
温、湿度正常!
----------
t=28°C h=73RH
温度高,风扇电机通电!
----------
t=28°C h=79RH
高温高湿,风扇电机、除湿机通电!
----------
t=27°C h=86RH
湿度高,除湿机通电!
----------
```

图 11-6 DHT11 检测温湿度并控制 LED、电动机和继电器的程序及说明

在主程序中延时 1s 后执行 while 语句中的循环体，先执行 measure 函数启动 DHT11 传感器进行温、湿度测量，再分别执行 temperature、humidity 函数从 DHT11 读取温度值和湿度值，并用 print 函数将温度和湿度值在 Shell 区输出显示出来，然后根据温度值和湿度值不同对 led1 和风扇电动机、led2 和继电器进行控制，具体控制内容见程序代码注释说明。

在测试程序和电路时，可采用对 DHT11 吹气的方式来改变温湿度，在 Shell 区可查看到当前的温湿度值和风扇电动机、除湿机的状态，在电路板上可查看到 led1 和 led2 的亮灭状态。

第 12 章 I²C 通信控制 OLED 屏与 PS2 摇杆的使用及编程实例

12.1 I²C 总线与操作函数

12.1.1 I²C 总线介绍

1. 概述

I²C（Inter-Integrated Circuit，集成电路互连）总线是由 PHILIPS 公司开发的两线式串行通信总线，是微电子通信控制领域广泛采用的一种总线标准。

I²C 总线可以将单片机与其他具有 I²C 总线通信接口的外围设备连接起来，如图 12-1 所示。通过串行数据（SDA）线和串行时钟（SCL）线与连接到该双线的器件传递信息。每个 I²C 器件都有一个唯一的识别地址（I²C 总线支持 7 位和 10 位地址），而且都可以作为一个发送器或接收器（由器件的功能决定，比如 LCD 驱动器只能作为接收器，而存储器则既可作为接收器接收数据，也可用作发送器发送数据）。I²C 器件在执行数据传输时可以看作是主机或从机，主机是初始化总线数据传输并产生允许传输时钟信号的器件，此时任何被寻址的 I²C 器件都被认为是从机。

I²C 总线有标准（100kbit/s）、快速（400kbit/s）和高速（3.4Mbit/s）三种数据传输速度模式，支持高速模式的可以向下支持低速模式。I²C 总线连接的 I²C 器件数量仅受到总线的最大电容 400pF 限制，总线连接的器件越多，连线越长，分布电容越大。

在图 12-1 中，如果单片机需要向 I²C 器件 3 写入数据，会先从 SDA 数据线送出 I²C 器件 3 的地址，挂在总线上众多的器件只有 I²C 器件 3 与总线接通，单片机再将数据从 SDA 数据线送出，该数据则被 I²C 器件 3 接收。这里的单片机是主机兼发送器，I²C 器件 3 及其他器件均为从机，I²C 器件 3 为接收器。

2. 通信协议

通信协议是通信各方必须遵守的规则，否则通信无法进行，在编写通信程序时需要了解相应的通信协议。

I²C 总线通信协议主要内容如下：

1）总线空闲：SCL 和 SDA 均为高电平。

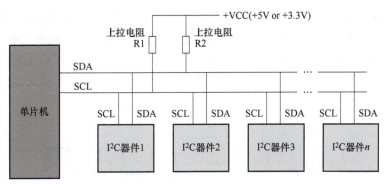

图12-1 单片机通过 I²C 总线连接多个 I²C 器件

2）开始信号：在 SCL 为高电平时，SDA 出现下降沿，该下降沿即为开始信号。

3）数据传送：开始信号出现后，SCL 为高电平时从 SDA 读取的电平为数据；SCL 为高电平时，SDA 的电平不允许变化，只有 SCL 为低电平时才可以改变 SDA 的电平；SDA 线传送数据时，从高位到低位逐位进行，一个 SCL 脉冲高电平对应 1 位数据。

4）停止信号：SCL 为高电平时，SDA 出现上升沿，该上升沿为停止信号，停止信号过后，总线被认为空闲（SCL、SDA 均为高电平）。

3. 数据传送格式

I²C 总线可以一次传送单字节数据，也可以一次传送多字节数据，不管是传送单字节还是多字节数据，都要在满足协议的前提下进行。

（1）单字节数据传送格式

I²C 总线的单字节数据传送格式如图 12-2 所示，传送单字节数据的格式为"开始信号 - 传送的数据（从高位到低位）- 应答（ACK）信号 - 停止信号"。在传送数据前，SCL、SDA 均为高电平（总线空闲），在需要传送数据时，主机让 SDA 由高电平变为低电平，产生一个下降沿（开始信号）到从机，从机准备接收数据，然后主机从 SCL 逐个输出时钟脉冲信号，同时从 SDA 逐位（从高位到低位）输出数据，只有 SCL 脉冲高电平到从机时，从机才读取 SDA 的电平值（0 或 1），并将其作为一位数据值，8 位数据传送结束后，接收方将 SDA 电平拉低，该低电平作为 ACK 应答信号由 SDA 送给发送方，接收到 ACK 信号之后可以继续传送下一个字节数据。若只传送单字节数据，在 SCL 为高电平时，SDA 由低电平变为高电平形成一个上升沿，该上升沿即为停止信号，本次数据传送结束。

（2）多字节数据传送格式

为了提高工作效率，I²C 总线往往需要一次传送多个字节。图 12-3 是典型的 I²C 总线多字节数据传送格式，该多字节数据的格式为"开始信号 - 第 1 个字节数据（7 位从机地址 +1 位读 / 写设定值）- 应答信号 - 第 2 个字节数据（8 位从机内部单元地址）- 应答信号 - 第 3 个字节数据（8 位数据）- 应答信号（或停止应答信号）- 停止信号"。

图 12-3 传送了 3 个字节数据，第 1 个字节数据为从机的地址和数据读写设定值，由于 I²C 总线挂接很多从机，传送从机地址用于选中与指定的从机进行通信，读写设定值用于确定数据传输方向（是往从机写入数据还是由从机读出数据）。第 2 个字节数据为从机

内部单元待读写的单元地址（若传送的数据很多，则为起始单元的地址，数据从起始单元依次读写）。第 3 个字节为 8 位数据，写入第 1、2 字节指定的从机单元中。在传送多字节数据时，每传送完一个字节数据，接收方需要向发送方传送一个 ACK 信号（接收方将 SDA 线电平拉低），若一个字节传送结束后接收方未向发送方返回 ACK 信号，发送方认为返回的是 NACK（停止应答）信号，则停止继续传送数据。

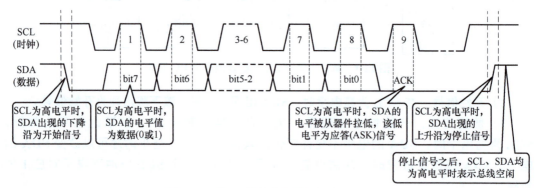

图 12-2　I^2C 总线的单字节数据传送格式

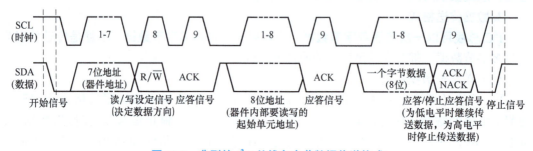

图 12-3　典型的 I^2C 总线多字节数据传送格式

12.1.2　I^2C 的类与函数

ESP32 单片机自带 I^2C0、I^2C1 两个 I^2C 总线硬件接口（硬件 I^2C），I^2C0 总线接口使用 GPIO18（SCL）、GPIO19（SDA）引脚，I^2C1 总线接口使用 GPIO25（SCL）、GPIO26（SDA）引脚。除此之外，还可以使用软件 I^2C 总线方式通信（通过程序来模拟 I^2C 通信），这种方式可以指定任意引脚为 SCL、SDA。硬件 I^2C 快速高效，但需要使用指定引脚，软件 I^2C 可以随意指定引脚，但效率有所降低。

在进行 I^2C 编程时，如果全部自己编写代码进行 I^2C 通信配置和读写操作，开发效率低且需了解 I^2C 通信的技术细节，若在程序中直接使用别人编写好的 I^2C 类与函数进行 I^2C 通信编程则非常方便快捷。硬件 I^2C 和软件 I^2C 使用时可以使用相同的函数（又称方法）。

1. 创建 I^2C 对象

创建硬件 I^2C 对象使用 I2C 类，其语法格式如下：

$$\text{i2c.I2C}(\text{id, scl, sda, freq=400000})$$

i2c 为对象名，id 为硬件 I²C 编号（0 或 1），scl 指定 SCL 使用的引脚（I2C0：scl=pin(18)；I2C1：scl=pin(25)），sda 指定 SDA 线的使用引脚（I2C0：sda=pin(19)；I2C1：scl=pin(26)），freq 指定 SCL 的最大频率（默认 400kHz，使用默认值时可省略）。

创建软件 I²C 对象使用 SoftI2C 类，其语法格式如下：

$$\text{i2c.SoftI2C}(\text{scl, sda, freq=400000, timeout=255})$$

i2c 为对象名，scl 指定 SCL 的引脚，sda 指定 SDA 线的引脚，freq 指定 SCL 的最大频率（默认 400kHz，可省略），timeout 为 SCL 因另一个设备拉为低电平的最长等待时间（以微秒为单位），该参数可省略。

2. 初始化 I²C 对象

用给定参数初始化 I²C 总线语法格式如下：

$$\text{I2C.init}(\text{scl, sda, freq=400000})$$

scl 为 SCL 使用的引脚，sda 为 SDA 线使用的引脚，freq 指定 SCL 时钟的频率。

3. 关闭 I²C 对象

关闭 I²C 对象语法格式如下：

$$\text{I2C.deinit}()$$

4. 扫描 I²C 设备地址

扫描 I²C 设备地址语法格式如下：

$$\text{I2C.scan}()$$

扫描 I²C 总线连接的 I²C 设备，返回设备的地址（0x08~0x77）。

5. 原始 I²C 操作函数

原始 I²C 主控总线操作函数可以组合起来进行任何 I²C 控制，仅可在 machine.SoftI2C 类使用。

（1）I2C.start()

其功能是在总线上产生一个 START（开始）条件（SCL 为高时 SDA 转换为低）。

（2）I2C.stop()

其功能是在总线上产生一个 STOP（停止）条件（SCL 为高时 SDA 转换为高）。

（3）I2C.readinto(buf, nack=True)

其功能是从总线读取字节并将它们存储到 buf 中。读取的字节数是 buf 的长度。在接收到除最后一个字节以外的所有字节后，将在总线上发送 ACK。接收到最后一个字节后，如果 nack 为真，则将发送 NACK，否则将发送 ACK（在这种情况下，从机假定将在以后的调用中读取更多字节）。

（4）I2C.write(buf)

其功能是将字节从 buf 写入总线。检查每个字节后是否收到 ACK，如果收到 NACK，则停止传输剩余的字节。该函数返回接收到的 ACK 数。

6. 标准总线操作函数

标准总线操作函数可对给定从机和标准 I²C 主设备进行读写操作。

（1）I2C.readfrom (addr, nbytes, stop=True)

其功能是从 addr 指定的从机读取 *n*bytes。如果 stop 为真，则在传输结束时生成 STOP 条件。

（2）I2C.readfrom_into (addr, buf, stop=True)

其功能是从 addr 指定的从机读入 buf。读取的字节数将是 buf 的长度，如果 stop 为真，则在传输结束时生成 STOP 条件。该方法返回 None。

（3）I2C.writeto (addr, buf, stop=True)

其功能是将 buf 中的字节写入 addr 指定的从机。如果从 buf 写入一个字节后收到 NACK，则不会发送剩余的字节。如果 stop 为真，则在传输结束时生成 STOP 条件，即使收到 NACK 也是如此。该函数返回接收到的 ACK 数。

（4）I2C.writevto (addr, vector, stop=True)

其功能是将 vector 中的字节按顺序写入 addr 指定的从机。vector 为具有缓冲协议的元组或列表对象。vector 中的对象长度可以为零字节。如果将 vector 中字节写入后收到 NACK，则不会发送剩余的字节和任何对象。如果 stop 为真，则在传输结束时生成 STOP 条件，即使收到 NACK 也是如此。该函数返回接收到的 ACK 数。

7. 内存操作函数

一些 I^2C 设备可以用作读取和写入的存储设备（或一组寄存器），在这种情况下，有两个地址与 I^2C 操作关联，即从地址和存储器地址。内存操作函数方便与此类设备通信。

（1）I2C.readfrom_mem (addr, memaddr, nbytes, addrsize=8)

其功能是从 memaddr 指定的内存地址开始，从 addr 指定的从机读取 *n*bytes。addrsize 以位为单位指定地址大小。返回读取的数据。

（2）I2C.readfrom_mem_into (addr, memaddr, buf, addrsize=8)

其功能是从 memaddr 指定的内存地址开始，从 addr 指定的从机读入 buf。读取的字节数是 buf 的长度。addrsize 以位为单位指定地址大小（地址始终为 8 位）。该函数返回 None。

（3）I2C.writeto_mem (addr, memaddr, buf, addrsize=8)

其功能是从 memaddr 指定的内存地址开始，将 buf 写入 addr 指定的从机。addrsize 以位为单位指定地址大小（地址始终为 8 位）。该函数返回 None。

I^2C 的类与函数使用举例如图 12-4 所示。

```
from machine import Pin, SoftI2C  #从machine模块导入Pin类和SoftI2C类

i2c=SoftI2C(scl=Pin(5),sda=Pin(4),freq=100000) #用SoftI2C类创建名称为i2c的软件I2C对象,其SCL线
                                  #使用GPIO5引脚,SDA线使用GPIO4引脚,SCL时钟最大频率为100kHz

i2c.scan()                 #扫描I2C总线上连接的I2C设备,返回设备地址
i2c.readfrom(0x3a, 4)      #从地址为0x3a的I2C设备读取4个字节
i2c.writeto(0x3a, '12')    #往地址为0x3a的I2C设备写'1'和'2'两个字符(字节)

buf=bytearray(10)          #用bytearray函数创建一个10字节的字节数组,数组名为buf
i2c.writeto(0x3a, buf)     #将buf数组中的字节写入地址为0x3a的I2C设备
```

图 12-4　I^2C 的类与函数使用举例

12.2 OLED 显示屏与 SSD1306 显示驱动芯片

12.2.1 OLED 的结构与工作原理

有机发光二极管（Organic Light-Emitting Diode，OLED），又称有机电激光显示，OLED 具有自发光（不需背光源）、对比度高、厚度薄、可视角大、反应速度快、使用温度范围广、结构及制程简单等优点。

OLED 显示屏由大量的有机发光二极管组成，每个发光二极管相当于一个像素点，全部发光二极管发光时屏幕显示白色，全部不发光时显示黑色（或其他的底色），控制不同位置的发光二极管发光，可以在屏幕显示各种字符、图形和图像等内容。

图 12-5 是 OLED 显示屏的单像素结构示意图。对于单色 OLED，在阴极和阳极之间施加 2~10V 的直流电压，阴极发射电子，电子穿过电子传输层、单色有机发光层、空穴传输层到达阳极。电子在经过单色有机发光层（有机发光二极管）时，该层发光材料发光，光线经透明的空穴传输层和玻璃基板射出而显示一个白点。与单色 OLED 不同的是，彩色 OLED 有机发光层由 R、G、B 三种发光材料组成，阳极也对应分成 R、G、B，当阴极和 R 阳极之间施加 2~10V 的直流电压时，阴极发射的电子穿过电子传输层、R 材料有机发光层、空穴传输层到达阳极，电子在经过 R 材料有机发光层时，该层发光材料发出红光，对外显示一个红点；当阴极和 R、G 阳极之间都加直流电压时，R、G 材料有机发光层分别出红光和绿色，对外显示其混色（黄色）；若 R、G、B 材料有机发光层都发光，对外显示一个白点。

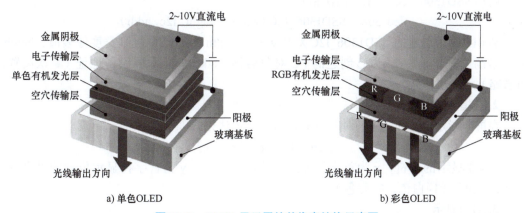

图 12-5 OLED 显示屏的单像素结构示意图

12.2.2 SSD1306 驱动 OLED 显示屏

SSD1306 是一款用于驱动分辨率为 126×64 OLED 的显示驱动芯片，该芯片是为普通阴极型 OLED 面板设计。SSD1306 芯片内置对比度控制、显示 RAM 和振荡器，减少了外部组件和功耗，具有 256 级亮度控制。该芯片可以使用 6800/8000 系列兼容并行接口、I^2C 总线接口或 SPI（串行外围接口）与单片机连接通信。

图 12-6 是采用 SSD1306 芯片驱动的 0.96in OLED 单色显示屏，该显示屏分辨率为

126×64，有 VCC（或 VDD）、GND、SCK 和 SDA 4 个引脚，采用 I^{2}C 总线与单片机连接通信。

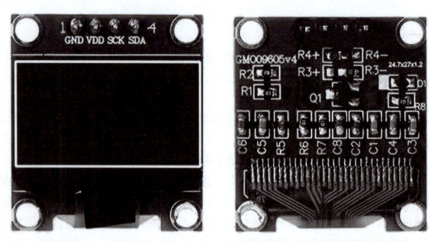

图 12-6　采用 SSD1306 芯片驱动的 0.96in OLED 单色显示屏

12.2.3　SSD1306 的类与函数

SSD1306 芯片的结构与工作原理比较复杂，如果使用 SSD1306 的类与函数来控制该芯片驱动 OLED，编程方便快捷。

1. 创建 SSD1306_I2C 对象

创建 SSD1306_I2C 对象的语法格式如下：

$$oled1306 = SSD1306\_I2C(width, height, i2c, addr)$$

oled1306 为创建的 SSD1306_I2C 对象名称，width 为 OLED 屏幕宽度像素值，height 为屏幕高度像素值，i2c 为已创建的 I^{2}C 对象名称，addr 为显示屏设备地址（默认设置，可省略）。

2. 在指定位置显示字符

在屏幕指定位置显示字符使用 text 函数，其语法格式如下：

$$oled1306.text(s, x, y, c)$$

s 为要显示的字符，x 为首字符显示位置的横坐标，y 为首字符显示位置的纵坐标，c 为字符颜色（1- 白色，0- 黑色）。

3. 启动显示

设置好显示内容后需要使用 show 函数启动显示，其语法格式如下：

$$oled1306.show()$$

4. 清屏

清除屏幕上所有显示内容使用 fill 函数，其语法格式如下：

$$oled1306.fill(c)$$

c 为清屏颜色，为 0 表示黑色，为 1 表示白色。

5. 在指定位置显示一个点

在屏幕指定位置显示一个点使用 pixel 函数，其语法格式如下：

$$\text{oled1306.pixel}(x, y, c)$$

x、y 分别为点的横、纵坐标，c 为点的颜色（为 1 表示白色，为 0 表示黑色）。

6. 在指定位置显示一条水平线

在屏幕指定位置显示一条水平线使用 hline 函数，其语法格式如下：

$$\text{oled1306.hline}(x, y, w, c)$$

x、y 分别为水平线的横、纵坐标，w 为线的长度，c 为显示点的颜色（为 1 表示白色，为 0 表示黑色）。

7. 在指定位置显示一条垂直线

在屏幕指定位置显示一条垂直线使用 vline 函数，其语法格式如下：

$$\text{oled1306.vline}(x, y, w, c)$$

x、y 分别为水平线的横、纵坐标，w 为线的长度，c 为显示点的颜色（为 1 表示白色，为 0 表示黑色）。

8. 指定始、终点坐标显示直线

指定始、终点坐标显示直线使用 line 函数，其语法如下：

$$\text{oled1306.line}(x1, y1, x2, y2, c)$$

x1、y1 为直线始点的横、纵坐标，x2、y2 为直线终点的横、纵坐标，c 为点的颜色（为 1 表示白色，为 0 表示黑色）。

9. 指定坐标和宽、高显示矩形

指定坐标和宽、高显示矩形使用 rect 函数，其语法格式如下：

$$\text{oled1306.rect}(x, y, w, h, c)$$

x、y 为矩形左上角顶点的横、纵坐标，w、h 分别为矩形的宽和高，c 为颜色（为 1 表示白色，为 0 表示黑色）。

10. 指定坐标和宽高显示填充矩形（实心矩形）

指定坐标和宽、高显示显示填充矩形使用 fill_rect 函数，其语法格式如下：

$$\text{oled1306.fill\_rect}(x, y, w, h, c)$$

x、y 为矩形左上角顶点的横、纵坐标，w、h 分别为矩形的宽和高，c 为颜色（为 1 表示白色，为 0 表示黑色）。

11. 指定横、纵向移动步数移动显示对象

指定横、纵向移动步数移动显示对象使用 scroll 函数，其语法格式如下：

$$\text{oled1306.scroll}(xstep, ystep)$$

xstep 为显示对象横向移动的步数（即移动的像素点数），ystep 为显示对象纵向移动的步数，步数为正值时正向移动，为负值时反向移动。

12.3　I^2C 总线通信控制 OLED 屏显示图形与字符

12.3.1　单片机以 I^2C 总线方式连接 OLED 显示屏的电路

ESP32 单片机以 I^2C 总线方式连接 OLED 显示屏的电路如图 12-7 所示。单片机使用 GPIO18、GPIO23 引脚作为 SDA、SCL 线连接 OLED 显示屏的 SDA、SCL 引脚，驱动显示屏显示指定内容。当按下 k1 键时，GPIO15 引脚输出高电平，led1 点亮，再次按下 k1 键时，GPIO15 引脚输出电平变反，led1 熄灭。

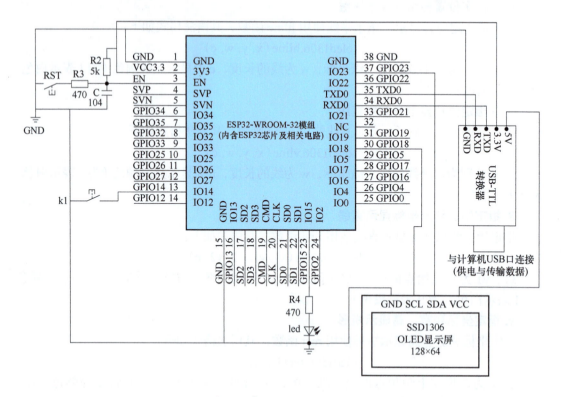

图 12-7　ESP32 单片机以 I²C 总线方式连接 OLED 显示屏的电路

12.3.2　I²C 总线控制 OLED 屏显示图形、字符、LED 状态和秒计时的程序及说明

I²C 总线通信控制 OLED 屏显示图形、字符、LED 状态和秒计时的程序及说明如图 12-8 所示，程序运行时 OLED 的显示内容如图 12-9 所示。程序中的 SSD1306_I2C 类与函数的代码在 SSD1306.py 模块文件中，这个文件不是内置模块，要从外部获得（可在网上搜索下载，也可以从本书提供的源代码中找到）。将该文件复制到主程序 main.py 文件的同一文件夹中，再将其上传到 ESP32 单片机（闪存）中，如果不上传 SSD1306.py 文件到单片机，仅 main.py 文件是不能正常运行的。

程序说明：程序先导入 Pin 类、SoftI2C 类、SSD1306_I2C 类和 time 模块，接着用 Pin 类将 GPIO14 引脚配置为输入上拉模式以用作 k1 键的输入引脚，将 GPIO15 引脚配置为输出模式以用作控制 led 的输出引脚，再用 SoftI2C 类创建名称为 i2c 的软件 I2C 对象，并配置对象使用 GPIO23、GPIO18 引脚连接 I²C 总线的 SDA 线和 SCL 线，然后用 SSD1306_I2C 类创建名称为 oled 的对象，该对象将 i2c 对象作为通信端口，之后执行主程序。主程序的工作过程说明见程序注释部分。

第 12 章　I²C 通信控制 OLED 屏与 PS2 摇杆的使用及编程实例

图 12-8　I²C 总线通信控制 OLED 屏显示图形、字符、LED 状态和秒计时的程序及说明

a) 上电运行后显示内容(LED状态为0)

b) 按k1键时显示内容(LED状态为True)

图 12-9　程序运行时的 OLED 显示内容

12.4　PS2 摇杆的使用与编程实例

12.4.1　PS2 摇杆模块介绍

PS2 摇杆由 X、Y 轴两个电位器和一个按键开关组成，可进行左、右、上、下方向和

按下操作，在游戏手柄中最为常用。

1. 外形和引脚功能

PS2 摇杆模块是由 PS2 摇杆和有关电路组成，其外形与引脚功能说明如图 12-10 所示。

图 12-10　PS2 摇杆模块

2. 电路及工作原理

图 12-11 是 PS2 摇杆模块的电路结构示意图。在摇杆内有相互垂直的 X、Y 轴两个滑动电位器，当摇杆处于中间位置时，两个电位器的滑动端位于中间位置，VCC 电源经 X、Y 轴电位器的一半电阻体后从滑动端输出，分别经过 VRX、VRY 引脚，这两个引脚的输出电压约为 VCC 电压的一半；如果摇杆左移时，X 轴电位器滑动端由中间往左端滑动，由于 X 轴电位器的电阻体左端接地，左移时 VRX 引脚输出电压下降，摇杆右移时，X 轴电位器滑动端往右端滑动，因电位器电阻体右端接 VCC，故 VRX 引脚输出电压上升。同理，摇杆上移时 VRY 引脚输出电压下降，摇杆下移时 VRY 引脚输出电压上升。如果按下摇杆，按键开关会闭合，SW 引脚输出电压为 0（低电平）。

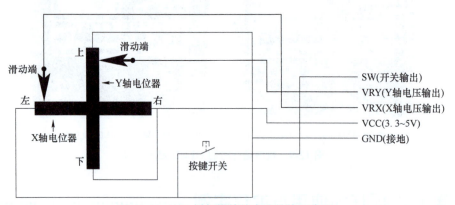

图 12-11　PS2 摇杆模块的电路结构示意图

12.4.2　单片机连接 PS2 摇杆模块和 4 个 LED 的电路

ESP32 单片机连接 PS2 摇杆模块和 4 个 LED 的电路如图 12-12 所示。接通电源后，

4个LED全部熄灭，如果将摇杆左移，PS2摇杆模块VRX引脚送往单片机GPIO34引脚电压低于VCC/2，单片机从GPIO15引脚输出高电平，led1点亮；如果将摇杆右移，VRX引脚送往GPIO34引脚的电压大于VCC/2，单片机从GPIO2引脚输出高电平，led2点亮；如果将摇杆上移，VRY引脚送往GPIO35引脚的电压小于VCC/2，单片机从GPIO0引脚输出高电平，led3点亮；如果将摇杆下移，VRY引脚送往GPIO35引脚的电压大于VCC/2，单片机从GPIO4引脚输出高电平，led4点亮；如果按下摇杆，SW引脚送往GPIO25引脚的电压为0，单片机的GPIO15、GPIO2、GPIO0、GPIO4引脚都输出低电平，led1~led4全部熄灭。

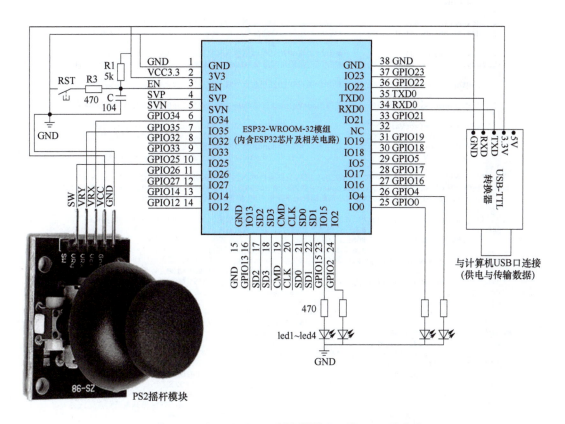

图 12-12 单片机连接 PS2 摇杆模块和 4 个 LED 的电路

12.4.3 PS2 摇杆模块控制 4 个 LED 的程序及说明

PS2摇杆模块控制4个LED的程序及说明如图12-13a所示。在Thonny软件中单击工具栏上的工具，程序被写入单片机的内存并开始运行，Shell区显示摇杆位于中间位置时的X、Y、SW值，再依次将摇杆向左、向右、向上、向下拨动，led1、led 2、led 3、led 4会依次被点亮，Shell区同时显示的X、Y、SW值如图12-13b所示，按下摇杆，SW值由1变为0，led 1~led 4全部熄灭。

```python
'''一个PS2摇杆控制4个LED：PS2摇杆有上、下、左、右四个操作方向和一个按键开关,对外引出VCC、GND、
VRX、VRY和SW端子,后面三个端子分别与单片机的GPIO34、GPIO35、GPIO25引脚连接,摇杆往左时led1亮,
摇杆往右时led2亮,摇杆往上时led3亮,摇杆往下时led4亮,按下摇杆时LED1～LED4全部熄灭,同时在Shell区
显示相关内容
'''
from machine import Pin,ADC      #从machine模块中导入Pin类和ADC类
from time import sleep            #从time模块中导入sleep类

led1=Pin(15,Pin.OUT)              #用Pin类将GPIO15引脚设为输出模式,再用led1代表该对象
led2=Pin(2,Pin.OUT)               #用Pin类将GPIO2引脚设为输出模式,再用led2代表该对象
led3=Pin(0,Pin.OUT)
led4=Pin(4,Pin.OUT)

adcx=ADC(Pin(34))                 #用ADC类将GPIO34引脚创建为名称为adcx的ADC对象
adcx.atten(ADC.ATTN_11DB)         #将ADC对象的衰减量设为11db,此衰减量下可输入的电压为0.0～3.6V

adcy=ADC(Pin(35))                 #用ADC类将GPIO35引脚创建为名称为adcy的ADC对象
adcy.atten(ADC.ATTN_11DB)         #将ADC对象的衰减量设为11db,此衰减量下可输入的电压为0.0～3.6V

sw=Pin(25,Pin.IN,Pin.PULL_UP)     #用Pin类将GPIO25引脚设为输入模式且内接上拉电阻,再用sw代表该对象

'''ValConver函数功能是将0～4095范围的adcValue值转换成0～100,adcValue值由0～3.3V电压经ADC电路
转换而来'''
def ValConver(adcValue):          #定义ValConver函数,adcValue为输入变量,执行函数时赋值
    CV=(3.3*adcValue/4095)/(3.3)*100  #将0～4095范围的adcValue值转换成0～100的值,并赋给CV
    CV=round(CV)                  #执行round函数,对CV值进行四舍五入
    return CV                     #将CV值(0～100)作为返回值返回给ValConver函数

'''主程序：用read函数将GPIO34、GPIO35引脚(分别来自PS2摇杆模块的VRX、VRY端)输入的0～3.3V电压
分别转换成0～4095数值,再执行ValConver函数将2个0～4095数值分别转换成2个0～100数值并分别赋给adcX、
adcY,然后执行if语句根据adcX值大小判断摇杆上下操作方向,根据adcY值大小判断摇杆左右操作方向,根据sw值
判断摇杆是否按下'''
if __name__=='__main__':          #如果当前程序文件为主程序(顶层模块),则执行冒号下方缩进相同的代码块,否则
                                   #执行代码块之后的内容,若程序运行时从其他文件开始,本文件就不是主程序文件
    while True:                   #while为循环语句,若右边的值为真或表达式成立,反复执行下方的
                                   #循环体(缩进相同的代码),否则执行循环体之后的内容
        adcX=ValConver(adcx.read())  #先执行read函数,将GPIO34引脚 输入电压转换0～4095,再执行
                                      #ValConver函数将其转换成0～100并赋给变量adcX
        adcY=ValConver(adcy.read())  #先执行read函数,将GPIO35引脚 输入电压转换0～4095,再执行
                                      #ValConver函数将其转换成0～100并赋给变量adcY
        sleep(0.1)                #延时0.1s
        print(f"X={adcX},Y={adcY},SW={sw.value()}")  #f指定字符串大括号中的变量或表达式显示其值
                                                     #在Shell区显示"X=adcX值,Y=adcY值,SW=sw值"
        if adcX < 40:             #如果adcX值小于40,执行下方缩进代码
            led1.value(1)         #让led1对象的值为1(即让GPIO15引脚输出高电平),点亮led1
            print('摇杆向左,LED1亮')  #在Shell区显示'摇杆向左,LED1亮'
        elif adcX > 60:           #如果adcX值大于60,执行下方缩进代码
            led2.value(1)         #让led2对象的值为1(即让GPIO2引脚输出高电平),点亮led2
            print('摇杆向右,LED2亮')  #在Shell区显示'摇杆向右,LED2亮'
        elif adcY < 40:           #如果adcY值小于40,执行下方缩进代码
            led3.value(1)         #让led3对象的值为1(即让GPIO0引脚输出高电平),点亮led3
            print('摇杆向上,LED3亮')  #在Shell区显示'摇杆向上,LED3亮'
        elif adcY > 60:           #如果adcY值大于60,执行下方缩进代码
            led4.value(1)         #让led4对象的值为1(即让GPIO4引脚输出高电平),点亮led4
            print('摇杆向下,LED4亮')  #在Shell区显示'摇杆向下,LED4亮'
        elif sw.value()==0:       #如果sw值等于0(摇杆按下,GPIO25输入为0),执行下方缩进代码
            led1.value(0)         #让led1对象的值为0(即让GPIO15引脚 输出低电平),熄灭led1
            led2.value(0)         #熄灭led2
            led3.value(0)         #熄灭led3
            led4.value(0)         #熄灭led4
            print('摇杆按下,LED1～LED4全部熄灭')  #在shell区显示'摇杆按下,LED1～LED4全部熄灭'
        print("------")           #在Shell区显示"------",视觉上分隔上下行
        sleep(0.1)                #延时0.1s
```

a) 程序

图 12-13　PS2 摇杆模块控制 4 个 LED 的程序及运行显示

```
Shell
>>> %Run -c $EDITOR_CONTENT
X=47,Y=47,SW=1
------
X=0,Y=47,SW=1
摇杆向左,LED1亮
------
X=100,Y=47,SW=1
摇杆向右,LED2亮
------
X=47,Y=0,SW=1
摇杆向上,LED3亮
------
X=48,Y=100,SW=1
摇杆向下,LED4亮
------
X=47,Y=47,SW=0
摇杆按下,LED1～LED4全部熄灭
------
X=47,Y=47,SW=1
------
```

b) 程序运行时Shell区的显示内容

图 12-13　PS2 摇杆模块控制 4 个 LED 的程序及运行显示（续）

第 13 章 SPI 通信与 SD 卡/RFID 卡的读写编程实例

13.1 SPI 总线通信与 SD 卡

13.1.1 SPI 总线介绍

串行外围设备接口（Serial Peripheral Interface，SPI）是一种高速、全双工、同步的通信总线接口，通信时只占用 4 根线，因为这种接口使用的引脚较少、PCB（印制电路板）布局方便，故越来越多的芯片集成了这种通信接口。SPI 主要应用在 EEPROM、FLASH、实时时钟、AD 转换器、数字信号处理器和数字信号解码器。

SPI 的基本结构如图 13-1 所示。SPI 接口通信时一般使用 MISO（主机输入从机输出）、MOSI（主出从入）、SCLK（时钟）、CS（片选）4 根线，单向传输时只需 3 根线（MISO、MOSI、SCLK）。

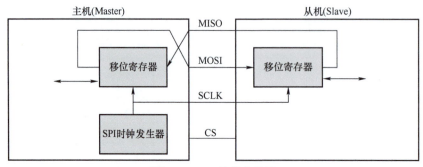

图 13-1 SPI 的基本结构

主机（又称主设备）和从机（又称从设备）的 SPI 都有一个移位寄存器，在主机的 SPI 还有一个 SPI 时钟发生器，若主机要向从机发送一个字节数据，需先将该字节写入主机的移位寄存器，然后 SPI 时钟发生器的时钟脉冲同时送到主机和从机的移位寄存器。第 1 个时钟脉冲送到移位寄存器时，主机的移位寄存器的一位值移出，从 MOSI 线送入从机的移位寄存器，与此同时，从机的移位寄存器的一位值移出，从 MISO 线送入主机的移位寄存器，这样 8 个时钟脉冲送到移位寄存器时，主机移位寄存器中的一个字节（8 个位）全部送入从机的移位寄存器，同时从机移位寄存器中的一个字节也送入主机，即主机的发送、接收与从机的接收、发送是同时进行的。如果只进行写操作，主机只需忽略接收到的字节，若主机要读取从机的一个字节，就必须发送一个空字节来引发从机的传输。

SCLK 时钟信号频率越高，数据传送速度越快（通信速率越高）。在数据传输时，可以按从高位到低位的顺序，也可以按低位到高位的顺序传送，但要求两个通信的 SPI 设备之间使用相同的规定，一般采用从最高位开始传送的模式。

CS 为片选信号线，也称 NSS 线，用于选择指定的从机。当有多个 SPI 从机与 SPI 主机连接时，主、从机都连接到 SCK、MOSI 及 MISO 线（共用这 3 条总线）上，另外，每个从机都有独立的一根 CS 信号线，主机则为每个从机单独分配一根 CS 线。I^2C 协议是通过设备地址来寻址区分不同的设备，SPI 协议中没有设备地址，而是使用 CS 信号线来选择不同的设备。当主机要选择某个从机时，会将该从机的 CS 线设为低电平，该从机被选中（片选有效），接着主机开始与被选中的从机进行 SPI 通信。所以 SPI 通信以 CS 线置低电平为开始信号，以 CS 线被拉高作为结束信号。

13.1.2 SPI 的类与函数

1. 创建 SPI 对象

创建硬件 SPI 对象使用 SPI 类，其语法格式如下：

spi = SPI（id, baudrate=500000, polarity=0, phase=0, bits=8, firstbit=MSB, sck=None, mosi=None, miso=None）

spi 为创建的硬件 SPI 对象名称，id 为硬件 SPI 号（1 或 2），baudrate/polarity/phase/bits/firstbit 为 SPI 通信参数，已有默认值（可省略），sck、mosi、miso 为 SPI 接口使用的引脚。ESP32 单片机有 2 个硬件 SPI 接口（最高通信速率为 40MHz），其 sck、mosi、miso 默认引脚为：①对于 SPI1（id=1）接口，sck=14、mosi=13、miso=12；②对于 SPI2（id=2）接口，sck=18、mosi=23、miso=19。

创建软件 SPI 对象使用 SoftSPI 类，其语法格式如下：

spi = SoftSPI（baudrate=500000, polarity=0, phase=0, bits=8, firstbit=MSB, sck=None, mosi=None, miso=None）

spi 为创建的软件 SPI 对象名称，baudrate/polarity/phase/bits/firstbit 为 SPI 通信参数，已有默认值（可省略），sck、mosi、miso 为 SPI 接口使用的引脚，可以是单片机的任意引脚。

2. 初始化 SPI 总线

如果用 SoftSPI 类创建 SPI 对象时未指定 sck、mosi、miso 参数，则需要另外使用 init 函数初始化 SPI 总线。初始化 SPI 总线语法格式如下：

spi.init（baudrate=1000000, polarity=0, phase=0, bits=8, firstbit=SPI.MSB, sck=None, mosi=None, miso=None）

spi 为已创建的 SPI 对象名称，baudrate 为 SCK 时钟频率，polarity 为空闲时 SCK 线的电平（可以是 0 或 1），phase 为在第一个或第二个时钟沿采样数据（可以是 0 或 1），bits 为每次传输的位数，firstbit 指定传送顺序（SPI.MSB 表示从高位到低位，SPI.LSB 表示从低位到高位),sck 指定 sck 线的引脚号,mosi 指定 mosi 线的引脚号,miso 指定 miso 线的引脚号。

3. 关闭 SPI 总线

关闭 SPI 总线语法格式如下:

$$spi.deinit()$$

4. 读取指定的字节数

读取指定的字节数使用 read 函数,其语法格式如下:

$$spi.read(nbytes, write=0)$$

spi 为已创建的 SPI 对象名称,nbytes 为读取的字节数,write 为连续写入从机的字节(主机从从机读多少个字节的同时需要往从机写相同数量的字节),函数返回读取的数据。

5. 读取数据到指定缓冲区

读取数据到指定缓冲区使用 readinto 函数,其语法格式如下:

$$spi.readinto(buf, write=0)$$

buf 为读入数据的存放缓冲区,write 为同时连续写入从机的字节,函数返回 None。

6. 写数据

写数据使用 write 函数,其语法格式如下:

$$spi.write(buf)$$

将 buf 中的数据写入从机,函数返回 None。

7. 读写数据

读写数据使用 write_readinto 函数,其语法格式如下:

$$spi.write\_readinto(write\_buf, read\_buf)$$

将 write_buf 中的数据写入从机,从从机读取的数据存入 read_buf,两个缓冲区的长度必须相同,函数返回 None。

SPI 的类与函数使用举例如图 13-2 所示。

```
1  from machine import Pin,SoftSPI   #从machine模块导入Pin类和SoftSPI类
2
3  spi=SoftSPI(baudrate=100000,polarity=1,phase=0,sck=Pin(0),mosi=Pin(2),miso=Pin(4))  #用SoftSPI类创建
4                    #名称为spi的软件SPI对象,将其通信速率设为100kHz,sck、mosi、miso分别使用GPIO0、GPIO2和GPIO4引脚
5
6  spi.init(baudrate=200000)       #执行init函数,将通信速率设为200kHz(先前为100kHz)
7
8  spi.read(10)                    #执行read函数,从miso线(从机)读取10个字节数据
9  spi.read(10, 0xff)              #从从机读取10个字节数据,同时往从机写10个0xff(1111 1111)
10
11 buf1=bytearray(50)              #创建一个名称为buf1含50个字节的字节数组
12 spi.readinto(buf1)              #从从机读取50个字节存入buf1数组
13 spi.readinto(buf1,0xff)         #从从机读取数据存入buf1,同时往从机写入相同字节数量的0xff
14
15 spi.write(b'12345')             #往从机写入5个字符(字节)"12345"
16
17 buf2=bytearray(4)               #创建名称为buf2含4个字节的字节数组
18 spi.write_readinto(b'1234',buf2) #往从机写入4个字符(字节)"1234",同时从从机读取4个字节存入buf2
19 spi.write_readinto(buf2,buf2)   #将buf2中的数据写入从机,同时将从从机读取过来的数据存入buf2
20
```

图 13-2 SPI 的类与函数使用举例

13.1.3 SD 卡介绍

SD 卡(Secure Digital Memory Card,安全数码存储卡)是由松下电器、东芝和

SanDisk 公司联合推出半导体 Flash 存储设备，由于具有体积小、数据传输速度快、可热插拔等优点，被广泛用于便携式装置上，例如数码相机、平板电脑和多媒体播放器等。

1. SD 卡及附件

SD 卡分为大卡和小卡，如图 13-3 所示。小卡又称 Micro SD 卡（简称 TF 卡），将小卡插入 TF 转 SD 卡套中，小卡就可以当成大卡使用，如果将 SD 卡插入 SD 卡读写器，整个读写模块就相当于一个 U 盘，将读写模块插入计算机 USB 口后，计算机可以从 SD 中读取文件，或将文件复制到 SD 卡，还可以将 SD 格式化。

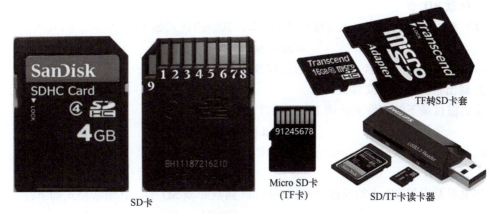

图 13-3 SD 卡及附件

2. SD 卡引脚的功能定义

SD 卡的大卡有 9 个引脚，小卡有 8 个引脚，其引脚排列顺序 12-3 所示。SD 卡支持 3 种数据传送模式：SPI 模式（独立序列输入和序列输出），1 位 SD 模式（独立指令和数据通道，独有的传输格式）和 4 位 SD 模式（使用额外的引脚以及某些重新设置的引脚，支持 4 位宽的并行传输）。SD 卡在 3 种模式下引脚功能定义见表 13-1。

表 13-1 SD 卡 3 种模式的引脚功能定义

引脚	4 位 SD 模式		1 位 SD 模式		SPI 模式	
	名称	功能	名称	功能	名称	功能
1	CD/DAT3	卡监测/数据位 3	CD	卡监测	CS	芯片选择
2	CMD	命令/回复	CMD	命令/回复	DI（MOSI）	数据输入
3	VSS1	地	VSS1	地	VSS1	地
4	VCC	电源	VCC	电源	VCC	电源
5	CLK	时钟	CLK	时钟	CLK（SCK）	时钟
6	VSS2	地	VSS2	地	VSS2	地
7	DAT0	数据位 0	DAT	数据位	DO（MISO）	数据输出
8	DAT1	数据位 1	RSV	保留	RSV	保留
9	DAT2	数据位 2	RSV	保留	RSV	保留

13.1.4 SD 的类与函数

如果使用 SPI 接口总线连接 SD 卡并编程读写 SD 卡，可使用 SD 的类与函数。

1. 创建 SD 卡对象

创建 SD 卡对象使用 SDCard 类，其语法格式如下：

$$sd = sdcard.SDCard(spi, cs)$$

sd 为创建的 SD 卡对象名称，sdcard 为模块文件名（SDCard 类在 sdcard.py 文件中），spi 为已创建 SPI 对象名称，cs 为连接 SD 卡 CS 引脚的单片机引脚编号。

2. 挂载 SD 卡

读写 SD 时应先用 mount 函数挂载 SD 卡，其语法格式如下：

$$os.mount(sd, "/sd")$$

os 为内置模块文件名，"/sd" 表示挂载 SD 卡并进入根目录。

3. 输出根目录下的文件夹

输出根目录下的文件夹使用 listdir 函数，其语法格式如下：

$$os.listdir("/sd")$$

os 为内置模块文件名，"/sd" 表示 SD 卡的根目录。

4. 卸载 SD 卡

如果要退出与 SD 卡的连接可使用 umount 函数卸载 SD 卡，其语法格式如下：

$$os.umount("/sd")$$

os 为内置模块文件名，"/sd" 表示 SD 卡的根目录。

13.2 SPI 总线通信读写 SD 卡的电路及编程实例

13.2.1 单片机使用 SPI 总线连接 SD 卡的电路

ESP32 单片机使用 SPI 总线连接 SD 卡的电路如图 13-4 所示，SD 卡有 9 个引脚，SPI 通信时只用到其中 6 个引脚，Micro SD 卡只有 8 个引脚，SD 卡有 2 个 VSS 引脚（电源负），而 Micro SD 卡少了一个 VSS 引脚。上电后单片机内部程序运行，通过 SPI 总线往 SD 卡指定文件写入内容，如果按下 k1 键，单片机通过 SPI 总线从 SD 卡指定文件读取内容。

13.2.2 SD 卡的格式化、创建文件夹和文件

1. 格式化 SD 卡

为了方便编程读写 SD 卡，建议先将 SD 卡格式化。先将 SD 卡插入 SD 卡读写器（SD 读卡器），再将读写模块插入计算机的 USB 口，计算机自动将其识别为 U 盘，如图 13-5 所示。用鼠标右键单击读写模块对应的 U 盘图标，在弹出的右键菜单中选择"格式化"，出现"格式化 U 盘"窗口，文件系统一项选择"FAT32"，其他项保持默认，单击"开始"，等待一段时间后即可完成 SD 卡的格式化。

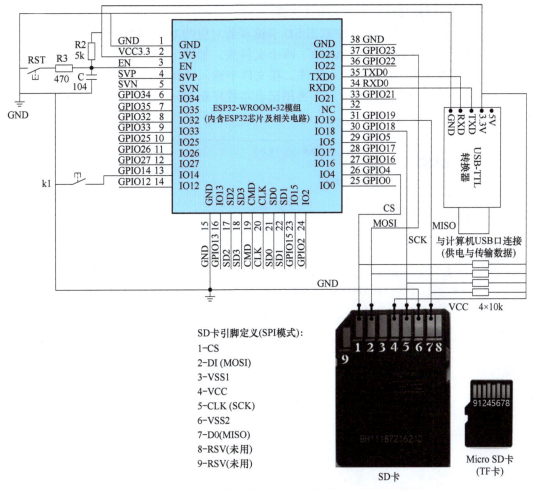

图 13-4　ESP32 单片机使用 SPI 总线连接 SD 卡的电路

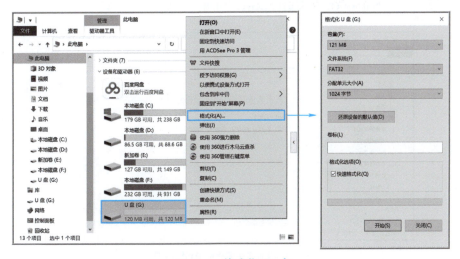

图 13-5　格式化 SD 卡

2. 在 SD 中创建文件夹和要读写的文件

在"此电脑（我的电脑）"中双击 SD 卡读写器对应的 U 盘图标，打开 U 盘进入 SD 根目录，在此新建"rtest"和"wtest"两个文件夹，如图 13-6a 所示，然后打开计算机中的记事本程序，新建一个 r1.txt 文件，在文件中输入"我是一只小小小鸟！"，并保存在 rtest 文件夹中，如图 13-6b 所示，再用记事本程序新建一个 w1.txt 空白文件，保存在 wtest 文件夹中，如图 13-6c 所示。

a) 在SD卡根目录新建"rtest"和"wtest"两个文件夹

b) 在rtest文件夹中新建r1.txt文件(文件中输入"我是一只小小小鸟！")

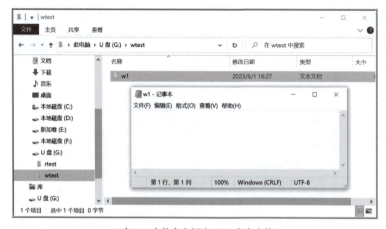

c) 在wtest文件夹中新建w1.txt空白文件

图 13-6　在 SD 卡中创建文件夹和要读写的文件

13.2.3 通过 SPI 总线读写 SD 卡并显示读取内容的程序及说明

ESP32 单片机使用 SPI 总线读写 SD 卡并显示读取内容的程序及说明如图 13-7 所示。程序中的 SDCard 类与函数在 sdcard.py 模块文件中，这个文件不是内置模块，要从外部获得（可在网上搜索下载，也可以从本书提供的源代码中找到），将该文件复制到主程序 main.py 文件的同一文件夹中，再将其上传到 ESP32 单片机中，如果不上传 sdcard.py 文件到单片机，仅 main.py 文件是不能正常运行的。

图 13-7 SPI 总线读写 SD 卡并显示读取内容的程序及说明

程序先导入 machine、sdcard、time、os 模块和 SPI、Pin 类，接着用 Pin 类将 GPIO14 引脚配置为输入上拉模式以用作 k1 键的输入引脚，用 SPI 类创建 spi 对象，该对象使用 SPI2 硬件接口，该接口使用 GPIO18、GPIO23、GPIO19 引脚分别连接 sck、mosi、miso 线，再用 SDCard 类创建 sd 对象，该对象通信接口使用 spi 对象且 GPIO4 引脚连接 CS 片选线，之后执行主程序。

在主程序中，先执行 mount 函数挂载 SD 卡（让单片机与 SD 卡建立连接），接着执行 listdir 函数获取 SD 根目录下的文件夹，并用 print 函数将这些文件夹在 Shell 区显示出来，再计算 addxy 的值，然后执行 open 函数，按"/sd/wtest/"路径打开 w1.txt 文件，执行 Write 函数往该文件中写入"x、y 值之和为'addxy 值的字符'"，w1.txt 文件写入的内容如图 13-8 所示。之后反复执行 while 语句中的循环体来检测 k1 键的状态，如果 k1 键按下，则从 SD 卡 rtest 文件夹的 r1.txt 文件中读取内容，并将读取的内容在 Shell 区显示出来。

241

图 13-8　程序往 w1.txt 文件写入的内容

13.3　RFID 卡读写模块的使用及编程实例

13.3.1　RFID 卡读写模块（读写器）介绍

RFID（Radio Frequency Identification）意为射频识别，RFID 卡又称射频 IC 卡或 RFID 电子标签，其与读写模块之间进行非接触式的数据通信，从而达到识别目标的目的。RFID 应用非常广泛，典型应用有门禁系统、汽车防盗、停车系统、生产线自动化和物料管理等。一个完整的 RFID 系统由读写器（Reader）、电子标签（Tag）和应用软件系统。

1. 外形和引脚功能

RFID 卡读写模块的功能是在控制器（如单片机或计算机）的控制下将数据写入 RFID 卡或从 RFID 卡读取数据。图 13-9 是采用 MF/RC522 芯片的 RFID 卡读写模块及引脚功能。

2种形状的RFID卡

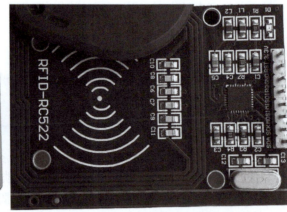

图 13-9　采用 MF/RC522 芯片的 RFID 卡读写模块

2. MF/RC522 芯片与 RFID 卡

（1）MF/RC522 芯片

MF/RC522 芯片引脚功能与内部组成电路如图 13-10 所示。

MF/RC522 是应用于 13.56MHz 非接触式通信中高集成度的读写卡芯片，是 NXP 公司推出的一款低电压、低成本、体积小的非接触式读写卡芯片，非常适用于智能仪表和便携式手持设备。MF/RC522 利用了先进的调制和解调电路，完全集成了在 13.56MHz 下所有类型的被动非接触式通信方式和协议，支持 14443A 兼容应答器信号，数字部分处理 ISO14443A 帧和错误检测。此外还支持快速 CRYPTO1 加密算法，用于验证 MIFARE 系列产品。MF/RC522 支持 MIFARE 系列更高速的非接触式通信，双向数据传输速率高达 424kbit/s。MF/RC522 与 MF/RC500 和 MF/RC530 有不少相似之处，同时也具备许多特点和差异。MF/RC522 读写模块与主机间通信提供了 SPI 模式、I²C 总线模式和 UART 串口模式，一般情况下采用 SPI 模式，有利于减少连线，缩小 PCB 的体积，降低成本。

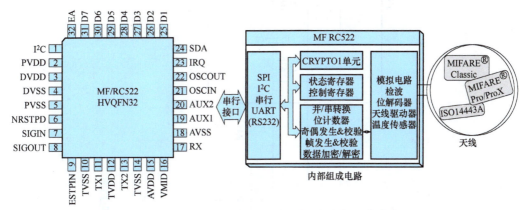

图 13-10　MF/RC522 芯片引脚功能与内部组成电路

（2）RFID 卡

RFID 卡外形可以是各种形状，而电气部分只由一个天线和 ASIC（专用集成电路）组成。RFID 卡的天线只有几匝的线圈，ASIC 由一个高速的 RF 接口，一个控制单元和一个容量为 8k 位的 EEPROM 组成。

在工作时，RFID 卡读写模块向 RFID 卡发射一组固定频率（13.56MHz）的电磁波，卡片内有一个 LC 串联谐振电路，其频率与读写模块发射的频率相同，LC 谐振电路接收该电磁波（类似收音机收台）并处理得到电流对电容充电。当电容两端电压达到 2V 时，该电容两端的电压可作为卡片内 ASIC 电路的电源，ASIC 将卡内的数据发射出去或接收读写模块发射的数据。

3. 电路及工作原理

图 13-11 RFID 卡读写模块的典型结构及电路图。单片机通过 SPI 接口与 MF522 芯片的 SCK、MOSI、MISO、SDA 引脚连接通信，对 MF522 芯片内寄存器的读写进行控制。MF522 芯片收到 MCU 发来的命令后，按照非接触式射频卡协议格式，通过天线及其匹配电路向附近发出一组固定频率的调制信号（13.56MHz）进行寻卡，若此范围内有卡片存在，卡片内部的 LC 谐振电路接收该电磁波并处理得到电流对电容充电，当电容两端电压达到 2V 时，该电压可作为卡片内 ASIC 电路的电源。当检测到有卡片处在读写模块的有效工作范围内时，MCU 向卡片发出寻卡命令，卡片将回复卡片类型，建立卡片与读写模块的第一步联系。若同时有多张卡片在天线的接收范围内，读写模块通过启动防冲撞机制，根据卡片序列号来选定一张卡片，被选中的卡片再与读写模块进行密码校验，确保读写模块对卡片有操作权限以及卡片的合法性，而未被选中的则仍然处在闲置状态，等待下一次寻卡命令。密码验证通过之后，就可以对卡片进行读写等应用操作。

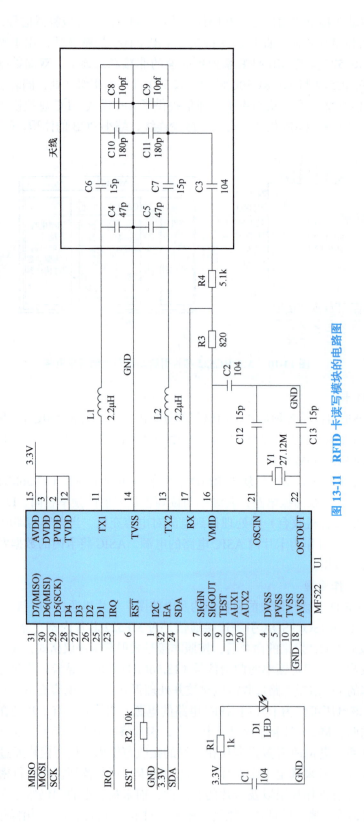

图 13-11 RFID 卡读写模块的电路图

13.3.2 单片机连接 RFID 卡读写模块和 LED 的电路

ESP32 单片机连接 RFID 卡读写模块和 LED 的电路如图 13-12 所示。接通电源后，如果未按下 k1 键，单片机的 GPIO14 引脚输入高电平，内部运行读卡程序，通过 GPIO18、GPIO23、GPIO19、GPIO5 引脚与 RFID 卡读写模块的 SCK、MOSI、MISO、SDA 引脚进行 SPI 连接通信，控制读写模块从 RFID 卡读取数据，读取的数据会传送到单片机。如果读取的数据与指定数据相同，单片机从 GPIO15 引脚输出高电平，持续 10s 后变为低电平，led1 亮 10s 后熄灭。如果按下 k1 键，单片机 GPIO14 引脚输入低电平，内部运行写卡程序，通过 GPIO18、GPIO23、GPIO19、GPIO5 引脚控制 RFID 卡读写模块，将数据通过读写模块写入 RFID 卡，如果数据写入成功，单片机从 GPIO15 引脚输出高电平，持续 0.2s 后变为低电平，led1 闪烁一次。

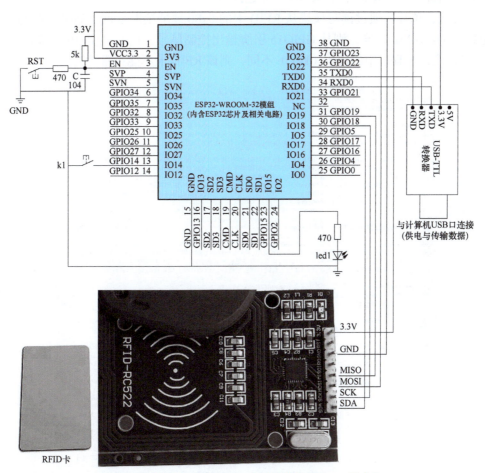

图 13-12 单片机连接 RFID 卡读写模块和 LED 的电路

13.3.3 通过 SPI 控制读写模块读写 RFID 卡和控制 LED 的程序及说明

在 Thonny 软件中编写控制读写模块读写 RFID 卡的程序需要用到 mfrc522.py 模块文件，该文件不是系统自带模块，需要从外部将其复制到项目文件夹，再上传到 ESP32 单片机中，如图13-13所示。

在main文件中编写的SPI通信控制读写模块读写RFID卡和控制LED的程序及说明如图13-14a所示。在Thonny软件中单击工具栏上的 ⊙ 工具，程序被写入单片机的内存并开始运行。按下单片机GPIO14引脚外接的k1键，单片机运行写卡函数（RFIDwrite），将RFID卡靠近读写模块的感应区，单片机马上通过读写模块向RFID卡的0x80地址写入字节数据0x00~0x0f，同时在Shell区显示有关内容，如图13-14b所示，若松开k1键，单片机则运行读卡函数（RFIDread），将RFID卡靠近读写模块的感应区，单片机通过读写模块从RFID卡的0x80地址读取数据，如果读取的数据与指定数据（0,1~15）相同，则从GPIO15引脚输出控制信号，让led1亮10s再熄灭。如果RFID卡的密码与程序中的密码（key）不同，则该RFID卡不能正常读写。

图13-13 将mfrc522.py文件复制到项目文件夹并上传到ESP32单片机中

```
1  '''用RC522感应模块读写RFID卡和控制LED：单片机使用SPI接口与MFRC522感应（读写）模块连接，未按k1键时，
2  执行RFIDread函数从RFID卡读取数据，如果读取的数据与指定数据相同，让led1亮10s后熄灭，按下k1键时，执行
3  RFIDwrite函数往RFID卡写入数据，数据写入成功则led1闪烁一次
4  '''
5  from time import sleep_ms               #从time模块导入sleep_ms函数
6  from machine import Pin,SoftSPI          #从machine模块导入Pin类和SoftSPI类
7  from mfrc522 import MFRC522              #从mfrc522模块导入MFRC522类
8
9  k1=Pin(14,Pin.IN,Pin.PULL_UP)    #用Pin类将GPIO14引脚设为输入模式且内接上拉电阻，再用k1代表该对象
10 sck=Pin(18,Pin.OUT)      #用Pin类将GPIO18引脚创建成名为sck的对象，将其设为输出模式
11 mosi=Pin(23,Pin.OUT)     #用Pin类将GPIO23引脚创建成名为mosi的对象，将其设为输出模式
12 miso=Pin(19,Pin.OUT)     #用Pin类将GPIO19引脚创建成名为miso的对象，将其设为输出模式
13 sda=Pin(5,Pin.OUT)       #用Pin类将GPIO5引脚创建成名为sda的对象，将其设为输出模式
14 spi=SoftSPI(baudrate=100000,sck=sck, mosi=mosi, miso=miso)
15                         #用SoftSPI类创建名称为spi的软件SPI接口对象，配置其sck为100000Hz，
16                         #sck、mosi、miso线分别使用GPIO18、GPIO23、GPIO19引脚
17 led1=Pin(15,Pin.OUT,Pin.PULL_DOWN) #用Pin类将GPIO15引脚创建成名称为led1的对象，将其设为输出模式
18
19 '''RFIDread函数的功能是从RFID卡读取数据。在函数中先执行MFRC522将SPI接口配置成与RFID读写模块通信的
20 接口，然后执行request函数检测RFID卡并读其类型，执行anticoll函数读取卡的ID(序列号)，接着执行select_tag
21 函数检查卡ID，若符合要求则执行auth函数，检查读取地址、密码和卡ID，三者都没问题时再执行read函数，从指定
22 地址读取数据并存入Rdata变量，如果读取的数据与指定数据(0,1~15)相同，让led1亮10s后再熄灭
23 '''
24 def RFIDread():          #定义名称为RFIDread的函数
25     Rrfid=MFRC522(spi,sda) #用MFRC522类创建通信对象Rrfid,通信接口用spi对象，sda(GPIO5)为CS片选端
26     (stat,tag_type)=Rrfid.request(0x26) #执行request函数，按0x26命令要求反复读卡，读卡的状态和
27                         #读取的卡类型分别存入stat和tag_type
28     if stat==0:         #如果stat值为0,说明读取到卡片类型，执行下方缩进代码
29         (stat,raw_uid)=Rrfid.anticoll() #执行anticoll函数，以防重叠方式读取卡ID号(序列号)，
30                         #存入raw_uid,读取成功将0返回给stat
31         if stat==0:     #如果stat值为0,说明读取到卡ID号，执行下方缩进代码
32             print("检测到射频卡！")        #在Shell区显示"检测到射频卡！"
33             print("卡类型: 0x%02x" %tag_type) #Shell区显示"卡类型:0x tag_type值"，%02x用于指定
34                         #后面%之后的tag_type值以2位十六进制数形式显示
35             print("卡ID: 0x%02x%02x%02x%02x" %(raw_uid[0],raw_uid[1],raw_uid[2],raw_uid[3]))
36                         #在Shell区显示"卡ID:raw_uid前4组值"
37             if Rrfid.select_tag(raw_uid)==0: #执行select_tag函数，若成功读取卡ID则返回0,等式成立
38                 key=[0xFF,0xFF,0xFF,0xFF,0xFF,0xFF] #创建一个名称为key的列表，包含6个0xFF
39                 if Rrfid.auth(Rrfid.AUTHENT1A,0x08,key,raw_uid)==0:   #执行auth函数，校验读取地址
40                         #0x80、key和raw_uid值，都没问题(AUTHENT1A)函数返回0
41                     Rdata=Rrfid.read(0x08)   #执行read函数，从0x80地址读取数据并存入变量Rdata
42                     Rrfid.stop_crypto1()     #执行stop_crypto1函数，停止加密
43                     print("0x80地址读取的数据:%s" %Rdata)  #在Shell区显示"0x80地址...:Rdata值"
44                     if Rdata==[0,1,2,3,4,5,6,7,8,9,10,11,12,13,14,15]: #如果从0x80地址读取的
45                         #数据与[]中的数据相同，则执行下方缩进代码
46                         led1.value(1)         #让led1对象的值为1,即GPIO15引脚输出高电平，点亮led1
47                         sleep_ms(10000)       #延时10s,led1亮10s
48                         led1.value(0)         #让led1对象的值为0,熄灭led1
49                     else:                    #否则(即从0x80地址读取的数据与[]中的数据不同)
50                         print("读取的数据与指定数据不一致！") #在Shell区显示"读取的数据与...一致！"
51                 else:                        #否则(即auth函数返回值不为0),执行下方缩进代码
52                     print("卡校验失败")        #在Shell区显示"卡校验失败"
53     print("----------")                      #在Shell区显示"--------",视觉上分隔上下次显示内容
54     sleep_ms(3000)                           #延时3s
55
```

a) 程序

图13-14 通过SPI控制读写模块读写RFID卡和控制LED的程序及运行显示

```python
'''RFIDwrite函数的功能是往RFID卡写数据。在函数中先执行MFRC522类将SPI接口配置成与RFID读写模块通信的
接口，然后执行request函数检测RFID卡并读其类型，执行anticoll函数读卡的ID，接着执行select_tag函数检查
卡ID，若符合要求则执行auth函数，检查写入地址、密码和卡ID，三者都没问题时再执行write函数，将16个字节数据
0x00~0x0f写入RFID卡的0x80地址，若数据写入成功，led1会闪烁一次
'''
def RFIDwrite():                    #定义名称为RFIDwrite的函数
    Wrfid=MFRC522(spi,sda)          #用MFRC522类创建通信对象Wrfid,通信接口用spi对象,sda(GPIO5)为CS片选端
    print("请将RFID卡片放置在感应区,准备写卡！")  #在Shell区显示"请将RFID卡放置在感应区,准备写卡！"
    (stat,tag_type)=Wrfid.request(0x26)  #执行request函数，按0x26命令要求反复读卡片，读卡的状态和
                                    #读取的卡类型分别存入stat和tag_type
    if stat==0:                     #如果stat值为0,说明读取到卡片类型,执行下方缩进代码
        (stat,raw_uid)=Wrfid.anticoll()  #执行anticoll函数,以防重叠方式读取卡ID号,存入raw_uid,
                                    #读取成功将0返回给stat
        if stat==0:                 #如果stat值为0,说明读取卡ID号(序列号),执行下方缩进代码
            print("检测到射频卡！")      #在Shell区显示"检测到射频卡！"
            print("卡类型: 0x%02x" % tag_type)  #Shell区显示"卡类型:0x tag_type值",%02x用于指定
                                    #后面%之后的tag_type值以2位十六进制数形式显示
            print("卡ID: 0x%02x%02x%02x%02x" %(raw_uid[0],raw_uid[1],raw_uid[2],raw_uid[3]))
                                    #在Shell区显示"卡ID:raw_uid的前4组值"
            if Wrfid.select_tag(raw_uid)==0:  #执行select_tag函数,若卡ID符合要求则返回0,等式成立
                key=[0xFF,0xFF,0xFF,0xFF,0xFF,0xFF]  #创建一个名称为key包含6个0xFF的列表
                if Wrfid.auth(Wrfid.AUTHENT1A,0x08,key,raw_uid)==0:  #执行auth函数,校验写入地址
                                    #0x80、key和raw_uid值,若都没问题(AUTHENT1A)函数返回0
                    WRdata=b"\x00\x01\x02\x03\x04\x05\x06\x07\x08\x09\x0a\x0b\x0c\x0d\x0e\x0f"
                                    #将要写入RFID卡的16个字节数据x00~x0f存入变量WRdata
                    stat=Wrfid.write(0x08,WRdata)  #执行write函数,将数据0x00~0x0f写入卡片的
                                    #0x08地址,数据写入成功后函数返回0并赋给stat
                    Wrfid.stop_crypto1()  #执行stop_crypto1函数,停止加密
                    if stat==0:     #如果数据写入成功,stat为0,等式成立,执行下方缩进代码
                        print("数据成功写入卡内！")  #在Shell区显示"数据成功写入卡内！"
                        led1.value(1)  #让led1对象的值为1,即GPIO15引脚输出高电平,led1点亮
                        sleep_ms(200)  #延时0.2s
                        led1.value(0)  #让led1对象的值为0,led1熄灭
                    else:           #如果数据写入失败,执行下方缩进代码
                        print("数据写入失败！")  #在Shell区显示"数据写入失败！"
                else:               #如果auth函数返回值不为0,执行下方缩进代码
                    print("身份验证出错")  #在Shell区显示"身份验证出错！"
            else:                   #如果select_tag函数返回值不为0,执行下方缩进代码
                print("选卡失败")      #在Shell区显示"选卡失败！"
    sleep_ms(3000)                  #延时3s
    print("----------")              #在Shell区显示"------",视觉上分隔上下次显示内容

'''主程序：k1键未按下时执行RFIDwrite函数,从RFID卡读取数据,k1键按下时执行RFIDwrite函数,往RFID卡
写入数据'''
if __name__=='__main__':            #如果当前程序文件为main主程序(顶层模块),则执行冒号下方的缩进代码块
    while True:                     #while为循环语句,若右边的值为真或表达式成立,反复执行下方的循环体
        if k1.value()==0:           #如果k1键按下,GPIO14引脚(k1对象)输入值为低电平,等式成立
            RFIDwrite()             #执行RFIDwrite函数,往RFID卡写入数据
        else:                       #否则(即k1键未按下),执行下方缩进代码
            RFIDread()              #执行RFIDread函数,从RFID卡读取数据
```

a) 程序（续）

```
>>> %Run -c $EDITOR_CONTENT
请将RFID卡片放置在感应区,准备写卡！
检测到射频卡！
卡类型: 0x10
卡ID: 0x91989709         } k1键闭合时运行写卡程序,RFID卡接近读写器感应区时开始写卡,写卡成功
数据成功写入卡内！
----------
请将RFID卡片放置在感应区,准备写卡！
检测到射频卡！
卡类型: 0x10
卡ID: 0xc37068b9         } 写卡失败
身份验证出错
----------
检测到射频卡！
卡类型: 0x10
卡ID: 0x91989709         } k1键断开时运行读卡程序,RFID卡接近读写器感应区时开始读卡,读卡成功
0x80地址读取的数据:[0, 1, 2, 3, 4, 5, 6, 7, 8, 9, 10, 11, 12, 13, 14, 15]
----------
检测到射频卡！
卡类型: 0x10
卡ID: 0xc37068b9         } 读卡失败
卡校验失败
----------
```

b) 程序运行时Shell区的显示内容

图 13-14　通过 SPI 控制读写模块读写 RFID 卡和控制 LED 的程序及运行显示（续）

第 14 章 单片机连接 WiFi 网络与计算机进行通信

14.1 单片机 WiFi 方式连接无线网络

14.1.1 WiFi 组网方式

无线保真（Wireless Fidelity，WiFi）是当今使用最广泛的一种无线网络传输技术。当两台设备建立无线 WiFi 连接后，如果一台设备要往对方传送数据，会将数据调制到 2.4GHz 或 5GHz 的无线电波信号中（例如人坐到车中去远行），对方接收后从该信号中解调出的数据（到目的地后人从车中下来），这样就完成了数据的传送，通信双方都可以收发数据。

WiFi 组网方式

两台或多台设备以 WiFi 方式连接时就构成一个 WiFi 网络，WiFi 组网方式很多，图 14-1 是两种常见的 WiFi 组网方式。

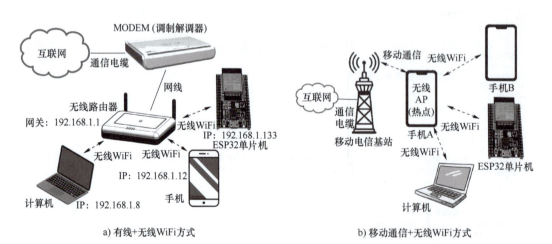

图 14-1 两种常见的 WiFi 组网方式

图 14-1a 为有线 + 无线 WiFi 组网方式。在从互联网（连接到同一广域网的计算机

或其他上网设备）接收数据时，互联网（Internet）上的数据经调制后通过通信电缆传送给 MODEM（调制解调器），由其解调后得到的数据通过网线送到无线路由器，再调制成 2.4GHz 或 5GHz 的无线电波信号向周围发射。若计算机 / 手机 / 单片机已经与无线路由器建立通信连接，就可以接收到该无线电波信号并从中解调出数据；在向互联网发送数据时，计算机 / 手机 / 单片机将要发送的数据调制到 2.4GHz 或 5GHz 的无线电波信号中向周围发射，无线路由器接收到该无线电波信号后，从中解调出数据通过网线送到 MODEM，经其调制后通过通信电缆送往互联网。

图 14-1b 为移动通信 + 无线 WiFi 组网方式。在该方式中，手机 A 被设成无线 AP（热点，无线网络接入点）充当路由器，其除了使用 WiFi 方式与已建立连接的计算机 / 手机 B 之间双向通信外，还使用移动通信方式与移动基站进行双向通信。

14.1.2 IP 地址

以太网中的各设备在通信时，必须为每个设备设置不同的 IP 地址，IP 是英文 Internet Protocol 的缩写，意思是"网络之间互连协议"。

1. IP 地址、子网掩码和网关

在以太网通信时，处于以太网络中的设备要有不同的 IP 地址，这样才能找到通信的对象。 以太网 IP 地址由 IP 地址、子网掩码和网关组成，如图 14-2 所示。

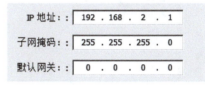

图 14-2　IP 地址的组成

IP 地址由 32 位二进制数组成，分为 4 组，每组 8 位（数值范围为 00000000~11111111），各组用十进制数表示（数值范围 0~255），前三组组成网络地址，后一组为主机地址（编号）。**如果两台设备 IP 地址的前三组数相同，表示两台设备属于同一子网，同一子网内的设备主机地址不能相同，否则将产生冲突。**

子网掩码与 IP 地址一样，也是由 32 位二进制数组成，分为 4 组，每组 8 位，各组用十进制数表示。**子网掩码用于检查以太网内的各通信设备是否属于同一子网。** 在检查时，将子网掩码 32 位的各位与 IP 地址的各位进行"与"运算（1·1=1，1·0=0，0·1=0，0·0=0），如果某两台设备的 IP 地址（如 192.168.1.6 和 192.168.1.28）分别与子网掩码（255.255.255.0）进行与运算，得到的结果相同（均为 192.168.1.0），表示这两台设备属于同一个子网。

网关（Gateway）又称网间连接器、协议转换器，是一种具有转换功能，能将不同网络计算机系统或设备（如路由器）连接起来。 同一子网（IP 地址前三组数相同）的两台设备可以直接用网线（或无线 WiFi 网络）连接进行以太网通信，同一子网的两台以上设备通信需要用到以太网交换机，不需要用到网关，**如果两台或两台以上设备的 IP 地址不属于同一子网，其通信就需要用到网关（路由器）。** 网关可以将一个子网内的某设备发送的数据包转换后发送到其他子网内的某设备内，反之同样也能进行。如果通信设备处于同一个子网内，不需要用到网关，故可不用设置网关地址。

2. 计算机 IP 地址的设置及查询

打开计算机控制面板中的"网络和共享中心"（以操作系统为 Windows7 为例），

在"网络和共享中心"窗口的左方单击"更改适配器设置",会出现图 14-3a 所示窗口,双击"本地连接",弹出本地连接状态对话框,单击左下方的"属性"按钮,弹出本地连接属性对话框,如图 14-3b 所示。从中选择"Internet 协议版本 4(TCP/IPv4)",再单击"属性"按钮,弹出图 14-3c 所示的对话框,选择"使用下面的 IP 地址"项,在此可查看或设置计算机的 IP 地址、子网掩码和默认网关,计算机与同一网络中其他设备的 IP 地址不能相同(两者的 IP 地址前三组数要相同,最后一组数不能相同),子网掩码固定为 255.255.255.0,单击"确定"按钮完成计算机的 IP 地址设置。

a) 双击"本地连接"弹出本地连接状态对话框

b) 在对话框中选择"…(TCP/IPv4)"

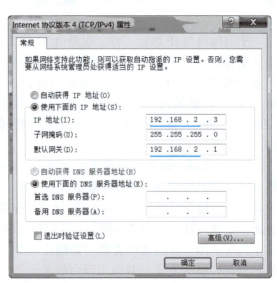

c) 设置IP地址

图 14-3 设置计算机的 IP 地址

14.1.3 WLAN 的类与函数

ESP32 单片机自带 WiFi 模块，可以像手机一样用作客户端与路由器进行 WiFi 连接，也可以用作无线 AP 与客户端进行 WiFi 连接。在 MicroPython 编程配置 ESP32 单片机的 WiFi 模块时，使用 network 模块中的 WLAN 类与函数非常方便。

1. 创建 WLAN 对象

创建 WLAN 对象使用 network 模块中的 networkWLAN 类，其语法格式如下：

$$wlan=networkWLAN(interface\_id)$$

wlan 为创建的 WLAN 对象名称，interface_id 为 WLAN 对象的 WiFi 接入类型，有 network.AP_IF（AP 热点）和 network.STA_IF（客户端）两种类型。

2. 激活 WLAN 对象

激活 WLAN 对象使用 WLAN 类中的 active 函数（又称方法），其语法格式如下：

$$wlan.active([is\_active])$$

wlan 为创建的 WLAN 对象名称，is_active 为激活选项（为 True 表示激活；为 False 表示关闭），如果该项为空则查询 WLAN 对象当前的激活状态。

3. 用密码和名称连接指定的无线网络

用密码和名称连接指定的无线网络使用 connect 函数，其语法格式如下：

$$wlan.connect(ssid=None, password=None, bssid=None)$$

ssid 为连接的无线网络名称，password 为连接的无线网络密码，如果给出了 bssid（基本 ssid），则连接将被限制为具有该 MAC 地址的接入点（在这种情况下还必须指定 ssid）。

4. 扫描可用的无线网络

扫描可用的无线网络使用 scan 函数，其语法格式如下：

$$wlan.scan()$$

只有 WLAN 对象为客户端类型时才可使用该函数，函数返回包含 WiFi 接入点信息的 6 个元素的元组（ssid, bssid, channel, RSSI, authmode, hidden）。

ssid 为连接的无线网络名称；bssid 是访问点的硬件地址（MAC 地址），以二进制形式，作为字节对象返回；channel 为 WiFi 通道（整数）；RSSI 为 WiFi 接收信号强度的相对值（负值，最大为 0）；authmode 为 WiFi 支持的认证模式（有 5 个值）：0 表示 open，1 表示 WEP，2 表示 WPA-PSK，3 表示 WPA2-PSK，4 表示 WPA/WPA2-PSK；hidden 指示 ssid 是否隐藏：0 表示可见，1 表示隐藏。

5. 断开当前连接的无线网络

断开当前连接的无线网络使用 disconnect 函数，其语法格式如下：

$$wlan.disconnect()$$

6. 检测是否已连接上无线网络

检测是否已连接上无线网络使用 isconnected 函数，其语法格式如下：

$$wlan.isconnected()$$

如果已连接上无线网络时返回 True，未连接则返回 False。

7. 获取无线连接的当前状态信息

获取无线连接的当前状态使用 status 函数，其语法格式如下：

$$wlan.status()$$

函数返回值反映无线网络当前的状态信息，返回值有：STAT_IDLE（表示无连接，无活动）、STAT_CONNECTING（表示正在进行连接）、STAT_WRONG_PASSWORD（表示由于密码错误而失败）、STAT_NO_AP_FOUND（表示失败，因为没有接入点回复）、STAT_CONNECT_FAIL（表示由于其他问题而失败）、STAT_GOT_IP（表示连接成功）。

8. 设置或获取无线网络的 IP 参数

设置或获取无线网络的 IP 参数使用 ifconfig 函数，其语法格式如下：

$$wlan.ifconfig([ip, subnet, gateway, dns])$$

ip 为 IP 地址，subnet 为子网掩码，gateway 为网关地址，dns 为 DNS 服务器地址。如果给出了参数值，则将无线网络相应参数设为该值，若未给出任何参数，函数会返回含上述 4 个参数的元组。

例如，wlan.ifconfig('192.168.0.6', '255.255.255.0', '192.168.0.1', '192.168.0.1')

9. 设置或获取一般网络参数

设置或获取一般网络参数使用 config 函数，其语法格式如下：

$$wlan.config('param')$$
$$wlan.config(param=value, ...)$$

该函数可以使用较标准 IP 配置（如 ifconfig 函数）更多的附加参数，这些包括特定于网络和特定于硬件的参数。如果设置网络参数，应使用关键字参数语法（param=value），可以一次设置多个参数；如果要查询获取网络参数，参数名应以字符串的形式引用，一次只能查询一个参数。

config 函数可用的参数见表 14-1，参数的可用性取决于网络技术类型、驱动程序和 MicroPython 端口。

表 14-1　config 函数可能支持的参数

参数	说明
mac	MAC 地址（字节 bytes）
essid	WiFi 接入点名称（字符串）
channel	WiFi 通道（整数）
hidden	ESSID 是否隐藏（布尔值）
authmode	支持认证模式（枚举）
password	访问密码（字符串）
dhcp_hostname	要使用的 DHCP 主机名
reconnects	尝试重新连接的次数（整数，0 表示无，−1 表示无限制）

14.1.4 单片机以 WiFi 方式连接无线网络的电路

单片机以 WiFi 方式连接路由器的电路如图 14-4 所示。单片机通电后自动搜索周围可用的 WiFi 网络，然后用指定 ssid、password 连接指定的 WiFi 网络（路由器），在连接过程中 led1 闪烁，如果 15s 内未连接成功 led1 熄灭，连接成功 led1 常亮。

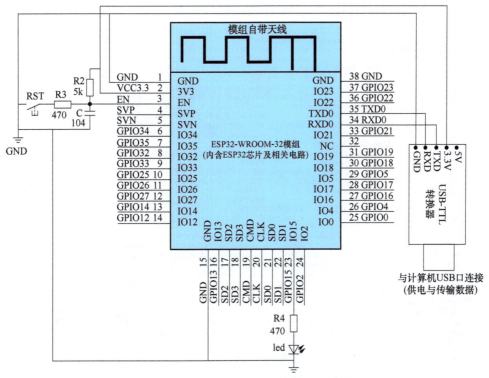

图 14-4 单片机以 WiFi 方式连接路由器的电路

14.1.5 单片机以 WiFi 方式连接无线网络的程序及说明

单片机以 WiFi 方式连接无线网络的程序及说明如图 14-5a 所示。程序先导入 Pin 类、network 模块和 time 模块，接着用 Pin 类将 GPIO15 引脚设为输出模式以控制 led1 的亮灭，用 network 模块中的 WLAN 类创建名称为 wlan 对象，并将其设为客户端模式，再定义一个 WifiConnect 函数，该函数的功能是激活单片机的 WiFi 模块并连接指定的 WiFi 网络，之后执行主程序。

在主程序中，先执行 active 函数激活启用 wlan 对象（WiFi 模块），接着执行 scan 函数搜索单片机周围可用的 WiFi 网络，并用 print 函数将搜到的这些网络信息在 Shell 区显示出来，然后执行 WifiConnect 函数，用指定的 ssid、password 连接相应的 WiFi 网络，连接过程中 led1 闪烁。如果 15s 内未连接成功，led1 熄灭，在 Shell 区显示 "WiFi 连接超时，连接不成功!"，如图 14-5b 所示；如果连接成功，led1 常亮，在 Shell 区显示连接的 WiFi 网络信息（IP/ 子网掩码 / 网关 /DNS）和名称，如图 14-5c 所示。

```python
'''
单片机用WiFi方式连接无线网络(路由器):先创建wlan对象并激活启用单片机的WiFi功能,再搜索周围可用的WiFi
网络并在Shell区显示这些网络信息,然后用指定的ssid、password连接WiFi网络,如果连接成功则在Shell区显示
连接的WiFi网络信息(IP/子网掩码/网关/DNS)和名称
'''
from machine import Pin                 #从machine模块导入Pin类
import network,time                     #导入network模块和time模块

led1=Pin(15,Pin.OUT)                    #用Pin类将GPIO15引脚创建成名为led1的对象,将其设为输出模式
wlan=network.WLAN(network.STA_IF)       #用network模块中的WLAN类创建名称为wlan对象,将其设为客户端模式

'''WifiConnect函数的功能是设置激活单片机的WiFi模块和用ssid、password连接指定的WiFi网络,连接过程中
led1闪烁,15s内未连接成功led1熄灭,连接成功led1常亮'''
def WifiConnect():                      #定义一个名称为WifiConnect的函数
    wlan.active(True)                   #执行active函数,激活启用wlan对象(单片机的WiFi模块)
    tartTime=time.time()                #执行time模块的time函数,返回2000-01-01 00:00:00到当前时间的总秒数,
                                        #并将总秒数值赋给变量StartTime,此值作为连接网络计时的开始值
    if not wlan.isconnected():          #先执行isconnected函数,检测单片机是否已连接WiFi网络,已连接返回True,
                                        #未连接返回False,not False为True,即未连接WiFi网络则执行下方缩进代码
        wlan.connect(ssid,password)     #执行connect函数,用password密码连接ssid名称的WiFi网络
        print("正在连接网络...")         #在Shell区显示"正在连接网络..."
        while not wlan.isconnected():   #当未连接上WiFi网络时,执行下方的缩进代码
            led1.value(1)               #让led1的值为1(GPIO15引脚输出高电平),点亮led1
            time.sleep_ms(200)          #延时0.2s
            led1.value(0)               #让led1的值为0(GPIO15引脚输出低电平),熄灭led1
            time.sleep_ms(200)          #延时0.2s
            if time.time()-StartTime>15:#将当前时间与开始连接网络的时间相减,若超过15s执行下方代码
                print("WiFi连接超时,连接不成功!") #在Shell区显示"WiFi连接超时,连接不成功!"
                led1.value(0)           #让led1的值为0,即WiFi连接不成功时熄灭led1
                break                   #执行break语句,立即终止当前循环的执行,跳出while语句
    if wlan.isconnected():              #如果单片机已连接上WiFi网络,执行下方缩进代码
        led1.value(1)                   #让led1的值为1,即WiFi连接成功时点亮led1

'''主程序:先激活启用单片机的WIFI功能,接着搜索周围可用的WIFI网络并在Shell区显示出来,然后用指定的ssid、
password连接WiFi网络,如果连接成功则在Shell区显示连接的WIFI网络信息(IP/子网掩码/网关/DNS)和名称'''
if __name__=="__main__":                #如果当前程序文件为main卡程序(顶层模块),则执行冒号下方的缩进代码块
    wlan.active(True)                   #执行active函数,激活启用Wlan对象(WiFi模块)
    nwifi=wlan.scan()                   #执行scan函数,让单片机搜索周围可用的WiFi网络,将这些网络的信息赋给nWiFi
    print("单片机搜到的可用WiFi网络:",nWiFi) #在Shell区显示搜到的可用WiFi网络的信息
    ssid="CXSNB"                        #将要连接的WIFI网络的名称字符串"CXSNB"赋给变量ssid
    password="12345678"                 #将要连接的WiFi网络的密码字符串"12345678"赋给变量password
    WifiConnect()                       #执行WifiConnect函数,先将单片机WiFi模块设为客户端模式,接着激活WiFi模块,再
                                        #用ssid、password连接指定的WIFI网络,连接时在Shell区显示"正在连接网络..."
                                        #且led1闪烁,15s内未连接成功led1熄灭,连接成功led1常亮
    if wlan.isconnected():              #如果单片机已连接上WiFi网络,执行下方缩进代码
        print("--------")               #在Shell区显示"--------",视觉上分隔上下行
        print("单片机连接的WiFi网络信息(IP/子网掩码/网关/DNS):",wlan.ifconfig())
                                        #先执行ifconfig函数,获取已连接的WiFi网络的IP地址等信息,再在Shell区显示这些信息
        print("--------")               #在Shell区显示"--------"
        print("单片机连接的WiFi网络名称:",wlan.config('essid'))
                                        #先执行config('essid')函数,获取单片机当前连接的WiFi网络名称,并在Shell区显示出来
    while True:                         #while为循环语句,若右边的值为真或表达式成立,反复执行下方的循环体
        pass                            #pass表示不进行任何操作,起占位作用,可以删掉pass写其他代码,但不能为空(为空会出错)
```

a) 程序

```
>>> %Run -c $EDITOR_CONTENT
单片机搜到的可用WiFi网络: [(b'CXSSZ', b'\x88\x003w\xe60', 4, -83, 3, False), (b'', b'\x18\xd9
\x8f\xac\x12\x1d', 6, -92, 3, False), (b'2-1102', b'\x18\xd9\x8f\xac\x12\x1c', 6, -92, 3,
False)]
正在连接网络...
WiFi连接超时,连接不成功!
```

b) 未连接到指定WiFi网络时Shell区的显示内容(搜到3个可用的WiFi网络)

```
>>> %Run -c $EDITOR_CONTENT
单片机搜到的可用WiFi网络: [(b'CXSNB', b'j\x04\xf2:89', 4, -43, 3, False), (b'CXSSZ', b'\x88\x
003w\xe60', 4, -68, 3, False)]
正在连接网络...
--------
单片机连接的WiFi网络信息(IP/子网掩码/网关/DNS): ('192.168.219.130', '255.255.255.0', '192.168.2
19.95', '192.168.219.95')
--------
单片机连接的WiFi网络名称: CXSNB
```

c) 成功连接到指定WiFi网络时Shell区的显示内容

图14-5 单片机以WiFi方式连接无线网络的程序及说明

14.2 单片机使用 OLED 屏显示连接的 WiFi 网络名称和 IP 信息

单片机运行程序连接无线 WiFi 网络时，如果单片机与计算机已连接并运行了 Thonny 软件，则可在 Thonny 软件的 Shell 区查看连接的 WiFi 网络名称和 IP 信息；若单片机未连接计算机而单独工作时，用户很难知其连接的 WiFi 网络信息。如果单片机独立运行且必须知道其连接的 WiFi 网络信息，可以给单片机增加 OLED 显示屏和相应的驱动代码，让 OLED 将这些信息显示出来。

14.2.1 单片机连接 OLED 屏显示 WiFi 网络信息的电路

单片机连接 OLED 屏显示 WiFi 网络信息的电路如图 14-6 所示。单片机通电后内部程序运行，先连接指定的 WiFi 网络，连接时 led 闪烁，连接成功后 led 常亮，然后将 WiFi 网络名称和 IP 信息（单片机 IP/ 子网掩码 / 网关 /DNS）发送给 OLED 显示出来。

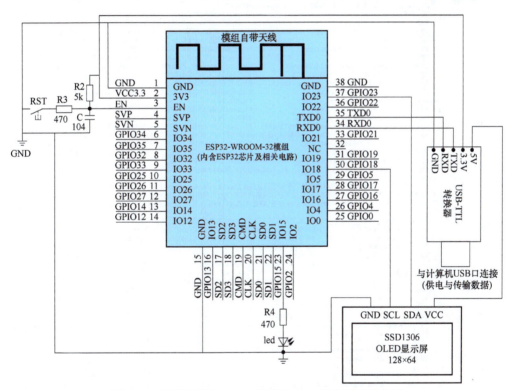

图 14-6　单片机连接 OLED 屏显示 WiFi 网络信息的电路

14.2.2 单片机连接 WiFi 网络并用 OLED 显示网络信息的程序及说明

单片机连接 WiFi 网络并用 OLED 显示网络名称和 IP 信息的程序及说明如图 14-7a 所示。该程序是在前面"单片机以 WiFi 方式连接无线网络的程序"的基础上增加了 OLED 屏驱动模块文件 ssd1306.py 和显示代码（程中方框、下划线标注的代码）。在运行

main 程序前，必须先将 ssd1306.py 模块文件上传到单片机，否则运行 main 程序会出错而无法进行。

在 Thonny 软件中单击工具栏上的 ▶ 工具，程序被写入单片机的内存并开始运行，单片机开始连接指定的 WiFi 网络，连接成功后在 Shell 区显示连接的 WiFi 网络信息，如图 14-7b 所示，同时这些信息也会发送到 OLED 屏进行显示，如图 14-7c 所示。

a) 程序

图 14-7 单片机连接 WiFi 网络用 OLED 显示网络名称和 IP 信息的程序及运行显示

```
Shell
>>> %Run -c $EDITOR_CONTENT
单片机连接的WiFi网络信息(IP/子网掩码/网关/DNS):
('192.168.219.130', '255.255.255.0',
 '192.168.219.22', '192.168.219.22')
--------
单片机连接的WiFi网络名称：CXSNB
```

b) 程序运行时Shell区的显示　　　　　　c) 程序运行时OLED屏的显示

图 14-7　单片机连接 WiFi 网络用 OLED 显示网络名称和 IP 信息的程序及运行显示（续）

14.3　单片机以 WiFi 方式与计算机进行通信

14.3.1　单片机、路由器与其他设备组建通信网络

　　ESP32 单片机用 WiFi 方式与路由器（或手机 AP 热点）连接后，若要与其他设备收发数据，可将该设备也与路由器连接，组成一个局域网，如图 14-8 所示。为了区分不同的设备，局域网中的每台设备都有一个 IP 地址，如果路由器地址为 192.168.1.1，其他设备的地址可以在 192.168.1.2~192.168.1.254 任意选择，但同一局域网中两台设备的 IP 地址不能相同，局域网中的各设备与路由器之间可用无线 WiFi 方式或有线通信（网线）进行连接。

　　ESP32 单片机、路由器和其他设备建立一个局域网后，单片机可以与局域网中的各设备进行通信，收发数据。在收发数据时，先用 socket（套接字）类创建一个 socket 对象（通信接口），然后用 connect 函数连接指定 IP 的设备，该设备需要打开应用程序才能接收单片机发送过来的数据（同时也可以往单片机发送数据），每个应用程序占用一个端口号（1~65535），指定端口号后，单片机就可以与设备的应用程序建立通信通道，然后单片机就可以用 send 函数向该设备的应用程序发送数据，用 recv 函数接收应用程序发送过来的数据。

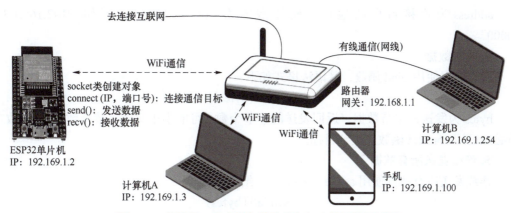

图 14-8　单片机、路由器与其他设备组建的通信局域网

14.3.2 socket 类与函数

ESP32 单片机与指定 IP 的设备建立连接后，还需要用 socket（套接字）与设备的应用程序建立数据传送通道。

1. 创建 socket 对象（通信接口）

创建 socket 对象使用 usocket 模块中的 socket 类，其语法格式如下：

skt=usocket.socket（af=AF_INET, type=SOCK_STREAM, proto=IPPROTO_TCP）

skt 为创建的 socket 对象名称；

af 为 IP 地址类型：AF_INET 表示 IPv4 地址，AF_INET6 表示 IPv6 地址；

type 为 socket 类型：SOCK_STREAM 表示 TCP 类型，SOCK_DGRAM 表示 UDP 类型；

proto 为 IP 协议编号：IPPROTO_TCP 表示 TCP 协议，IPPROTO_UDP 表示 UDP 协议。

当 type 设为 SOCK_STREAM 类型时，proto 会自动选择 IPPROTO_TCP 协议。如果用 socket 类创建对象时无任何参数（af、type 和 proto 参数均为空），则自动选择默认参数值，即 IPV4 地址类型的 TCP 协议。

2. 获取 socket 通信地址信息

获取 socket 通信地址信息使用 usocket 模块中的 getaddrinfo 函数，其语法格式如下：

usocket.getaddrinfo（host, port）

host 为主机域名，port 为通信端口，getaddrinfo 函数返回 socket 连接该主机的 5 个元组通信地址参数，5 个元组参数为（family, type, proto, canonname, sockaddr）。

举例如下：

addr=usocket.getaddrinfo（'www.sohu.com', 80）

print（addr）

运行结果：[(2, 1, 0, 'www.sohu.com', ('113.105.162.121', 80))]

3. 连接地址指定的目标

连接地址指定的目标使用 connect 函数，其语法格式如下：

skt.connect（address）

address 为连接目标的地址，地址格式为"IP+端口号"，例如"'192.168.1.3', 10000"。

4. 发送数据

发送数据使用 send 函数，其语法格式如下：

skt.send（bytes）

bytes 为发送的字节数据，返回发送的字节个数（可能小于实际字节个数），发送数据前必须已用 connect 函数连接到目标。

5. 连续发送所有数据

连续发送所有数据使用 sendall 函数，其语法格式如下：

skt.sendall（bytes）

bytes 为发送的字节数据，该函数通过连续发送数据块来发送所有数据，发送数据前必须已用 connect 函数连接到目标。

6. 往指定地址发送数据

往指定目标地址发送数据使用 sendto 函数，其语法格式如下：

$$skt.sendto(bytes, address)$$

bytes 为发送的字节数据，address 为发送数据的目标地址，发送数据前无须用 connect 函数连接到目标。

7. 接收数据

接收数据使用 recv 函数，其语法格式如下：

$$skt.recv(bufsize)$$

bufsize 为单次最大接收字节个数，函数返回接收的字节数据。

8. 接收数据和地址

接收数据和地址使用 recvfrom 函数，其语法格式如下：

$$skt.recvfrom(bufsize)$$

bufsize 为单次最大接收字节个数，函数返回接收的数据和数据发送端的地址（发送端的 IP 和端口号）。

9. 绑定 socket 地址

绑定 socket 地址使用 bind 函数，其语法格式如下：

$$skt.bind(address)$$

address 为 socket 绑定的地址，socket 必须尚未绑定。

10. 监听服务器连接数

设置监听服务器连接数使用 listen 函数，其语法格式如下：

$$skt.listen([backlog])$$

backlog 为服务器允许的连接个数，如果指定 backlog，则必须至少为 0，如果未指定，则选择默认的合理值。

11. 接受连接

接受连接使用 accept 函数，其语法格式如下：

$$skt.accept()$$

socket 必须绑定到一个地址并侦听连接，函数返回值是一对（conn, address），conn 为可在连接上发送和接收数据的新 socket 对象，address 是绑定到连接另一端 socket 的地址。

12. 关闭 socket（套接字）

关闭 socket（套接字）使用 close 函数，其语法格式如下：

$$skt.close()$$

该函数可将 socket 关闭以释放所有资源，关闭 socket 后，socket 对象所有未进行的操作都不再进行。

14.3.3 单片机以 WiFi 方式与计算机通信的电路

单片机以 WiFi 方式与计算机通信的电路如图 14-9 所示。ESP32 单片机通电后，从周围搜索指定的 WiFi 网络（路由器），在搜索时 led1 闪烁，搜到后 led1 常亮（未搜到 led1

熄灭），接着用指定的 IP 地址和端口号找到该网络中相应的计算机及计算机中的应用程序，并与之建立通信通道，然后可以往计算机中的应用程序发送数据。只有 k1 键处于闭合状态时，单片机才能接收计算机的应用程序发送过来的数据，每接收一次数据，led2 闪烁一次。

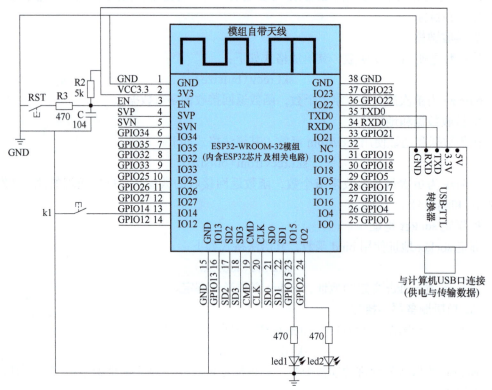

图 14-9　单片机以 WiFi 方式与计算机通信的电路

14.3.4　单片机以 WiFi 方式与计算机进行通信的程序及说明

1. 查看计算机的 IP 地址

单片机以 WiFi 方式与计算机通信时，两者需要连接到同一 WiFi 网络（路由器），另外在程序中需要输入计算机的 IP 地址和计算机中与单片机收发数据的应用程序的端口号。端口号可在 1~65535 范围内选择，只要双方端口号设置相同即可，端口号一般可设为 10000。

计算机的 IP 地址查看方法如图 14-10 所示，同时按键盘上的 Win+R 键，弹出"运行"对话框，输入命令"cmd"回车，打开 cmd.exe 窗口，在">"后面的光标处输入"ipconfig"，下方出现"192.168.0.3"即为本计算机的 IP 地址。

2. 在计算机中运行与单片机收发数据的应用程序

单片机通过 WiFi 与计算机连接后，在计算机中还要运行与单片机之间接收和发送数据的应用程序。网络调试助手是一种常用的以太网数据收发软件，如图 14-11 所示。在与单片机通信时，先要对该软件进行一些设置：①"协议类型"栏选择"TCP Server（服务器端)";②本机主机地址输入 IP 地址,本例中为"192.168.0.3";③本机主机端口输入"10000";其他项保持默认。设置后,再单击"打开"按钮,该软件的通信端口打开,可以随时与单片机通信收发数据。

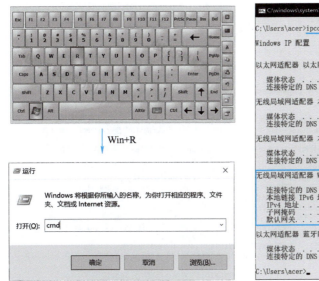
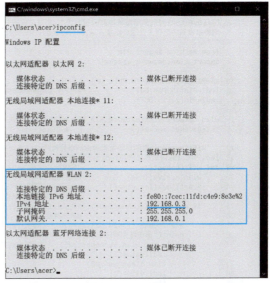

a) 在"运行"对话框输入"cmd"　　　　　b) 在cmd.exe窗口输入"ipconfig"可查看本机IP地址

图 14-10　查看本机的 IP 地址

图 14-11　网络调试助手及设置

3. 单片机程序及说明

单片机以 WiFi 方式与计算机收发数据的程序及说明如图 14-12 所示。

```python
'''
单片机以WiFi方式与计算机收发数据：先用指定的ssid、password连接WiFi网络(路由器)，连接后在Shell区显示
WiFi网络的IP地址等信息，再用destIP、destPORT连接指定设备中的应用程序(连接目标)，连接后往连接目标发送
"I LOVE ESP32!"，然后反复检测k1键的状态，如果该键处于闭合状态，可以从连接目标接收数据，如果接收到数据，
则将接收到的数据又发送给连接目标，同时让led2闪烁一次，如果k1键未处于闭合状态，则不会接收数据和发送数据
'''
from machine import Pin              #从machine模块导入Pin类
import time,network,usocket           #导入time类、network类和usocket类

k1=Pin(14,Pin.IN,Pin.PULL_UP)        #用Pin类将GPIO14引脚创建成名称为k1的对象，将其设为输入模式且内接上拉电阻
led1=Pin(15,Pin.OUT)                 #用Pin类将GPIO15引脚创建成名称为led1的对象，将其设为输出模式
led2=Pin(2,Pin.OUT)

wlan=network.WLAN(network.STA_IF)    #用network模块中的WLAN类创建名称为wlan的对象，将其设为客户端模式
skt=usocket.socket()                 #用usocket模块中的socket类创建名称为skt的对象，参数为空时使用默认值

'''WifiConnect函数的功能是设置激活单片机的WiFi模块和用ssid、password连接指定的WiFi网络，连接过程中
led1闪烁，15s内未连接成功led1熄灭且返回Flase，连接成功led1常亮并返回True'''
def WifiConnect():                   #定义一个名称为WifiConnect的函数
    wlan.active(True)                #执行active函数，激活启用wlan对象(单片机的WiFi模块)
    StartTime=time.time()            #执行time模块中的time函数，返回2000-01-01 00:00:00到当前时间的总秒数，
                                     #并将该总秒数值赋给变量StartTime，此值作为连接网络计时的开始值
    if not wlan.isconnected():       #先执行isconnected函数，检测单片机是否已连接WiFi网络，已连接返回True，
                                     #未连接返回False,not False为True，即未连接WiFi网络则执行下方缩进代码
        wlan.connect(ssid,password)  #执行connect函数，用password密码连接ssid名称的WiFi网络
        print("正在连接网络...")       #在Shell区显示"正在连接网络..."
        while not wlan.isconnected():#当未连接上WiFi网络时，执行下方的缩进代码
            led1.value(1)            #让led1的值为1(GPIO15引脚输出高电平)，led1点亮
            time.sleep_ms(200)       #延时0.2s
            led1.value(0)            #让led1的值为0(GPIO15引脚输出低电平)，led1熄灭
            time.sleep_ms(200)       #延时0.2s
            if time.time()-StartTime>15:  #将当前时间与开始连接网络的时间相减，若超过15s执行下方代码
                print("WiFi连接超时,连接不成功!") #在Shell区显示"WiFi连接超时..."
                led1.value(0)        #让led1的值为0，即WiFi连接不成功时led1熄灭
                return False         #(连接超时时)将False返回给WifiConnect函数
                break                #执行break语句，立即终止当前循环的执行，跳出while语句
    if wlan.isconnected():           #如果单片机已连接上WiFi网络，执行下方缩进代码
        led1.value(1)                #让led1的值为1，即WiFi连接成功时led1点亮
        return True                  #(连接上WiFi网络时)将True返回给WifiConnect函数

'''主程序：先指定单片机要连接的WiFi网络(路由器)的ssid(名称)和password(密码)，接着指定单片机连接目标的
destIP(IP地址)和destPORT(端口号)，然后执行WifiConnect函数，用指定ssid、password连接WiFi网络，如果连接上
WiFi网络，则执行ifconfig函数，获取WiFi网络的IP地址等信息并在Shell区显示出来，再执行connect函数，用destIP、
destPORT连接指定设备中的应用程序(连接目标)，接着执行send函数，往连接目标发送"I LOVE ESP32!"，之后反复执行
while循环语句中的内容：在while语句中先检测k1键的状态，如果该键处于闭合状态，则执行recv函数，从连接目标接收
数据，如果接收到数据，则执行send函数，将接收到的数据又发送给连接目标，同时让led2闪烁一次，如果k1键未处于闭合
状态，则不会接收数据和发送数据'''
if __name__=="__main__":             #如果当前程序文件为main主程序(顶层模块)，则执行冒号下方的缩进代码块
    ssid="CXSSZ"                     #将要连接的WiF1网络的名称字符串"CXSSZ"赋给变量ssid
    password="12345678"              #将要连接的WiF1网络的密码字符串"12345678"赋给变量password
    destIP="192.168.0.3"             #将连接目标的IP地址"192.168.0.3"赋给变量destIP
    destPORT=10000                   #将连接目标的端口号10000(1～65535)赋给变量destPORT
    if WifiConnect():                #先执行WifiConnect函数，用指定的ssid、password连接WiFi网络，若连接成功，
                                     #函数返回值为True，执行下方的缩进代码
        print("单片机连接的WiFi网络信息(单片机IP/子网掩码/网关/DNS):",wlan.ifconfig())
                                     #先执行ifconfig函数，获取已连接的WiFi网络的IP地址等信息，再在Shell区显示这些信息
        print("----------")          #在Shell区显示"----------"，视觉上分隔上下行
        skt.connect((destIP,destPORT))   #执行connect函数，连接destIP地址的设备中的端口号为destPORT的
                                         #应用程序(连接目标)
        skt.send("I LOVE ESP32!")    #执行send函数，往已建立通信连接的连接目标发送"I LOVE ESP32!"
        while True:                  #while为循环语句，若右边的值为真或表达式成立，反复执行下方的循环体
            if k1.value()==0:        #如果k1对象(GPIO14引脚)的值为0(即k1键闭合)，执行下方的缩进代码
                temp=skt.recv(128)   #执行recv函数，从连接目标接收最多128个字节数据并赋给变量temp
                print("从PC接收的内容:",temp)  #在Shell区显示"从PC接收的内容:temp值"
                if temp==None:       #如果变量temp值为空(未接收到数据)，执行下方缩进代码
                    pass             #pass为不进行任何操作，可以删掉pass写其他代码，但不能为空(会出错)
                else:                #如果temp值不为空(已接收到数据)，执行下方缩进代码
                    skt.send(temp+"/From ESP32")  #执行send函数，将"temp值/From ESP32"发送给连接目标
                    led2.value(1)    #让led2的值为1(GPIO2引脚输出高电平)，led2点亮
                    time.sleep_ms(200)  #延时0.2s
                    led2.value(0)    #让led2的值为0，led2熄灭
            time.sleep_ms(500)       #延时0.5s
```

图 14-12 单片机以 WiFi 方式与计算机进行通信的程序及说明

14.3.5 单片机与计算机进行通信的程序调试

在 Thonny 软件中编写完程序后，单击工具栏上的 ⓞ 工具，程序被写入单片机的内存并开始运行，单片机开始连接指定的 WiFi 网络，连接成功后在 Shell 区显示连接的 WiFi 网络信息，如图 14-13a 所示，同时在网络助手的数据接收区出现单片机发送过来的数据"I LOVE ESP32！"，如图 14-14a 所示，再在网络调试助手的数据发送区输入"ABC123"，然后按下单片机 GPIO14 引脚外接的 k1 键不放（让 k1 键处于闭合状态），单击数据发送区旁边的"发送"按钮，会发现 Thonny 软件的 Shell 区出现"从 PC 接收的内容：b'ABC123'"，如图 14-13b 所示，同时在网络调试助手的数据接收区出现"ABC123/From ESP32"，如图 14-14b 所示。这是因为网络调试助手通过 WiFi 将"ABC123"发送给单片机，单片机接收后将其 Shell 区显示出来。另外程序在"ABC123"后而添加"/From ESP32"又通过 WiFi 发送给网络调试助手。

a) 连接到指定WiFi网络后显示网络信息

b) 从PC机接收到"ABC123"

图 14-13 Shell 区显示单片机连接的网络信息和接收到的数据

a) 接收到单片机发送来的"I LOVE ESP32!"   b) 往单片机发送"ABC123"后又接收到该内容

图 14-14 在计算机中用网络调试助手与单片机收发数据

如果将程序中的端口号改为10001（即让程序中的destPORT=10001），而网络调试助手中的本地主机端口号依然是10000，那么网络调试助手会接收不到单片机发送的数据，单片机也无法接收网络调试助手发送的数据，若将网络调试助手端口号也改为10001，则又可以与端口号同样为10001的单片机收发数据。

14.3.6 接收数据后自动保存到指定文件

网络调试助手接收的数据默认只显示在数据接收区，关闭后这些数据将会消失。为了保存接收的数据，可将接收的数据保存到指定的文件中。在网络调试助手中勾选"接收保存到文件"，弹出对话框，如图14-15a所示，选择"1.txt"文件后单击"保存"按钮，然后单击Thonny软件工具栏上的 ⊙ 工具重新运行单片机中的程序，在网络调试助手的数据接收区显示接收到的数据"I LOVE ESP32！"，再往单片机发送"ABC123"，单片机又将该数据发送回网络调试助手，数据接收区显示接收到的数据"ABC123/From ESP32"，如图14-15b所示，打开"1.txt"文件，会发现该文件中已保存了两次接收到的数据。

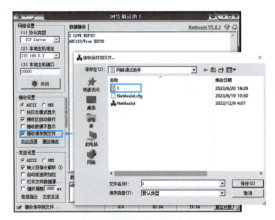
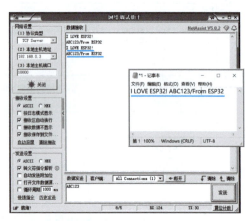

a) 选择接收数据存入的文件　　　　　　　b) 接收数据后打开文件查看接收到的数据

图14-15　将接收到数据保存到指定文件中

14.3.7 单片机以 WiFi 方式接收数据控制 LED

1. 单片机以 WiFi 方式接收数据控制 LED 的程序及说明

在计算机中可使用网络调试助手以 WiFi 方式向单片机发送数据控制 LED 亮灭。单片机以 WiFi 方式接收数据控制 LED 的程序及说明如图 14-16 所示。

2. 用网络调试助手往单片机发送数据的测试程序

在 Thonny 软件的工具栏上单击"⊙（运行）"按钮，将图 14-16 程序写入单片机内存并运行程序，然后在计算机中打开网络调试助手，如图 14-17a 所示，按窗口左上角进行网络设置并打开端口后，在数据发送区输入"LED2ON"，再单击旁边的"发送"按钮，"LED2ON"会以 WiFi 通信方式发送给 ESP32 单片机，单片机接收后，一方面让 GPIO2 引脚输出高电平，点亮该端口外接的 led2，另一方面在 Thonny 软件的 Shell 区显示单片机接收到"LED2ON"，同时显示"LED2 亮"，如图 14-17c 所示。再用网络调试助手向单片机发送"LED2OFF",如图 14-17b 所示,单片机接收到该数据后会控制熄灭 led2,同时在 Shell 区显示"LED2OFF"和"LED2 灭"。

```python
'''WiFi方式发送数据控制单片机LED:先用指定的ssid、password连接WiFi网络(路由器),连接后在Shell区显示
WiFi网络的IP地址等信息,再用destIP、destPORT连接指定设备中的应用程序(连接目标),如果单片机从连接目标
接收到数据,则在Shell区显示接收到的数据,如果接收到的数据为'LED2ON',让GPIO2引脚输出高电平,led2点亮,在
Shell区显示"LED2亮",如果接收到'LED2OFF',让GPIO2引脚输出低电平,led2熄灭,在Shell区显示"LED2灭"
'''
from machine import Pin            #从machine模块导入Pin类
import time,network,usocket        #导入time类、network类和usocket类

led1=Pin(15,Pin.OUT)               #用Pin类将GPIO15引脚创建成名称为led1的对象,将其设为输出模式
led2=Pin(2,Pin.OUT)

wlan=network.WLAN(network.STA_IF)  #用network模块中的WLAN类创建名称为wlan的对象,将其设为客户端模式
skt=usocket.socket()               #用usocket模块中的socket类创建名称为skt的对象,参数为空时使用默认值

'''WifiConnect函数的功能是设置激活单片机的WiFi模块和用ssid、password连接指定的WiFi网络,连接过程中
led1闪烁,15s内未连接成功led1熄灭且返回Flase,连接成功led1常亮并返回True'''
def WifiConnect():                 #定义一个名称为WifiConnect的函数
    wlan.active(True)              #执行active函数,激活启用wlan对象(单片机的WiFi模块)
    StartTime=time.time()          #执行time模块的time函数,返回2000-01-01 00:00:00到当前时间的总秒数,
                                   #并将该总秒数值赋给变量StartTime,此值作为连接网络计时的开始值
    if not wlan.isconnected():     #先执行isconnected函数,检测单片机是否已连接WiFi网络,已连接返回True,
                                   #未连接返回False,not False为True,即未连接WiFi网络则执行下方缩进代码
        wlan.connect(ssid,password)#执行connect函数,用password密码连接ssid名称的WiFi网络
        print("正在连接网络...")    #在Shell区显示"正在连接网络..."
        while not wlan.isconnected():  #当未连接上WiFi网络时,执行下方的缩进代码
            led1.value(1)          #让led1的值为1(GPIO15引脚输出高电平),led1点亮
            time.sleep_ms(200)     #延时0.2s
            led1.value(0)          #让led1的值为0(GPIO15引脚输出低电平),led1熄灭
            time.sleep_ms(200)     #延时0.2s
            if time.time()-StartTime>15: #将当前时间与开始连接网络的时间相减,若超过15s执行下方代码
                print("WiFi连接超时,连接不成功!") #在Shell区显示"WiFi连接超时,连接不成功!"
                led1.value(0)      #让led1的值为0,即WiFi连接不成功时熄灭led1
                return False       #(连接超时时)将False返回给WifiConnect函数
                break              #执行break语句,立即终止当前循环的执行,跳出while语句
    if wlan.isconnected():         #如果单片机已连接上WiFi网络,执行下方缩进代码
        led1.value(1)              #让led1的值为1,即WiFi连接成功时led1点亮
        return True                #(连接上WiFi网络时)将True返回给WifiConnect函数

'''主程序:先指定单片机要连接的WiFi网络(路由器)的ssid(名称)和password(密码),接着指定单片机连接目标的
destIP(IP地址)和destPORT(端口号),然后执行WifiConnect函数,用指定的ssid、password连接WiFi网络,如果连接上
WiFi网络,则执行ifconfig函数,获取WiFi网络的IP地址等信息并在Shell区显示出来,再执行connect函数,用destIP、
destPORT连接指定设备中的应用程序(连接目标),之后反复执行while循环语句中的内容;在while语句中执行recv函数,
从连接目标接收最多128个字节数据赋给变量temp,并在Shell区显示接收到的数据,如果接收到的数据为'LED2ON',让
GPIO2引脚输出高电平,点亮led2,在Shell区显示"LED2亮",如果接收到的字节数据为'LED2OFF',让GPIO2引脚输出
低电平,熄灭led2,在Shell区显示"LED2灭"
'''
if __name__=="__main__":           #如果当前程序文件为main主程序(顶层模块),则执行冒号下方的缩进代码块
    ssid="CXSNB"                   #将要连接的WiFi网络的名称字符串"CXSNB"赋给变量ssid
    password="12345678"            #将要连接的WiFi网络的密码字符串"12345678"赋给变量password
    destIP="192.168.0.4"           #将连接目标的IP地址"192.168.0.4"赋给变量destIP
    destPORT=10000                 #将连接目标的端口号10000(1~65535)赋给变量destPORT
    if WifiConnect():              #先执行WifiConnect函数,用指定的ssid、password连接WiFi网络,若连接成功,
                                   #函数返回值为True,执行下方的缩进代码
        print("单片机连接的WiFi网络信息(单片机IP/子网掩码/网关/DNS):",wlan.ifconfig())
                                   #先执行ifconfig函数,获取已连接的WiFi网络的IP地址等信息,再在Shell区显示这些信息
        print("----------")        #在Shell区显示"----------",视觉上分隔上下行
        skt.connect((destIP,destPORT)) #执行connect函数,连接destIP地址的设备中的端口号为destPORT的
                                   #应用程序(连接目标)
        while True:                #while为循环语句,若右边的值为真或表达式成立,反复执行下方的循环体
            temp=skt.recv(128)     #执行recv函数,从连接目标接收最多128个字节数据并赋给变量temp
            print("从PC接收的内容:",temp)  #在Shell区显示"从PC接收的内容:temp值"
            if temp==b'LED2ON':    #如果接收到的数据为字节型字符串'LED1ON',执行下方的缩进代码
                led2.value(1)      #让led2对象的值为1(即让GPIO2引脚输出高电平),led2点亮
                print('LED2亮')    #在Shell区显示"LED2亮"
            if temp==b'LED2OFF':   #如果接收到的数据为字节型字符串'LED1OFF',执行下方的缩进代码
                led2.value(0)      #让led2对象的值为0(即让GPIO2引脚输出低电平),led2熄灭
                print('LED2灭')    #在Shell区显示"LED2灭"
```

图 14-16 单片机以 WiFi 方式接收数据控制 LED 的程序及说明

a) 发送"LED2ON"   b) 发送"LED2OFF"

```
Shell
>>> %Run -c $EDITOR_CONTENT
单片机连接的WiFi网络信息(单片机IP/子网掩码/网关/DNS): ('192.168.0.5', '255.255.255.0', '192.168.0.1', '192.168.0.1')
------------
从PC接收的内容: b'LED2ON'
LED2亮
从PC接收的内容: b'LED2OFF'
LED2灭
```

c) 单片机接收到数据后在Shell区的显示内容

图 14-17　用网络调试助手向单片机发送数据

第 15 章 用浏览器网页控制和监视单片机

15.1 用浏览器网页控制单片机 LED

如果使用计算机（或手机）的浏览器网页控制 ESP32 单片机 LED，需要将计算机与单片机连接到同一 WiFi 网络，然后在计算机的浏览器输入单片机的 IP 地址，登录控制单片机 LED 的网页，操作网页上的按钮即可以控制单片机连接的 LED 亮灭。

15.1.1 用浏览器控制单片机 LED 的电路和网页

计算机或手机用浏览器控制单片机 LED 的电路和网页如图 15-1 所示。ESP32 单片机

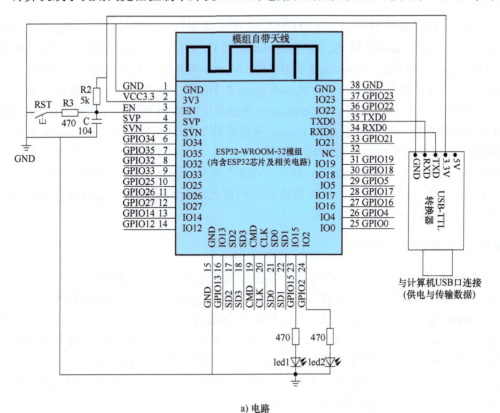

a) 电路

图 15-1 用浏览器控制单片机 LED 的电路和网页

b）网页

图 15-1 用浏览器控制单片机 LED 的电路和网页（续）

通电后，从周围搜索指定的 WiFi 网络（路由器），在搜索网络时 led1 闪烁，搜到网络后 led1 常亮（未搜到 led1 熄灭），在计算机浏览器地址栏输入单片机的 IP 地址可登录控制页面，如图 15-1b 所示，单击页面上的 "LED2 ON" 按钮时，单片机 GPIO2 引脚连接的 led2 点亮，同时页面显示 "GpioState：ON"，单击页面上的 "LED2 OFF" 按钮时，单片机连接的 led2 熄灭，页面上显示 "GpioState：OFF"。

15.1.2　用浏览器网页控制单片机 LED 的程序及说明

用浏览器网页控制单片机 LED 的程序及说明如图 15-2 所示。程序先导入 Pin 类和 time、network、socket 模块，接着用 Pin 类将 GPIO15、GPIO2 引脚分别创建成名称为 led1 和 led2 的对象，用 network 模块中的 WLAN 类将单片机创建成具有 WiFi 功能的 wlan 对象，然后定义 WifiConnect 和 web_page 2 个函数。WifiConnect 函数的功能是设置激活单片机的 WiFi 模块并用 ssid、password 连接指定的 WiFi 网络，连接过程中 led1 闪烁，15s 内未连接成功 led1 熄灭且返回 Flase，连接成功 led1 常亮并返回 True；web_page 函数的功能是根据 led2 的值（即 GPIO2 引脚输出电平）用 "OFF" 或 "ON" 替换网页代码中的 "gpio_state"，led2=0（led2 灭）时用 "OFF" 替换 "gpio_state"，led2=1（led2 亮）时用 "ON" 替换 "gpio_state"，再将替换后的网页代码返回给函数。最后执行主程序，主程序的详细工作过程见程序的注释。

15.1.3　程序的运行调试

在 Thonny 软件中编写完程序后，单击工具栏上的 ⏵ 工具，程序被写入单片机的内存并开始运行，单片机开始连接指定的 WiFi 网络，连接成功后在 Shell 区显示连接的 WiFi 网络信息。如图 15-3a 所示，单片机的 IP 地址为 "192.168.175.130"，在计算机的浏览器地址栏输入该 IP 地址，浏览器会出现图 15-3b 左图所示的单片机 LED 控制网页，该网页是计算机的浏览器与单片机连接（WiFi 方式）时，由单片机将网页代码发送给浏览器，浏览器运行后显示出来的。在网页上单击右键，在弹出的右键菜单中选择 "查看网页源代码"，可以查看网页的代码，如图 15-3b 右图所示，浏览器接收到单片机发送过来的网页代码并显示网页后，会往单片机发送一些代码响应，在 Shell 区显示计算机 IP 地址、浏览器 socket 端口号和浏览器发送过来的响应代码，然后浏览器更换 socket 端口号与单片机连接，如图 15-3c 所示。

在浏览器的单片机控制网页上单击"LED2 ON"按钮，浏览器会发送代码到单片机，在 Shell 区显示单片机接收的代码，如图 15-3d 所示，其中就有"/？led2=on"，并且该字符串的首字符（/）在接收代码的位置索引号为 6（"GET"占 6 个字节），单片机中的程序由此判断单击了网页中的"LED2 ON"按钮，会让 GPIO2 引脚输出高电平，led2 点亮，并将网页代码中的"gpio_state"用"ON"替换，再将网页代码发送给浏览器，网页上显示"GpioState：ON"。单击控制网页上的"LED2 OFF"按钮与单击"LED2 ON"按钮情况基本相同，如图 15-3e 所示。

```python
'''
计算机/手机用浏览器网页控制单片机LED：计算机(客户端)与单片机(服务器)连接同一个WiFi网络，在计算机浏览器
地址栏输入单片机的IP地址可登陆控制页面,单击页面上的"LED2 ON"按钮时,单片机GPIO2引脚连接的led2点亮,同时
页面显示"GpioState:ON",单击页面上的"LED2 OFF"按钮时,单片机连接的led2熄灭,页面上显示"GpioState:OFF"
'''
from machine import Pin          #从machine模块导入Pin类
import time,network,socket       #导入time、network和socket模块

led1=Pin(15,Pin.OUT,Pin.PULL_DOWN) #用Pin类将GPIO15引脚创建成名称为led1的对象,并将其设为输出下拉模式
led2=Pin(2,Pin.OUT,Pin.PULL_DOWN)
wlan=network.WLAN(network.STA_IF)  #用network模块中的WLAN类创建名称为wlan的对象,将其设为客户端模式

'''WifiConnect函数的功能是设置激活单片机的WiFi模块用ssid、password连接指定的WiFi网络,连接过程中
led1闪烁,15s内未连接成功led1熄灭且返回Flase,连接成功led1常亮并返回True'''
def WifiConnect():               #定义一个名称为WifiConnect的函数
    wlan.active(True)            #执行active函数,激活启用wlan对象(单片机的WiFi模块)
    StartTime=time.time()        #执行time模块的time函数,返回2000-01-01 00:00:00到当前时间的总秒数,
                                 #并将该总秒数值赋给变量StartTime,此值作为连接网络计时的开始值
    if not wlan.isconnected():   #先执行isconnected函数,检测单片机是否已连接WiFi网络,已连接返回True,
                                 #未连接返回False,not False为True,即未连接WiFi网络则执行下方缩进代码
        wlan.connect(ssid,password)    #执行connect函数,用password密码连接ssid名称的WiFi网络
        print("正在连接网络...")        #在Shell区显示"正在连接网络..."
        while not wlan.isconnected():  #当未连接上WiFi网络时,执行下方的缩进代码
            led1.value(1)              #让led1的值为1(GPIO15引脚输出高电平),led1点亮
            time.sleep_ms(200)         #延时0.2s
            led1.value(0)              #让led1的值为0(GPIO15引脚输出低电平),led1熄灭
            time.sleep_ms(200)         #延时0.2s
            if time.time()-StartTime>15:  #将当前时间与开始连接网络的时间相减,若超过15s执行下方代码
                print("WiFi连接超时,连接不成功!")  #在Shell区显示"WiFi连接超时,连接不成功!"
                led1.value(0)          #让led1的值为0,即WiFi连接不成功时led1熄灭
                return False           #(连接超时时)将False返回给WifiConnect函数
                break                  #执行break语句,立即终止当前循环的执行,跳出while语句
    if wlan.isconnected():             #如果单片机已连接上WiFi网络,执行下方缩进代码
        led1.value(1)                  #让led1的值为1,即WiFi连接成功时led1点亮
        return True                    #(连接上WiFi网络时)将True返回给WifiConnect函数

'''web_page函数的功能是根据led2的值(即GPIO2引脚输出电平)用"OFF"或"ON"替换网页代码中的"gpio_state",
led2=0(led2灭)时用"OFF"替换"gpio_state",led2=1(led2亮)时用"ON"替换"gpio_state",然后将替换后的网页代码
返回给函数'''
def web_page():                  #定义一个名称为web_page的函数
    if led2.value() == 0:        #如果led2的值为0(即GPIO2引脚输出低电平),执行下方缩进代码
        gpio_state="OFF"         #用字符串"OFF"替代gpio_state(后面的网页代码中有字符gpio_state)
    else:                        #如果led2的值为1,执行下方缩进代码
        gpio_state="ON"          #用字符串"ON"替代gpio_state

    ctrlhtml="""<html><head> <title>ESP32 LED control</title> <meta name="viewport" content=
    "width=device-width, initial-scale=1"><link rel="icon" href="data:,"> <style>html{font-
    family: Helvetica; display:inline-block; margin: 0px auto; text-align: center;}
    h1{color: #0F3376; padding: 2vh;}p{font-size: 1.5rem;}.button{display: inline-block;
    background-color: #e7bd3b; border: none; border-radius: 4px; color: white; padding:
    16px 40px; text-decoration: none; font-size: 30px; margin: 2px; cursor: pointer;}
    .button2{background-color: #4286f4;}</style></head><body><h1>ESP32 LED control</h1>
    <p>GpioState: <strong>""" + gpio_state + """</strong></p>
    <p><a href="/?led2=on"><button class="button button2">LED2 ON</button></a></p>
    <p><a href="/?led2=off"><button class="button button2">LED2 OFF</button></a></p>
    </body></html>"""            #将三双引号中的网页代码赋给变量ctrlhtml
    return ctrlhtml              #将ctrlhtml值(网页代码)返回给web_page函数
```

图 15-2　用浏览器网页控制单片机 LED 的程序及说明

```python
59  '''主程序：先执行WifiConnect函数,用指定的ssid、password连接WiFi网络,连接成功后在Shell区显示WiFi网络
60  信息,再用socket类将单片机创建成socket接口对象,通信采用IPV4地址和TCP协议,并绑定该接口的IP地址和80端口,
61  允许最多监听5个其他socket接口有无与之连接,然后反复执行while语句中的循环体：在循环体中先执行accept函数,
62  让单片机随时接受其他socket接口的连接请求,一旦接收到请求则将该客户端socket接口的名称及地址接口返回给函数,
63  并分别赋给client、addr,然后用print函数将该socket接口的地址在Shell区显示出来,接着执行recv函数,从客户端
64  接收最多1024个字节数据并将其显示在Shell区,再从这些数据中查找字符串'/?led2=on'和'/?led2=off',若在客户
65  端浏览器的网页中点击"LED2 ON"按钮,则接收的数据中有字符串'/?led2=on',让led2值=1(GPIO2引脚输出高电平),
66  并在Shell区显地"LED2亮",若在客户端浏览器的网页中点击"LED2 OFF"按钮,则接收的数据中有'/?led2=off',
67  让led2值=0,并在Shell区显示"LED2灭",接着执行3个send函数,往客户端发送一些网页头部信息,之后执行web_page
68  函数,先用"OFF"或"ON"替换网页代码中的"gpio_state",再执行sendall函数将替换后的网页代码发送给客户端浏览器,
69  最后执行close函数,关闭客户端当前的socket接口,下次客户端浏览器会使用新的socket接口与单片机socket接口通信
70  '''
71  if __name__=="__main__":     #如果当前程序文件为main主程序(顶层模块),则执行冒号下方的缩进代码块
72      ssid="CXSNB"              #将要连接的WiFi网络的名称字符串"CXSNB"赋给变量ssid
73      password="12345678"       #将要连接的WiFi网络的密码字符串"12345678"赋给变量password
74      if WifiConnect():         #先执行WifiConnect函数,用指定的ssid、password连接WiFi网络,若连接成功,
75                                #函数返回值为True,则执行下方的缩进代码
76          print("单片机连接的WiFi网络信息(单片机IP/子网掩码/网关/DNS):",wlan.ifconfig())
77                                #先执行ifconfig函数,获取已连接的WiFi网络的IP地址等信息,再在Shell区显示这些信息
78          print("-----------")  #在Shell区显示"-----------",视觉上分隔上下行
79          myskt=socket.socket(socket.AF_INET,socket.SOCK_STREAM)   #用socket模块中的socket类创建
80                                #名称为myskt的对象,该对象使用IPV4地址(AF_INET)和TCP协议(SOCK_STREAM)
81          myskt.bind(('', 80))  #将myskt对象(单片机socket接口)地址绑定为自动分配的IP地址(也可直接设为
82                                #单片机的IP地址)和80端口,80端口默认用于访问网页浏览器
83          myskt.listen(5)       #将myskt对象允许的连接数设为5,即myskt对象最多可监听5个socket接口连接
84          while True:           #while为循环语句,若右边的值为真或表达式成立,反复执行下方的循环体
85              client,addr=myskt.accept()   #执行accept函数,如果myskt监听到有客户端socket接口发出连接
86                                #请求,则返回该socket接口的名称与地址,分别赋给client和addr
87              addr=str(addr)    #执行str函数,将addr值转换成字符串
88              print('客户端socket接口地址(IP,端口): %s' %addr)
89                                #在Shell区显示"客户端socket接口地址(IP,端口): addr值",%s指定输出字符串
90              request=client.recv(1024)    #执行recv函数,从client(客户端socket接口)接收数据,函数返回
91                                #接收的数据赋给变量request,单次最多允许接收1024个字节
92              request=str(request)   #将request中接收的数据转换成字符串
93              print('从客户端接收的内容: %s' %request)   #在Shell区显示"从客户端接收的内容: request值"
94              led2on=request.find('/?led2=on')    #执行find函数,从request值中查找字符串'/?led2=on',
95                                #并将该字符串首次出现时首字符(/)的索引号赋给led2on,无该字符串则返回-1
96              led2off=request.find('/?led2=off')  #从request值中查找字符'/?led2=off',将该字符串首次
97                                #出现时首字符(/)的索引号赋给led2off
98              if led2on==6:     #如果request值中有'/?led2=on'且其首字符(/)索引号为6,则执行下缩进代码
99                  led2.value(1) #让led2的值为1(GPIO2引脚输出高电平),led2点亮
100                 print('LED2亮')    #在Shell区显示"LED2亮"
101             if led2off==6:    #如果request值中有'/?led2=off'且其首字符(/)索引号为6,执行下缩进代码
102                 led2.value(0) #让led2的值为0,led2熄灭
103                 print('LED2灭')    #在Shell区显示"LED2灭"
104             print("-----------")   #在Shell区显示"-----------",视觉上分隔上下行
105             client.send('HTTP/1.1 200 OK\n')         #往客户端发送"HTTP/1.1 200 OK",\n意为换行
106             client.send('Content-Type: text/html\n') #往客户端发送"Content-Type: text/html"
107             client.send('Connection: close\n\n')     #往客户端发送"Connection: close"
108             response=web_page()   #执行web_page函数,将函数返回值(网页代码)赋给response
109             client.sendall(response)   #执行sendall函数,以连续方式往客户端发送response值(网页代码)
110             client.close()    #执行close函数,关闭客户端当前socket接口
111
```

图 15-2　用浏览器网页控制单片机 LED 的程序及说明（续）

```
Shell
>>> %Run -c $EDITOR_CONTENT
单片机连接的WiFi网络信息(单片机IP/子网掩码/网关/DNS): ('192.168.175.130', '255.255.255.0', '192.1
68.175.114', '192.168.175.114')
-----------
```

a) 程序运行时在Shell区显示连接的WiFi网络信息

图 15-3　程序的运行调试

第 15 章 用浏览器网页控制和监视单片机

b) 在浏览器输入单片机IP地址打开单片机LED控制网页(右图为网页的源代码)

```
Shell
>>> %Run -c $EDITOR_CONTENT
单片机连接的WiFi网络信息(单片机IP/子网掩码/网关/DNS)：('192.168.175.130', '255.255.255.0', '192.1
68.175.114', '192.168.175.114')
------------
客户端socket接口地址(IP,端口)：('192.168.175.153', 9878)
从客户端接收的内容：b'GET / HTTP/1.1\r\nHost: 192.168.175.130\r\nConnection: keep-alive\r\nUpg
rade-Insecure-Requests: 1\r\nUser-Agent: Mozilla/5.0 (Windows NT 10.0; WOW64) AppleWebKit/5
37.36 (KHTML, like Gecko) Chrome/80.0.3987.87 Safari/537.36 SE 2.X MetaSr 1.0\r\nAccept: te
xt/html,application/xhtml+xml,application/xml;q=0.9,image/webp,image/apng,*/*;q=0.8,applica
tion/signed-exchange;v=b3;q=0.9\r\nAccept-Encoding: gzip, deflate\r\nAccept-Language: zh-CN
,zh;q=0.9\r\n\r\n'
------------
客户端socket接口地址(IP,端口)：('192.168.175.153', 9877)
```

c) 计算机发送过来的计算机IP地址、浏览器socket端口号和浏览器接收网页代码后发送过来的响应代码

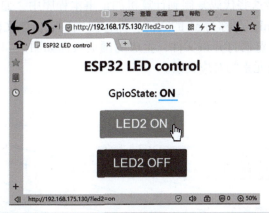

```
Shell
客户端socket接口地址(IP,端口)：('192.168.175.153', 9877)
从客户端接收的内容：b'GET /?led2=on HTTP/1.1\r\nHost: 192.168.175.130\r\nConnection: keep-aliv
e\r\nUpgrade-Insecure-Requests: 1\r\nUser-Agent: Mozilla/5.0 (Windows NT 10.0; WOW64) Apple
WebKit/537.36 (KHTML, like Gecko) Chrome/80.0.3987.87 Safari/537.36 SE 2.X MetaSr 1.0\r\nAc
cept: text/html,application/xhtml+xml,application/xml;q=0.9,image/webp,image/apng,*/*;q=0.8
,application/signed-exchange;v=b3;q=0.9\r\nReferer: http://192.168.175.130/\r\nAccept-Encod
ing: gzip, deflate\r\nAccept-Language: zh-CN,zh;q=0.9\r\n\r\n'
LED2亮
------------
```

d) 单击网页上的"LED2 ON"按钮时单片机接收的代码和网页上的变化("GpioState：ON")

图 15-3 程序的运行调试（续）

271

e)单击网页上的"LED2 OFF"按钮时单片机接收的代码和网页上的变化("GpioState：OFF")

图 15-3　程序的运行调试（续）

15.1.4　HTML 语言简介

1. HTML 源代码与生成的网页

在前面图 15-2 所示的单片机程序中有一个 ctrlhtml 变量存放着单片机控制网页的 HTML 语言源代码，将这些代码复制到计算机的记事本程序中，如图 15-4 左图所示，将其保存成扩展名为 .html、名称为 a1 的文件。保存完成后双击该文件（a1.html），计算机自动用 web（网页）浏览器打开该文件，生成的网页页面如图 15-4 右图所示，图中标出了源代码与生成的网页元素的对应关系。

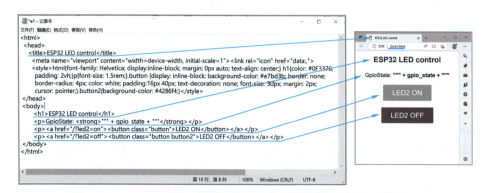

图 15-4　ctrlhtml 变量中的网页代码及其在浏览器运行时生成的网页

2. HTML 页面的组成结构

超文本标记语言（Hyper Text Markup Language，HTML）是由 Web 的发明者 Tim Berners-Lee 和同事 Daniel W.Connolly 于 1990 年创立的一种标记语言。用 HTML 编写的

超文本文档称为 HTML 文档，能独立于各种操作系统平台（如 UNIX、Windows 等）。用 HTML 将所需要表达的信息按某种规则写成 HTML 文件，通过专用的浏览器来识别，可将这些 HTML 文件翻译成网页。

一个完整 HTML 页面的组成结构如图 15-5 所示，头部 <head> 中常用的元素及功能见表 15-1。主体 <body> 中的元素除了图中所示的几种外，还有很多其他类型，具体可查看有关 HTML 资料。

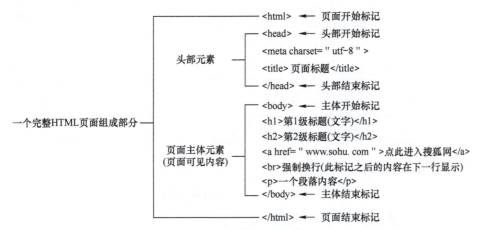

图 15-5　一个完整 HTML 页面的组成结构

表 15-1　头部 <head> 常用的元素及功能

标签	功能
<head>	定义了文档的信息
<title>	定义了文档的标题
<base>	定义了页面链接标签的默认链接地址
<link>	定义了一个文档和外部资源之间的关系
<meta>	定义了 HTML 文档中的元数据
<script>	定义了客户端的脚本文件
<style>	定义了 HTML 文档的样式文件

15.1.5　用浏览器网页控制单片机两个 LED 的程序及说明

前图 15-2 程序只能用浏览器网页控制单片机的一个 LED，如果需要控制两个或更多 LED，可以对程序进行更改。用浏览器网页控制单片机的两个 LED 需要更改程序中的 web_page 函数和主程序中的部分代码，分别如图 15-6a、b 所示，框中的内容为增加的代码，划底线的代码为要更改的代码，更改程序后生成的单片机控制页面如图 15-6c 所示。理解并掌握该方法可以用浏览器网页控制单片机的更多端口。

```python
39  绘回如数
40  def web_page():                    #定义一个名称为web_page的函数
41      if led1.value() == 0:
42          gpio_state1="OFF"
43      else:
44          gpio_state1="ON"
45
46      if led2.value() == 0:          #如果led2的值为0(即GPIO2端口输出低电平),执行下方缩进代码
47          gpio_state2="OFF"          #用字符串"OFF"替代gpio_state(后面的网页代码中有字符gpio_state)
48      else:                          #如果led2的值为1,执行下方缩进代码
49          gpio_state2="ON"           #用字符串"ON"替代gpio_state
50
51      ctrlhtml="""<html>
52  <head> <title>ESP32 LED control</title> <meta name="viewport" content="width=device-width,
53          <link rel="icon" href="data:,"> <style>html{font-family: Helvetica; display:inline-blo
54          h1{color: #0F3376; padding: 2vh;}p{font-size: 1.5rem;}.button{display: inline-block;
55          border-radius: 4px; color: white; padding: 16px 40px; text-decoration: none; font-siz
56          .button2{background-color: #4286f4;}</style>
57  </head>
58  <body>
59      <h1>ESP32 LED control</h1>
60      <p>LED1 state: <strong>""" + gpio_state1 + """</strong></p>
61      <p><a href="/?led1=on"><button class="button">LED1 ON</button></a></p>
62      <p><a href="/?led1=off"><button class="button button2">LED1 OFF</button></a></p>
63      <br>
64      <p>LED2 state: <strong>""" + gpio_state2+ """</strong></p>
65      <p><a href="/?led2=on"><button class="button">LED2 ON</button></a></p>
66      <p><a href="/?led2=off"><button class="button button2">LED2 OFF</button></a></p>
67  </body>
68  </html>"""                         #将三双引号中的网页代码赋给变量ctrlhtml
69      return ctrlhtml                #将ctrlhtml值(网页代码)返回给web_page函数
70
```

a) web_page函数中代码的添加与更改

```python
105     print('从客户端接收的内容: %s' %request)   #在Shell区显示"从客户端接收的内容:request值"
106     led1on=request.find('/?led1=on')
107     led1off=request.find('/?led1=off')
108     if led1on==6:
109         led1.value(1)
110         print('LED1亮')
111     if led1off==6:
112         led1.value(0)
113         print('LED1灭')
114     led2on=request.find('/?led2=on')     #执行find函数,从request值中查找字符串'/?led2=on',
115                                          #并将该字符串首次出现时首字符(/)的索引号赋给led2on,无字符串则返回-1
116     led2off=request.find('/?led2=off')   #从request值中查找字符串'/?led2=off',将该字符串首次
117                                          #出现时首字符(/)的索引号赋给led2off
118     if led2on==6:                #如果request值中有'/?led2=on'且其首字符(/)索引号为6,则执行下缩进代码
119         led2.value(1)            #让led2的值为1(GPIO2端口输出高电平),点亮led2
120         print('LED2亮')           #在Shell区显示"LED2亮"
121     if led2off==6:               #如果request值中有'/?led2=off'且其首字符(/)索引号为6,执行下缩进代码
122         led2.value(0)            #让led2的值为0,熄灭led2
123         print('LED2灭')           #在Shell区显示"LED2灭"
124     print("----------")          #在Shell区显示"----------",视觉上分隔上下行
```

b) 主程序中代码的添加

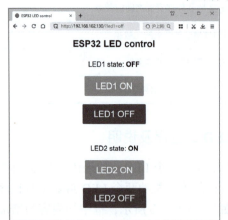
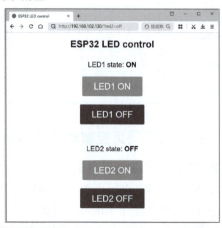

c) 更改程序后生成的新控制页面

图 15-6 用浏览器网页控制单片机的两个 LED 的程序改变与新生成的控制页面

15.2 用浏览器网页控制单片机 LED 并监视 DHT11 传感器的温湿度值

15.2.1 用网页控制单片机 LED 并监视 DHT11 温湿度值的电路及页面

用网页控制单片机 LED 并监视 DHT11 温湿度值的电路及页面如图 15-7 所示。单片机通电后内部程序运行，先搜索指定的无线 WiFi 网络（路由器），搜索时 led1 闪烁，搜到网络并连接上后 led1 常亮，在计算机（需与单片机连接到同一 WiFi 网络）浏览器地址栏输入单片机的 IP 地址，单片机中的控制和监视网页代码会传送给计算机浏览器，浏览器运行网页代码后会显示页面，如图 15-7b 所示，页面会显示 led2 的状态（LED2 state）和 DHT11 测得的温度值（Temperature）和湿度值（Humidity），每隔 5s 刷新一次（即读取并显示最新值），如果单击"LED2ON"按钮，led2 的状态会变为"ON"。

15.2.2 用网页控制单片机 LED 并监视 DHT11 温湿度值的程序及说明

用网页控制单片机 LED 并监视 DHT11 温湿度值的程序及说明如图 15-8 所示。该程序是在前面"用网页控制单片机 LED 的程序"上改进而来的，添加和更改的主要程序代码见图 15-8 中方框和下划线部分。

15.2.3 程序的运行调试

在 Thonny 软件单击工具栏上的 ▶ 工具，将程序写入单片机的内存并开始运行，单片机开始连接指定的 WiFi 网络，连接成功后在 Shell 区显示连接的 WiFi 网络信息，如图 15-9a 所示。单片机的 IP 地址为"192.168.207.130"，在计算机的浏览器地址栏输入该 IP 地址，浏览器会出现控制和监视单片机的网页页面，见图 15-7b。在网页页面上单击"LED2 ON"按钮，浏览器会发送代码到单片机，单片机中的程序根据接收的代码判断单击了网页中的"LED2 ON"按钮，会让 GPIO2 引脚输出高电平，led2 点亮，并将网页代码中的"gpio_state"用"ON"替换，再将替换后的网页代码发送给浏览器，网页上显示"LED2 State：ON"，如图 15-9b 所示。单击控制网页上的"LED2 OFF"按钮与单击"LED2 ON"按钮情况基本相同，如图 15-9c 所示。

另外，单片机连接的 DHT11 传感器会将测得的温度值和湿度值传送给单片机，单片机中的程序会将温度值和湿度值赋给相应的变量并替换网页代码中对应的字符，然后将替换后的网页代码发送到计算机的浏览器，在网页上显示 DHT11 传感器测得温度值和湿度值。由于网页代码中含有 5s 自动刷新的代码，它会让浏览器每隔 5s 向单片机发送一次有关数据，从而触发单片机将含 DHT11 传感器测得的最新温度值和湿度值的网页代码发送给计算机的浏览器。单击"LED2 ON"或"LED2 OFF"按钮时也可以让浏览器往单片机发送数据而触发单片机回传最新网页代码，从而显示最新温度值和湿度值。

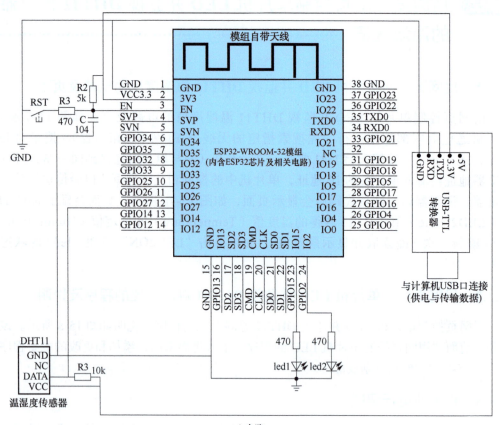

a) 电路

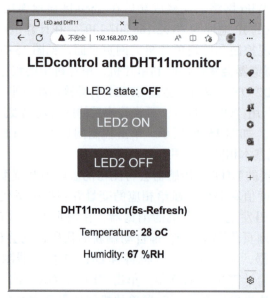

b) 控制和监视页面

图 15-7 用网页控制单片机 LED 并监视 DHT11 温湿度值的电路及页面

```python
'''用浏览器网页控制、监视单片机的LED和DHT11温湿度值:计算机(客户端)与单片机(服务器)连接同一个WiFi网络,
在计算机浏览器地址栏输入单片机的IP地址可登陆控制页面,单击页面上的"LED2 ON"或"LED2 OFF"按钮,可控制单片机
GPIO2引脚连接的led2的亮灭,在页面上还会显示单片机GPIO27引脚连接的温湿度传感器DHT11测得的温湿度值,每隔5s
页面会自动刷新一次,即每隔5s对DHT11的温湿度值采样一次,并将最新采样的温湿度值显示在页面上'''

from machine import Pin                    #从machine模块导入Pin类
import time,network,socket,dht             #导入time、network、socket和dht模块

led1=Pin(15,Pin.OUT,Pin.PULL_DOWN)         #用Pin类将GPIO15引脚创建成名称为led1的对象,并将其设为输出下拉模式
led2=Pin(2,Pin.OUT,Pin.PULL_DOWN)
wlan=network.WLAN(network.STA_IF)          #用network模块中的WLAN类创建名称为wlan的对象,将其设为客户端模式
dht11=dht.DHT11(Pin(27))                   #用dht模块中的DHT11类将GPIO27引脚创建成名称为dht11的DHT11对象

'''WifiConnect函数的功能是设置激活单片机的WiFi模块和用ssid、password连接指定的WiFi网络,连接过程中
led1闪烁,15s内未连接成功led1熄灭且返回Flase,连接成功led1常亮并返回True'''
def WifiConnect():                         #定义一个名称为WifiConnect的函数
    wlan.active(True)                      #执行active函数,激活启用wlan对象(单片机的WiFi模块)
    StartTime=time.time()                  #执行time模块的time函数,返回2000-01-01 00:00:00到当前时间的总秒数,
                                           #并将该总秒数值赋给变量StartTime,此值作为连接网络计时的开始值
    if not wlan.isconnected():             #先执行isconnected函数,检测单片机是否已连接WiFi网络,已连接返回True,
                                           #未连接返回False,not False为True,即未连接WiFi网络则执行下方缩进代码
        wlan.connect(ssid,password)        #执行connect函数,用password密码连接ssid名称的WiFi网络
        print("正在连接网络...")            #在Shell区显示"正在连接网络..."
        while not wlan.isconnected():      #当未连接上WiFi网络时,执行下方的缩进代码
            led1.value(1)                  #让led1的值为1(GPIO15引脚输出高电平),led1点亮
            time.sleep_ms(200)             #延时0.2s
            led1.value(0)                  #让led1的值为0(GPIO15引脚输出低电平),led1熄灭
            time.sleep_ms(200)             #延时0.2s
            if time.time()-StartTime>15:   #将当前时间与开始连接网络的时间相减,若超过15s执行下方代码
                print("WiFi连接超时,连接不成功!")  #在Shell区显示"WiFi连接超时,连接不成功!"
                led1.value(0)              #让led1的值为0,即WiFi连接不成功时led1熄灭
                return False               #(连接超时时)将False返回给WifiConnect函数
                break                      #执行break语句,立即终止当前循环的执行,跳出while语句
    if wlan.isconnected():                 #如果单片机已连接上WiFi网络,执行下方缩进代码
        led1.value(1)                      #让led1的值为1,即WiFi连接成功时led1点亮
        return True                        #(连接上WiFi网络时)将True返回给WifiConnect函数

'''web_page函数功能:①读取温湿度传感器DHT11的温度值和湿度值,将其替换后面网页代码中先前的温度(wendu)和
湿度(shidu); ②根据led2的值(即GPIO2引脚输出电平)用"OFF"或"ON"替换网页代码中的"gpio_state2",led2=0时
"OFF"替换"gpio_state2",led2=1(led2亮)时用"ON"替换"gpio_state2。最后将替换后的网页代码返回给函数'''
def web_page():                            #定义一个名称为web_page的函数
    dht11.measure()                        #执行measure函数,启动DHT11传感器进行温湿度测量
    wendu=dht11.temperature()              #执行temperature函数从DHT11读取温度值,将读出的温度值赋给变量wendu
    shidu=dht11.humidity()                 #执行humidity函数从DHT11读取湿度值并赋给变量shidu
    time.sleep(2)                          #延时2s,等待从DHT11读取温、湿度值完成
    print("DHT11: wendu=%d°C shidu=%d%%rH" %(wendu,shidu))  #%d-输出十进制有符号整数,2个%d分别指定后面
                                           #%之后的2个变量(wendu,shidu)值的输出形式,即在shell区显示"wendu=wendu值°C shidu=shidu值%rH"
    wendu=str(wendu)+" oC"                 #str函数用于将wendu值转换成字符串,并与"oC"连接组合成新字符串赋给wendu
    shidu=str(shidu)+" %RH"                #将shidu值转换成字符串,并与"%RH"连接组合成新字符串赋给shidu
    if led2.value()==0:                    #如果led2的值为0(即GPIO2引脚输出低电平),执行下方缩进代码
        gpio_state2="OFF"                  #用字符串"OFF"替代gpio_state2(后面的网页代码中有字符gpio_state2)
    else:                                  #否则(即如果led2的值为1),执行下方缩进代码
        gpio_state2="ON"                   #用字符串"ON"替代gpio_state2

    ctrlhtml="""
<html>
  <head><title>LED and DHT11</title>    <meta http-equiv="refresh" content="5">
        <link rel="icon" href="data:,"> <style>html{font-family: Helvetica; display:inline-block;
        margin: 0px auto; text-align: center;}h1{color: #0F3376; padding: 2vh;}p{font-size:
        1.5rem;}.button{display: inline-block; background-color: #e7bd3b; border: none;
        border-radius: 4px; color: white; padding:16px 40px; text-decoration:none;font-size:30px;
        margin: 2px; cursor: pointer;}.button2{background-color: #4286f4;}</style>
  </head>
    <body>
      <h1>LEDcontrol and DHT11monitor</h1>
      <p>LED2 state: <strong>""" + gpio_state2+ """</strong></p>
      <p><a href="/?led2=on"><button class="button">LED2 ON</button></a></p>
      <p><a href="/?led2=off"><button class="button button2">LED2 OFF</button></a></p>
      <br>
      <h2>DHT11monitor(5s-Refresh)</h2>
      <p>Temperature: <strong>""" + wendu + """</strong></p>
      <p>Humidity: <strong>""" + shidu + """</strong></p>
    </body>
</html>"""                                 #将三双引号中的网页代码赋给变量ctrlhtml
    return ctrlhtml                        #将ctrlhtml值(网页代码)返回给web_page函数
```

图 15-8　用网页控制单片机 LED 并监视 DHT11 温湿度值的程序及说明

```
77  '''主程序：先执行WifiConnect函数，用指定的ssid、password连接WiFi网络，连接成功后在Shell区显示WiFi信息，
78  再用socket类将单片机创建成名称为myskt的socket接口对象，通信采用IPV4地址和TCP协议，并指定该接口IP和80端口，
79  允许最多监听5个其他socket接口有无与之连接，然后反复执行while语句中的循环体；在循环体中先执行accept函数，
80  让单片机随时接受其他socket接口的连接请求，一旦接收到请求则将客户端socket接口的名称及地址返回给函数，
81  并分别赋给client、addr，接着执行recv函数，从客户端接收最多1024个字节数据并用str函数将其转换成字符串，再从
82  这些数据中查找字符串'/?led2=on'和'/?led2=off'，若在客户端浏览器的网页中点击"LED2 ON"按钮，则接收的数据中
83  有字符串'/?led2=on'，让led2值=1(GPIO2引脚输出高电平)，并在Shell区显示"LED2亮"，若在客户端浏览器的网页点击
84  "LED2 OFF"按钮，则接收的数据中有'/?led2=off'，让led2值=0，并在Shell区显示"LED2灭"，接着执行3个send函数，
85  往客户端发送一些网页头部信息，之后执行web_page函数，将从DHT11读取的温度值和湿度值替换网页代码中先前的温度、
86  湿度值，并根据led2的值用OFF或ON替换网页代码中的"gpio_state2"，替换后的网页代码返回给函数并赋给response，
87  再执行sendall函数将替换后的网页代码发送给客户端浏览器，最后执行close函数，关闭客户端当前的socket接口
88  '''
89  if __name__=="__main__":      #如果当前程序文件为main主程序(顶层模块)，则执行冒号下方的缩进代码块
90      ssid="CXSNB"              #将要连接的WiFi网络的名字字符串"CXSNB"赋给变量ssid
91      password="12345678"       #将要连接的WiFi网络的密码字符串"12345678"赋给变量password
92      if WifiConnect():         #先执行WifiConnect函数，用指定的ssid、password连接WiFi网络，若连接成功，
93                                #函数返回值为True，则执行下方的缩进代码
94          print("单片机连接的WiFi网络信息(单片机IP/子网掩码/网关/DNS):",wlan.ifconfig())
95                                #先执行ifconfig函数，获取已连接的WiFi网络的IP地址等信息，再在Shell区显示这些信息
96          myskt=socket.socket(socket.AF_INET,socket.SOCK_STREAM)   #用socket模块中的socket类创建
97                                #名称为myskt的对象，该对象使用IPV4地址(AF_INET)和TCP协议(SOCK_STREAM)
98          myskt.bind(('', 80))  #将myskt对象(单片机socket接口)地址绑定为自动分配的IP地址(也可直接设为
99                                #单片机的IP地址)和80端口，80端口默认用于访问网页浏览器
100         myskt.listen(5)       #将myskt对象允许的连接数设为5，即myskt对象最多可监听5个socket接口连接
101         while True:           #while为循环语句，若右边的值为真或表达式成立，反复执行下方的循环体
102             client,addr=myskt.accept()  #执行accept函数，如果myskt监听到有客户端socket接口发出连接
103                               #请求，则返回该socket接口的名称与地址，分别赋给client和addr
104             request=client.recv(1024)   #执行recv函数，从client(客户端socket接口)接收数据，函数返回
105                               #接收的数据赋给变量request，单次最多允许接收1024个字节
106             request=str(request)        #将request中接收的数据转换成字符串
107             led2on=request.find('/?led2=on')   #执行find函数，从request值中查找字符串'/?led2=on'，
108                               #并将该字符串首次出现时首字符(/)的索引号赋给led2on，无该字符串则返回-1
109             led2off=request.find('/?led2=off') #从request值中查找字符串'/?led2=off'，将该字符串首次
110                               #出现时首字符(/)的索引号赋给led2off
111             if led2on==6:     #如果request值中有'/?led2=on'且其首字符(/)索引号为6，执行下缩进代码
112                 led2.value(1) #让led2的值为1(GPIO2引脚输出高电平)，点亮led2
113                 print('LED2亮')  #在Shell区显示"LED2亮"
114             if led2off==6:    #如果request值中有'/?led2=off'且其首字符(/)索引号为6，执行下缩进代码
115                 led2.value(0) #让led2的值为0，熄灭led2
116                 print('LED2灭')  #在Shell区显示"LED2灭"
117             print("-----------")         #在Shell区显示"-----------"，视觉上分隔上下行
118             client.send('HTTP/1.1 200 OK\n')        #往客户端发送"HTTP/1.1 200 OK"，\n意为换行
119             client.send('Content-Type: text/html\n') #往客户端发送"Content-Type: text/html"
120             client.send('Connection: close\n\n')    #往客户端发送"Connection: close"
121             response=web_page()          #执行web_page函数，将函数返回值(网页代码)赋给response
122             client.sendall(response)     #执行sendall函数，以连续方式往客户端发送response值(网页代码)
123             client.close()               #执行close函数，关闭客户端当前socket接口
124
```

图 15-8　用网页控制单片机 LED 并监视 DHT11 温湿度值的程序及说明（续）

```
Shell·
单片机连接的WiFi网络信息(单片机IP/子网掩码/网关/DNS)：('192.168.207.130', '255.255.255.0', '192.1
68.207.164', '192.168.207.164')
-----------
DHT11：wendu=28°C shidu=67RH
-----------
DHT11：wendu=27°C shidu=49RH
LED2亮
-----------
DHT11：wendu=28°C shidu=49RH
LED2灭
-----------
```

a) 程序运行时Shell区的显示

图 15-9　程序运行时的 Shell 区显示和网页显示

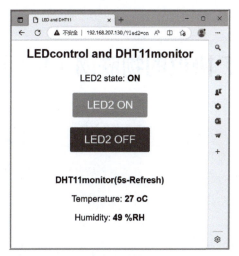 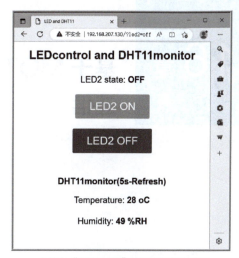

b) 单击"LED2 ON"按钮时网页的显示　　　　c) 单击"LED2 OFF"按钮时网页的显示

图 15-9　程序运行时的 Shell 区显示和网页显示（续）

第 16 章 基于 MQTT 协议的物联网（IoT）通信

16.1 MQTT 通信原理与 MQTTClient 类及函数

MQTT（Message Queuing Telemetry Transport，消息队列传输探测）是 ISO 标准中的一种基于客户端 - 服务器的消息发布 / 订阅传输协议。MQTT 协议具有轻量、简单、开放和易于实现的特点，在通信双方设备性能不高、网络环境较差的情况下也能进行通信。MQTT 多用于机器与机器（M2M）通信和物联网（IoT），广泛应在工业级别的应用场景，如汽车、制造、石油、智能家居等。

16.1.1 MQTT 协议通信原理

MQTT 协议通信包括发布方（Publisher）、MQTT 服务器（Broker）和订阅方（Subscriber），如图 16-1 所示，消息的发布方和订阅方都是客户端，消息发布方可以同时是消息订阅方。MQTT 传输的消息由主题（Topic）和负载（Payload）两部分组成，Topic 为消息的主题，Payload 为消息的内容。当发布方将消息发布到 MQTT 服务器后，如果订阅方从服务器订阅了该消息（用 Topic 订阅），服务器则将该消息的内容（Payload）发送给订阅方，如果多个订阅方订阅了该消息，消息的内容会发给各个订阅方。

MQTT 客户端（发布方和订阅方）可以是设备或应用程序，当通过网络连接到服务器时，可发布其他客户端可能会订阅的信息、订阅其他客户端发布的消息、退订或删除应用程序的消息、断开与服务器连接。MQTT 服务器（又称消息代理）也可以是设备或应用程序，位于消息发布方和订阅方之间，可以接受来自客户端的网络连接、接受客户发布的应用信息、处理来自客户端的订阅和退订请求、向订阅的客户转发应用程序消息。

MQTT 通信是基于 TCP/IP 协议的，MQTT 客户端和服务器可以处于同一个局域网内，也可以用互联网（Internet）连接，从而可实现双方相隔千里进行消息的发布和订阅。

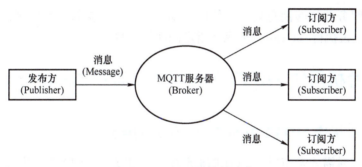

图 16-1　MQTT 通信的组成

16.1.2　MQTTClient 类与函数

配置 ESP32 单片机成为 MQTT 客户端（发布方或订阅方）可使用 simple 模块中的 MQTTClient 类和函数。

1. 创建 MQTT 客户端

创建 MQTT 客户端使用 MQTTClient 类，其语法格式如下：

$$client=simple.MQTTClient(client\_id, server, port)$$

client 为创建的 MQTT 客户端对象名称，client_id 为客户端 ID（具有唯一性），server 为 MQTT 服务器地址（网址或者 IP 地址），port 为 MQTT 服务器的端口（一般为 18830，也可查看服务器提供的说明）。

2. 连接到 MQTT 服务器

连接到 MQTT 服务器使用 connect 函数，其语法格式如下：

$$client.connect()$$

3. 发布消息

发布消息使用 publish 函数，其语法格式如下：

$$client.publish(TOPIC, message)$$

TOPIC 为消息的主题，常将消息在服务器的存放路径作为主题，如 TOPIC="/public/TEST/m1"；message 为消息的内容，如 message="good！"。

4. 订阅消息

订阅消息使用 subscribe 函数，其语法格式如下：

$$client.subscribe(TOPIC)$$

TOPIC 为订阅消息的主题。

5. 设置回调函数

设置回调函数使用 set_callback 函数，其语法格式如下：

$$client.set\_callback(callback)$$

callback 为订阅（接收）到消息后执行的函数。

6. 检查订阅消息

检查订阅消息使用 check_msg 函数，其语法格式如下：

$$client.check\_msg()$$

订阅方向服务器订阅消息后，再使用该函数检查是否接收到订阅消息，一旦接收到订阅的消息马上去执行 set_callback 函数指定的回调函数 callback。

16.2 单片机用作 MQTT 物联网通信客户端的电路与编程实例

16.2.1 单片机用作 MQTT 发布方和订阅方的电路

MQTT 通信时需要发布方、MQTT 服务器和订阅方，ESP32 单片机既可以是发布方，也可以是订阅方，其电路如图 16-2 所示。

当用作发布方和订阅方的 ESP32 单片机都通电后，双方先以 WiFi 方式连接各自的无线路由器（各自的 led1 常亮），再通过互联网都连接到 MQTT 服务器，这样发布方、MQTT 服务器和订阅方三者建立了连接。当发布方单片机的 k1 键闭合时，单片机内部程序运行，往 MQTT 服务器发送消息（主题为"/public/TEST/LED2"、内容为"ON"），该消息通过无线路由器和互联网传送给 MQTT 服务器，由于订阅方 ESP32 单片机订阅了该消息，MQTT 服务器会将该消息转发给订阅方单片机，订阅方单片机内部程序运行，让 GPIO2 引脚输出高电平，led2 点亮。当发布方单片机的 k1 键断开时，往 MQTT 服务器发送消息（主题为"/public/TEST/LED2"、内容为"OFF"），该消息再被转发给订阅方单片机，其 GPIO2 引脚输出低电平，熄灭 led2。

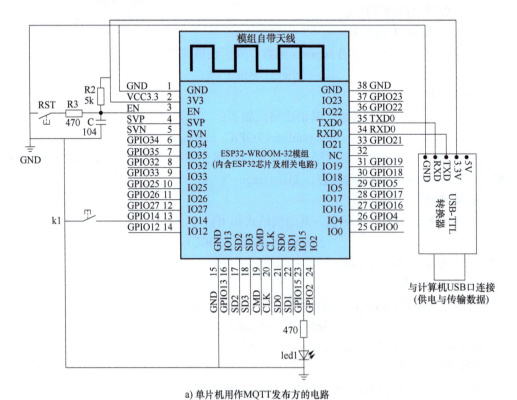

a) 单片机用作 MQTT 发布方的电路

图 16-2 ESP32 单片机用作 MQTT 客户的电路

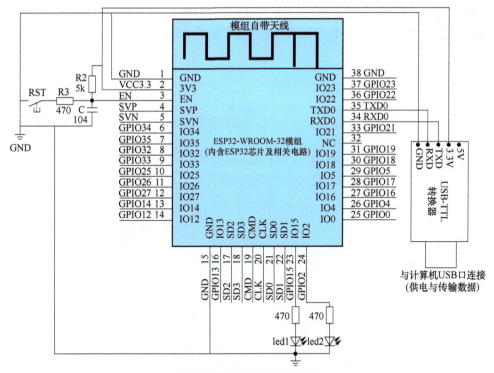

b) 单片机用作MQTT订阅方的电路

图 16-2　ESP32 单片机用作 MQTT 客户的电路（续）

16.2.2　单片机用作 MQTT 客户端的程序及说明

1. 单片机用作发布方的程序及运行显示

ESP32 单片机用作 MQTT 通信发布方的程序如图 16-3a 所示。单击 Thonny 软件工具栏上的 ◉（运行）按钮，将程序写入单片机内存并运行程序，单片机先连接本地 WiFi 网络的路由器，再通过路由器和互联网连接上 MQTT 服务器（网址为 "mq.tongxinmao.com"，端口为 18830），然后每隔 1s 向 MQTT 服务器发送一次消息（由主题和内容组成）。如果按下 k1 键（闭合），发送主题为 "/public/TEST/LED2"、内容为 "ON" 的消息；如果 k1 键断开，向同一主题发送内容为 "OFF" 的消息，同时在 Shell 区显示图 16-3b 所示内容。

很多公司网站提供 MQTT 服务器，如阿里云、腾讯云等，这里使用通信猫网站提供的免费 MQTT 服务器，该服务器的网址为 "mq.tongxinmao.com"，MQTT 通信端口为 "18830"，发布和订阅的主题均以 "/public/TEST/" 开头，更多信息可登录相关网站查阅。

2. 单片机用作订阅方的程序及运行显示

ESP32 单片机用作 MQTT 通信订阅方的程序如图 16-4a 所示。单击 Thonny 软件工具栏上的 ◉（运行）按钮，将程序写入单片机内存并运行程序，单片机先连接本地 WiFi 网络的路由器，再通过路由器和互联网连接上 MQTT 服务器（网址为 "mq.tongxinmao.com"，端口为 18830），接着单片机用主题 "/public/TEST/LED2" 订阅消息，然后每隔 0.3s 检查一次是否接收到订阅的消息。若接收到消息后，在 Shell 区显示消息的主题和内容，如果订阅的消息内容为 "ON"，让 GPIO2 引脚输出高电平，led2 点亮，同时在 Shell 区显示"LED2 亮";如果订阅的消息内容为"OFF",让 GPIO2 引脚输出低电平,led2 熄灭,在 Shell 区显示"LED2 灭",程序运行时在 Shell 区显示的内容如图 16-4b 所示。

```python
'''(发布方程序)单片机往MQTT服务器发送消息:单片机每隔1s往MQTT服务器发送一次消息(主题和内容),如果k1键
闭合,发送主题为"/public/TEST/LED2"、内容为"ON"的消息,如果k1键断开,往同一主题发送内容为"OFF"的消息
'''
from machine import Pin,Timer    #从machine模块导入Pin类和Timer类
from simple import MQTTClient    #从simple模块导入MQTTClient类
import time,network              #导入time模块和network模块

led1=Pin(15,Pin.OUT,Pin.PULL_DOWN)  #用Pin将GPIO15引脚创建成名称为led1的对象,并将其设为输出下拉模式
k1=Pin(14,Pin.IN,Pin.PULL_UP)       #用Pin类将GPIO14引脚创建为k1对象,并将其设为输入模式且内接上拉电阻
wlan=network.WLAN(network.STA_IF)   #用network模块中的WLAN类创建名称为wlan的对象,将其设为客户端模式

'''WifiConnect函数的功能是设置激活单片机的WiFi模块并用ssid、password连接指定的WiFi网络,连接过程中
led1闪烁,15s内未连接成功led1熄灭且返回Flase,连接成功led1常亮并返回True'''
def WifiConnect():                  #定义一个名称为WifiConnect的函数
    wlan.active(True)               #执行active函数,激活启用wlan对象(单片机)的WiFi模块
    StartTime=time.time()           #执行time模块的time函数,返回2000-01-01 00:00:00到当前时间的总秒数,
                                    #并将该总秒数值赋给变量StartTime,此值作为当前网络计时的开始值
    if not wlan.isconnected():      #先执行isconnected函数,检测单片机是否已连接WiFi网络,已连接返回True,
                                    #未连接返回False,not False为True,即未连接WiFi网络则执行下方缩进代码
        wlan.connect(ssid,password) #执行connect函数,用password密码连接ssid名称的WiFi网络
        print("正在连接网络...")     #在Shell区显示"正在连接网络..."
        while not wlan.isconnected(): #当未连接上WiFi网络时,执行下方的缩进代码
            led1.value(1)           #让led1的值为1(GPIO15引脚输出高电平),led1点亮
            time.sleep_ms(200)      #延时0.2s
            led1.value(0)           #让led1的值为0(GPIO15引脚输出低电平),led1熄灭
            time.sleep_ms(200)      #延时0.2s
            if time.time()-StartTime>15: #将当前时间与开始连接网络的时间相减,若超过15s执行下方代码
                print("WiFi连接超时,连接不成功!") #在Shell区显示"WiFi连接超时,连接不成功!"
                led1.value(0)       #让led1的值为0,即WiFi连接不成功时led1熄灭
                return False        #(连接超时)将False返回给WifiConnect函数
                break               #执行break语句,立即终止当前循环的执行,跳出while语句
    if wlan.isconnected():          #如果单片机已连接上WiFi网络,执行下方缩进代码
        led1.value(1)               #让led1的值为1,即WiFi连接成功时led1点亮
        return True                 #(连接上WiFi网络)将True返回给WifiConnect函数

'''mqtt_send函数的功能是在k1键闭合时往MQTT服务器发送主题为TOPIC值、内容为"ON"的消息,在k1键断开时
往MQTT服务器发送主题为TOPIC值、内容为"OFF"的消息'''
def mqtt_send(tim):                 #定义名称为mqtt_send的函数
    if k1.value()==0:               #如果k1键处于闭合,k1.value()==0成立(True),执行下方缩进代码
        client.publish(TOPIC,"ON")  #执行publish函数,发布主题为TOPIC值、内容为"ON"的消息
        print("发布消息:(主题)",TOPIC,",(内容)ON")  #在Shell区显示"发布消息:(主题)TOPIC值,(内容)ON"
    else:                           #如果k1键处于断开,k1.value()==0不成立(Flase),执行下方缩进代码
        client.publish(TOPIC,"OFF") #执行publish函数,发布主题为TOPIC值、内容为"OFF"的消息
        print("发布消息:(主题)",TOPIC,",(内容)OFF") #在Shell区显示"发布消息:(主题)TOPIC值,(内容)OFF"

'''主程序:先执行WifiConnect函数,用指定的ssid、password连接无线WiFi路由器,接着用MQTTClient类和指定的
CLIENT_ID、SERVER、PORT将单片机创建成名称为client的MQTT客户端,再执行connect函数让单片机连接MQTT服务器,
然后用Timer类创建名称为tim的定时器,并用init函数将tim定时器配置为每隔1000ms执行一次mqtt_send函数,这样
单片机每隔1s往MQTT服务器发送一次消息'''
if __name__=="__main__":            #如果当前程序文件为main主程序(顶层模块),则执行冒号下方的缩进代码块
    ssid="CXSNB"                    #将要连接的WiFi网络的名称字符串"CXSNB"赋给变量ssid
    password="12345678"             #将要连接的WiFi网络的密码字符串"12345678"赋给变量password
    if WifiConnect():               #先执行WifiConnect函数,用指定的ssid、password连接WiFi网络,若连接成功,
                                    #函数返回值为True,则执行下方的缩进代码
        SERVER="mq.tongxinmao.com"  #将MQTT服务器网址"mq.tongxinmao.com"赋给SERVER
        PORT=18830                  #将MQTT服务器的端口号18830赋给PORT
        CLIENT_ID=""                #将CLIENT_ID(客户端ID)设为空,也可设为服务器提供的客户端ID
        TOPIC="/public/TEST/LED2"   #将消息主题设为"/public/TEST/LED2"
        client=MQTTClient(CLIENT_ID,SERVER,PORT) #MQTTClient类将单片机创建成名为client的MQTT客户端,
                                    #其客户端ID、连接的服务器地址和端口由CLIENT_ID、SERVER、PORT指定
        client.connect()            #执行connect函数,让单片机连接MQTT服务器
        tim=Timer(0)                #用Timer类创建一个名称为tim的定时器
        tim.init(period=1000,mode=Timer.PERIODIC,callback=mqtt_send) #用init函数将tim定时器配置为
                                    #每隔1000ms执行一次mqtt_send函数(发送消息)
```

a) 程序

```
Shell
>>> %Run -c $EDITOR_CONTENT
>>> 发布消息:(主题) /public/TEST/LED2 ,(内容)OFF
    发布消息:(主题) /public/TEST/LED2 ,(内容)OFF
    发布消息:(主题) /public/TEST/LED2 ,(内容)OFF    未按k1键时
    发布消息:(主题) /public/TEST/LED2 ,(内容)ON
    发布消息:(主题) /public/TEST/LED2 ,(内容)ON
    发布消息:(主题) /public/TEST/LED2 ,(内容)ON     按下k1键时
```

b) 程序运行时Shell区显示内容

图 16-3 ESP32 单片机用作 MQTT 通信发布方的程序及运行显示

```python
'''(订阅方程序)单片机从MQTT服务器订阅消息：单片机先与MQTT服务器连接并用主题订阅消息，然后每隔0.3s检查一
次是否接收到订阅的消息，接收到消息后，在Shell区显示消息的主题和内容，如果订阅的消息内容为"ON"，让GPIO2引脚
输出高电平，点亮led2，在Shell区显示"LED2亮"，如果订阅的消息内容为"OFF"，让GPIO2引脚输出低电平，led2熄灭，
在Shell区显示"LED2灭"
'''
from machine import Pin,Timer      #从machine模块导入Pin类和Timer类
from simple import MQTTClient      #从simple模块导入MQTTClient类
import time,network                #导入time模块和network模块

led1=Pin(15,Pin.OUT,Pin.PULL_DOWN) #用Pin类将GPIO15引脚创建成名称为led1的对象，并将其设为输出下拉模式
led2=Pin(2,Pin.OUT,Pin.PULL_DOWN)
wlan=network.WLAN(network.STA_IF)  #用network模块中的WLAN类创建名称为wlan的对象，将其设为客户端模式

'''WifiConnect函数的功能是设置激活单片机的WiFi模块和用ssid、password连接指定的WiFi网络，连接过程中
led1闪烁，15s内未连接成功led1熄灭且返回Flase,连接成功led1常亮并返回True'''
def WifiConnect():                 #定义一个名称为WifiConnect的函数
    wlan.active(True)              #执行active函数,激活启用wlan对象(单片机的WiFi模块)
    StartTime=time.time()          #执行time模块的time函数，返回2000-01-01 00:00:00到当前时间的总秒数
                                   #并将该总秒数值赋给变量StartTime,此值作为连接网络计时的开始值
    if not wlan.isconnected():     #先执行isconnected函数，检测单片机是否已连接WiFi网络，已连接返回True,
                                   #未连接返回False,not False为True,即未连接WiFi网络则执行下方缩进代码
        wlan.connect(ssid,password) #执行connect函数，用password密码连接ssid名称的WiFi网络
        print("正在连接网络...")    #在Shell区显示"正在连接网络..."
        while not wlan.isconnected(): #当未连接上WiFi网络时，执行下方的缩进代码
            led1.value(1)          #让led1的值为1(GPIO15引脚输出高电平),led1点亮
            time.sleep_ms(200)     #延时0.2s
            led1.value(0)          #让led1的值为0(GPIO15引脚输出低电平),led1熄灭
            time.sleep_ms(200)     #延时0.2s
            if time.time()-StartTime>15: #将当前时间与开始连接网络的时间相减,若超过15s执行下方代码
                print("WiFi连接超时,连接不成功!") #在Shell区显示"WiFi连接超时,连接不成功!"
                led1.value(0)      #让led1的值为0,即WiFi连接不成功时led1熄灭
                return False       #(连接超时时)将False返回给WifiConnect函数
                break              #执行break语句,立即终止当前循环的执行,跳出while语句
    if wlan.isconnected():         #如果单片机已连接上WiFi网络,执行下方缩进代码
        led1.value(1)              #让led1的值为1,即WiFi连接成功时led1点亮
        return True                #(连接上WiFi网络时)将True返回给WifiConnect函数

'''mqtt_callback函数的功能是先在Shell区显示接收到的订阅消息(主题topic和内容msg),如果订阅消息内容为"ON",
让GPIO2引脚输出高电平,点亮led2,在Shell区显示"LED2亮",如果订阅消息内容为"OFF",让GPIO2引脚输出低电平,
熄灭led2,在Shell区显示"LED2灭"'''
def mqtt_callback(topic,msg):      #定义名称为mqtt_callback的函数,topic、msg为输入参数(接收的主题和内容)
    print("订阅消息:(主题){},(内容){}".format(topic,msg)) #format函数用于格式化字符串,将()中的值按
                                   #顺序替换."前面的{},在Shell区显示(主题)topic值,(内容)msg值"
    if msg==b'ON':                 #如果变量msg中的值为字节型字符串'ON',等式成立(True),执行下方缩进代码
        led2.value(1)              #让led2控制引脚(GPIO2)输出高电平,led2点亮
        print("LED2亮")            #在Shell区显示"LED2亮"
    if msg==b'OFF':                #如果变量msg中的值为字节型字符串'OFF',等式成立(True),执行下方缩进代码
        led2.value(0)              #让led2控制引脚(GPIO2)输出低电平,led2熄灭
        print("LED2灭")            #在Shell区显示"LED2灭"

'''mqtt_recv函数的功能是检查单片机是否接收到订阅的消息,若收到消息则将消息的主题和内容分别赋给回调函数
(即mqtt_callback函数)的输入参数topic、msg,再执行回调函数'''
def mqtt_recv(tim):                #定义名称为mqtt_recv的函数
    client.check_msg()             #执行check_msg函数,检查有无收到订阅的消息,若收到消息则执行set_callback函数
                                   #指定的回调函数(即mqtt_callback函数)

'''主程序:先执行WifiConnect函数,用指定的ssid、password连接无线WiFi路由器,接着用MQTTClient类和指定的
CLIENT_ID、SERVER、PORT将单片机创建成名称为client的MQTT客户端,再执行set_callback函数,将mqtt_callback
函数设为回调函数(即让单片机一旦接收到订阅的消息就执行mqtt_callback函数),然后执行connect函数让单片机连接
MQTT服务器,之后执行subscribe函数,往MQTT服务器发送订阅主题来订阅消息,最后用Timer类创建名称为tim的定时器,
并用init函数将tim定时器配置为每隔300ms执行一次mqtt_recv函数,以检查单片机是否从服务器收到订阅的消息,一旦
收到订阅消息马上执行set_callback函数设定的mqtt_callback函数(回调函数),如果收到订阅消息"ON",让GPIO2引脚
输出高电平,led2点亮,如果收到订阅消息"OFF",让GPIO2引脚输出低电平,led2熄灭
'''
if __name__=="__main__":           #如果当前程序文件为main主程序(顶层模块),则执行冒号下方的缩进代码块
    ssid="CXSNB"                   #将要连接的WiFi网络的名称字符串"CXSNB"赋给变量ssid
    password="12345678"            #将要连接的WiFi网络的密码字符串"12345678"赋给变量password
    if WifiConnect():              #先执行WifiConnect函数,用指定的ssid、password连接WiFi网络,若连接成功,
                                   #函数返回值为True,则执行下方的缩进代码
        SERVER="mq.tongxinmao.com" #将MQTT服务器网址"mq.tongxinmao.com"赋给SERVER
        PORT=18830                 #将MQTT服务器的端口号18830赋给PORT
        CLIENT_ID=""               #将CLIENT_ID(客户端ID)设为空,也可设为服务器提供的客户端ID
        TOPIC="/public/TEST/LED2"  #将消息主题设为"/public/TEST/LED2"
        client=MQTTClient(CLIENT_ID,SERVER,PORT) #用MQTTClient类将单片机创建成名为client的MQTT客户端
                                   #其客户端ID、服务器地址和端口由CLIENT_ID、SERVER、PORT指定
        client.set_callback(mqtt_callback) #执行set_callback函数,将mqtt_callback函数指定为回调函数,
                                   #即让单片机一旦接收到订阅的消息就执行mqtt_callback函数
        client.connect()           #执行connect函数,让单片机连接MQTT服务器
        client.subscribe(TOPIC)    #执行subscribe函数,往MQTT服务器发送订阅主题来订阅消息
        tim=Timer(0)               #用Timer类创建一个名称为tim的定时器
        tim.init(period=300,mode=Timer.PERIODIC,callback=mqtt_recv) #用init函数将tim定时器配置为
                                   #每隔300ms执行一次mqtt_recv函数(检查是否接收到订阅的消息)
```

a) 程序

图 16-4 ESP32 单片机用作 MQTT 通信订阅方的程序及运行显示

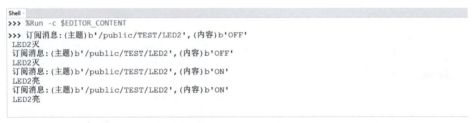

b) 程序运行时Shell区显示内容

图 16-4　ESP32 单片机用作 MQTT 通信订阅方的程序及运行显示（续）

16.2.3　用通信猫调试 MQTT 客户端（发布方和订阅方）的程序

在 MQTT 通信时若只有一个 ESP32 单片机（同一时间只能用作发布方或订阅方），无法实时测试发布方和订阅方程序，此时可使用通信猫作为一个 MQTT 客户端（发布方或订阅方）来测试另一 MQTT 客户端（订阅方或发布方）程序。

1. 通信猫调试软件的安装及界面说明

通信猫是一款在线通信调试软件，可在网上搜索免费下载，打开该软件的文件夹，双击其中的 "COMNET" 文件，即可打开通信猫调试软件，如图 16-5 所示。

图 16-5　在软件文件夹中双击 "COMNET" 文件即可打开通信猫调试软件

图 16-6 为通信猫调试软件的界面，如果要进行 MQTT 通信调试，可按图示顺序进行操作：①选择 "网络" 项→②选择 "MQTT" 项→③输入服务器网址 "mq.tongxinmao.com" 或 IP 地址→④输入端口号 "18830"→⑤输入订阅主题 "/public/TEST/LED2"→⑥输入发布主题 "/public/TEST/LED2"→⑦勾选 "启动" 项→⑧在左边的显示区显示通信猫 "正在连接 MQTT 服务器" 和 "MQTT 连接成功"。

与 MQTT 服务器连接成功后，通信猫既可以作为订阅方，从 MQTT 服务器订阅发布方发送到服务器的消息，也可以作为发布方，往 MQTT 服务器发布消息供订阅方订阅。

2. 通信猫用作发布方向 MQTT 服务器发送消息

通信猫用作发布方向 MQTT 服务器发送消息如图 16-7 所示。先在 Thonny 软件中将订阅方程序写入 ESP32 单片机，使单片机成为 MQTT 通信的订阅方，然后在通信猫右边的发布消息区先输入 "ON"，再单击旁边的 "发布消息"，往 MQTT 服务器发送一个主题为 "/public/TEST/LED2"、内容为 "ON" 的消息，在通信猫左边的显示区显示该消息发送成功，如图 16-7a 所示。单片机作为订阅方每隔 0.3s 会从 MQTT 服务器订阅一次该消息，订阅成功后在 Thonny 软件 Shell 区显示消息的主题和内容，同时让单片机 GPIO2 引脚输出高电平，外接 led2 点亮，并在 Shell 区显示"LED2 亮"，如图 16-7b 所示。用同样的方法往 MQTT 服务器发送一个主题为"/public/TEST/LED2"、内容为"OFF"的消息，单片机从服务器订阅到该消息后，让 GPIO2 引脚输出低电平，外接 led2 熄灭。

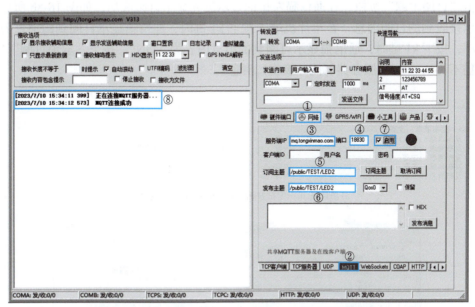

图 16-6　通信猫软件界面及与 MQTT 服务器连接的操作

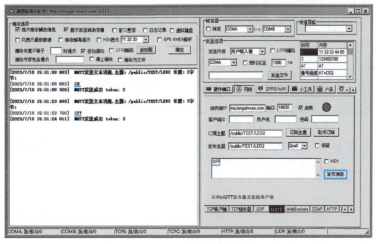

a) 通信猫(用作发布方)发布消息

b) 单片机(用作订阅方)程序运行时Shell区的显示内容

图 16-7　通信猫用作发布方发送消息和单片机用作订阅方接收消息

3. 通信猫用作订阅方从 MQTT 服务器接收消息

通信猫用作订阅方从 MQTT 服务器接收消息如图 16-8 所示。先在 Thonny 软件中将发布方程序写入 ESP32 单片机，使之成为 MQTT 通信的发布方，单片机运行时往 MQTT 服务器发送消息，在 Shell 区显示发送的内容，如图 16-8a 所示。与此同时，在通信猫右侧单击"订阅主题"按钮，在通信猫左边的显示区先显示订阅成功，如图 16-8b 所示，然后显示接收到的订阅消息，在单片机端未按下 k1 键时，通信猫显示订阅到的消息内容为"OFF"，按下 k1 键时，通信猫显示订阅到的消息内容为"ON"，按下"取消订阅"按钮，通信猫不再从 MQTT 服务器订阅（接收）消息。

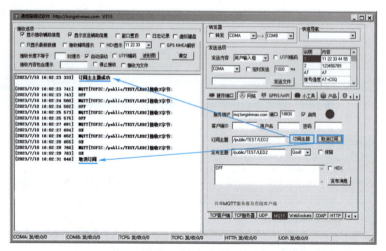

a) 单片机(用作发布方)程序运行时Shell区的显示内容

b) 通信猫(用作订阅方)接收消息

图 16-8 通信猫用作发布方发送消息和通信猫用作订阅方接收消息